インテリジェンス駆動型インシデントレスポンス

攻撃者を出し抜くサイバー脅威インテリジェンスの実践的活用法

Scott J. Roberts
Rebekah Brown 著
石川 朝久 訳

Intelligence-Driven Incident Response

Outwitting the Adversary

Scott J. Roberts and Rebekah Brown

Beijing • Boston • Farnham • Sebastopol • Tokyo

序文

20年以上も前、私はMoonlight Mazeと呼ばれた大規模な不正侵入事案に初めて関与していました。これは、ロシア政府の支援を受けた攻撃グループによる不正侵入だと考えられていました。アメリカ空軍特別捜査局（AFOSI：Air Force Office of Special Investigations）での私の仕事は、データ収集、通信傍受、ネットワークや侵害されたシステムで、攻撃グループによる活動の分析を支援することでした。多くの攻撃対象に対して何度も行われた攻撃を分析していく中で、私たちは侵入されたシステムの後ろに手を伸ばし、「プラグを抜く」だけでは攻撃者を排除できないことを学びました。この攻撃グループは非常に忍耐強く、私たちのセキュリティ対策を見つけたら、同じ対象システムに数週間も再度アクセスしないというルールを徹底していました。攻撃者は、ネットワーク上の様々な対象システムへアクセスし、システムの稼働状況を確認し、バックドアを仕掛けました。同じ攻撃者によって何度も侵入されたことを受けて、この事案を担当していたタスクフォースは、「この攻撃グループは誰なのか？」「攻撃グループはどのように攻撃を仕掛けたのか？」「攻撃グループは侵入に成功した後、いったい何をしたのか？」といった疑問について、プレイブックをまとめ始めました。このプレイブックは、世界中にある多数の国防総省の拠点の防衛に役立てられました。Moonlight Mazeによる侵入を受けて、何が起きたでしょうか？ この攻撃の影響範囲と緊急性により、後にアメリカサイバー軍（U.S. Cyber Command）設立につながる組織、JTF-CND（Joint Task Force – Computer Network Defense）の組織化につながったのです。

90年代後半に発生したこれらの高度な攻撃から私たちは多くのことを学びました。まず第一に、攻撃者を検知するためには攻撃者から学ばなければならないことを知りました。他のネットワーク上で活動する同じ攻撃グループを特定するためのツールや方法論を、私たちは早い段階で見つけることができました。私たち防御チームに知見を与え、特定の攻撃グループを検出するために役立つ情報群は、IDS（侵入検知システム）とファイアウォール以来、最も重要な情報セキュリティ概念の確立につながりました。それこそが、**サイバー脅威インテリジェンス**です。

アメリカ国防総省、米国政府、Mandiant社、経営している会社など、私のキャリアを通じて何百回ものインシデント対応を経験してきました。そのときに私が常によりどころにしていた信条の1つは、「インシデント対応担当者の主な目的は、攻撃グループの攻撃手法を学ぶ機会として活用すること」だという点です。この情報を使えば、別のネットワークを観察し、同じ攻撃グループから攻撃を受けたか否か評価することができます。こうしたインテリジェンスは、適切な情報セキュリティと特定の脅威に対する防御に対して、アプローチを行う基礎を提供してくれます。組織は単独のハッカーに襲われる可能性は低いでしょう。むしろ、攻撃グループの攻撃対象リストに組織名が載っていることが一般的です。インシデントデータの主要な消費者として、サイバー脅威インテリジェンスがなければ、セキュリティチームは侵害を行ってネットワーク内にいる攻撃グループの滞在時間を短くすることはできません。

脅威インテリジェンスは20年以上前の侵入においても不可欠であり、クリフォード・ストール氏が『カッコウはコンピュータに卵を産む』で描写したストーリーから始まり、それ以来ずっと重要な役割を占めています。しかしどういうわけか、ほとんどの組織においてほとんど進歩が見られません。理由の1つは、セキュリティチームが利用できる適切な情報が存在しないということでしょう。もう1つの要因として、セキュリティベンダーが悪いアドバイスを提供していることが挙げられます。この本が、こうして発売されたことは私たちにとって幸運です。組織がセキュリティの実践的能力をより進化させることができる適切な脅威インテリジェンスの概念、戦略、および技術が紹介されており、読者を良い方向へ導いてくれるでしょう。この本を読んだ後、日々の業務はより改善され、将来発生し得る不正侵入の潜在的影響を検知し、改善を提言できるようになり、これまで以上に効率的なインテリジェンス駆動型のセキュリティ運用ができるようになるでしょう。

SANS Instituteのデジタルフォレンジック・インシデント対応カリキュラムの責任者兼リーダーとして、私は長年にわたり、適切な脅威評価とインテリジェンスの重要性を議論してきました。多くの人はこれまで、インテリジェンスは「持っていれば便利なもの」とか、攻撃グループを止めるほど「重要ではない」と主張してきました。アナリストが、「インテリジェンスを知らずして、攻撃者を排除するためにできることはほとんどない」と少しずつ学んでいくまでは。

私は長年にわたって、多くの経営層に次のようなアドバイスをしてきました。それは、「脅威インテリジェンス分析プロセスの一部で学習・抽出された指標が活用できず、さらに次の侵入を検出できないベンダー製品を購入するよりも、適切な脅威インテリジェンスの開発プロセスに予算を使うべきだ」というものです。このアドバイスの一部は、この本の著者であるScottとRebekahとの会話から引用したものです。

Scottと私は、Mandiant社時代に一緒に働き、それ以来ずっと友人です。私は何年にもわたって彼と定期的に連絡を取り、彼の論文や文献を熱心に読んでいます。Scottは現在、SANS Instituteのサイバー脅威インテリジェンスコース（FOR578：Cyber Threat Intelligence）の講師の1人です。この話題について何年にもわたり、彼の意見を聞いていますが、これはウォーレン・バフェットから投資のアドバイスを直接もらうことに匹敵するものだと思います。私はこの本のページから彼の考えが湧き出てきて、頭の中でスコットのレクチャーを聞いている気分になります。

私と同じく、Rebekahも元軍人であり、サイバーオペレーション（Cyber Operation）を専門として働いていました。彼女はかつて米海兵隊において、サイバーオペレーションの責任者を務めた経験もあります。さらに、米国防総省におけるサイバーオペレーションのトレーニング・プランナーや、NSAのネットワーク戦のアナリストを務め、フォーチュン500に入る大企業や情報セキュリティベンダーに脅威インテリジェンスを提供してきました。彼女の知識は素晴らしく、非常にわかりやすい説明をしてくれます。彼女は、米国防総省（インテリジェンス・コミュニティとサイバーオペレーション・コミュニティ）の内外で働いた経験を持ち、そして多くの民間企業で働いた経験もあることから、この分野を知り尽くしています。Rebekahは、サイバーオペレーションに関する防衛側・攻撃側の知識に基づいて、ホワイトハウスにおいてサイバー脅威インテリジェンスの報告を提供していた経験もあります。Rebekahと知り合えたことは素晴らしい経験で、非常に多くのことを学びました。特に、伝統的なインテリジェンス手法がサイバーオペレーション分析にどのように適用できるか、私は今でも彼女から学び続けています。また、RebekahはSANS Instituteのサイバー脅威インテリジェンスコース（FOR578）のコース執筆者であり、インストラクターでもあることを誇りに思います。

ScottとRebekahが協力して、彼らの考えをこの1冊の本にまとめあげました。この本は、読者が選んだ中でも、最も多くの知識が詰まった、最高の脅威インテリジェンス戦略ガイドとなるでしょう。この本は、組織内の全てのサイバーアナリストが読むべき必読書として指定することを検討すべきでしょう。実際この本は、新人・ベテランを問わず、サイバーセキュリティアナリストが読むべき私の推薦書リストの一番上にあります。この本に書かれたアイデアは、技術的な課題、ハッキング戦術、セキュリティ防御を考慮した具体的な設定を紹介するものではありません。その代わり、組織のサイバーオペレーションにおけるセキュリティへの予防、検知、対応の改善に役立つ概念、戦略、アプローチに焦点を当てています。

サイバーセキュリティ管理の観点で最も重要な章の1つは、インテリジェンスプログラムを構築する方法について言及した11章です。ScottとRebekahが多くの組織における経験を通じて、この章をまとめているのは非常に印象的でした。彼らの知識から恩恵を受けた組織は、「脅威インテリジェンス」とはバズワードではないこと、そしてそのアプローチと各ステップで考慮すべき要件については何度も読んでいく価値があることを知っています。

本書の内容は、脅威インテリジェンスの考え方を活用し、適切なインシデント対応アプローチの複雑さを通じて、セキュリティアナリスト自身にも踏み込んでいます。この本に記載されている内容を知れば、組織内のサイバーセキュリティへのアプローチ方法が永久に変わることでしょう。言い換えれば、読者を平均的なアナリストから、高度な運用スキルを備え、キャリアを通じて仕事に困らないアナリストへと変身させるでしょう。

20年前、ロシアの攻撃グループによって行われたMoonlight Maze攻撃を調査している時期に（タイムマシンに乗って）戻り、この本を持って行きたいと思うことがあります。幸いにも、現在私たちは本書を手にしています。おかげで私は、戦術的な対応から次のステップへ進歩を望み、うまく機能するフレームワークと戦略を活用したいと考えている生徒に対して、必読書として推薦してあげることが今ではできています。

—Founder, Harbingers Security/DFIR Lead, SANS Institute
Rob Lee

はじめに

インテリジェンス駆動型インシデント対応（Intelligence-Driven Incident Response）のエキサイティングな世界へようこそ！ インテリジェンス、特にサイバー脅威インテリジェンスは、ネットワーク防御担当者を助け、ネットワークに対する攻撃者の行動をよりよく理解し、対応できるようにする大きな可能性を秘めています。

本書の目的は、インシデント対応プロセスに対して、インテリジェンスがどのように適合するか実証し、侵入者の検出・対応・修復に要する時間を短縮するためにインシデント対応担当者に攻撃グループを理解してもらうことです。サイバー脅威インテリジェンスとインシデント対応は、密接に関連しています。脅威インテリジェンスがインシデント対応を支援・強化し、インシデント対応によって利用可能な脅威インテリジェンスが生成されます。この本の目的は、読者がこの関係を理解し、利用し、その恩恵を得られるようになることです。

本書を執筆した理由

近年ではインシデント対応が、単体の活動ではなく、ネットワークセキュリティプログラム全体において必要不可欠な要素として捉えられていくことがわかりました。同時に、サイバー脅威インテリジェンスが急速に普及しつつあり、企業やインシデント対応担当者は脅威インテリジェンスを運用に組み込む最適解を見つけようとしています。私たちは伝統的なインテリジェンス原則をインシデント対応へ適用する手法、またその逆についても学びました。こうした取り組みを通じて様々な苦労を経験しましたが、努力する価値がある試みでした。私たちは2つの世界、脅威インテリジェンスとインシデント対応を融合し、この融合がきわめて強力で効果的であることを示し、実務担当者がこうした運用を組み込む際にかかる時間を少しでも短縮するため、本書を執筆しました。

対象読者

本書は、インシデント対応マネージャー、マルウェアアナリスト、リバースエンジニア、デジタルフォレンジックの専門家、インテリジェンスアナリストなど、役割を問わずインシデント対応に携わる人を対象としています。また、インシデント対応の詳細について学びたいと考えている人にも適しています。サイバー脅威インテリジェンスに携わった多くの人は、攻撃者（および、その動機と攻撃手法）ならびにインシデント対応を通じて攻撃者を理解する最も良いアプローチを知りたいと考えています。しかし、インテリジェンス・マインドセットを持ってインシデント対応へ携わらない限り、私たちが利用できる情報の真の価値に気付くことはできないでしょう。インシデント対応やインテリジェンスの専門家でなくても、この本から多くを得ることができます。両分野の基礎を学び、どのように連携するかを示し、プロセスを学ぶための実践的なアドバイスとシナリオを提供します。

本書の構成

本書の構成は以下の通りです。

- 第1部（1章～3章）では、インテリジェンス駆動型インシデント対応の概念を紹介し、インテリジェンスとインシデント対応の原則を確認していきます。そして、インテリジェンス駆動型インシデント対応の基本モデルであるF3EADモデルの概念を紹介します。
- 第2部は、2つのパートで構成されています。まず4章～6章において、F3EADモデルのインシデント対応プロセスに相当する、調査フェーズ（Find）・決定フェーズ（Fix）・完了フェーズ（Finish）について説明します。その後、7章～9章にて、F3EADモデルのインテリジェンスプロセスに相当する、活用フェーズ（Exploit）、分析フェーズ（Analyze）、配布フェーズ（Disseminate）を説明します。
- 第3部は、10章にて、戦略的インテリジェンスの概要、およびインシデント対応とネットワークセキュリティプログラムへの応用方法について説明します。11章では、インテリジェンスプログラムの構築方法、そしてインテリジェンス駆動型インシデント対応プログラムをどのように成功に導いていくか、議論していきます。
- 付録は、9章の配布フェーズで作成するインテリジェンス報告書のサンプルが紹介されています。

通常、脅威インテリジェンスをインシデント対応へ統合することに関心を持つ人は、こうした分野について他の人よりも深い経歴・経験を持っています。慣れ親しんだテーマについては流し読みして、新しいことが書いてある章に時間を割こうとするでしょう。そうしたアプローチ自体、間違いありません。しかし、読み進めるにつれ、2つの分野をより深く統合するため、新しいモデルやアプローチについて議論していることがわかるはずです。そのため、既に知っているテーマでも、読み飛ばさないことをお勧めします！

本書の表記法

本書では、次の表記法を使います。

ゴシック（Sample）
　新しい用語、特に強調しておきたい部分を示します。

等幅（`Sample`）
コードのほか、変数や関数名、データベース、データタイプ、環境変数、命令文、キーワードなどのコード要素を段落内で示すときに使用します。

太字の等幅（**`Sample`**）
文字通りに入力する必要があるコマンドやテキストを示します。

斜体の等幅（*`Sample`*）
ユーザーが入力する値または文脈で判断される値に置き換えるテキストを示します。

このアイコンは、ヒント、提案、一般的な注釈を意味します。

このアイコンは、警告または注意を意味します。

問い合わせ先

本書に関するご意見、ご質問等は、オライリー・ジャパンまでお寄せください。連絡先は以下のとおりです。

株式会社オライリー・ジャパン
電子メール　japan@oreilly.co.jp

この本のウェブページには、正誤表やコード例などの追加情報が掲載されています。次のURLを参照してください。

http://shop.oreilly.com/product/0636920043614.do（原書）
https://www.oreilly.co.jp/books/9784873118666（和書）

この本に関する技術的な質問や意見は、次の宛先に電子メール（英文）を送ってください。

bookquestions@oreilly.com

オライリーに関するその他の情報については、次のウェブサイトを参照してください。

https://www.oreilly.co.jp
https://www.oreilly.com/（英語）

謝辞

Rebekah Brownより

私の可愛い子供たち、Emma、Caitlyn、Colinへ。執筆を励ましてくれ、悪い奴（ハッカー）をどう捕まえるべきかアドバイスをくれてありがとう。

私の両親、兄弟姉妹、そして親戚のみんなへ。私のこの挑戦を助けてくれてありがとう。

同僚であるJen、Wade、Rachel、Jordan、Bob、Derek、そして職場のみんなへ。日頃から信頼してくれてありがとう。そして、この本を書きあげるために、どれぐらい苦労していたか、（大声で）しゃべらなかったことにも（笑）。

私のパートナーであるサイバー犯罪との戦いの生活について。私を生き生きとさせ、カフェイン中毒にさせ、そして幸せをもたらし、納期を逃したときに元気づけたことに感謝します。

私の共著者、Scottへ。理想の友人でいてくれてありがとう。

そして最後に、ポートランド市のレストラン23 Hoyt、アレクサンドリア市のレストランTrademark、そして私の執筆の大部分を行った数え切れないほどの飛行機へ感謝。

Scott J. Robertsより

素晴らしい妻Kessaへ。君の励ましとアドバイスがなければ、この本を書きあげることはできなかっただろう。君のアドバイスなしには、いろいろ挑戦してみることもできなかった。早朝、深夜、そしてその他全ての時間ずっと助けてくれてありがとう。君の半分ぐらいでも、君を気遣うことができていればよいのだけど。

私の両親であるSteveとJanetへ。別の執筆プロジェクト、最初のコンピュータから今に至るまで、絶えず好奇心を持ち続けられる場所を用意してくれてありがとう。ようやく、原稿を完成することができた。いくら感謝してもしきれないし、あの実家の環境なしには執筆は成し遂げられなかったと思う。

GitHubのセキュリティチームへ。学んだり、執筆したり、情報交換したり、いろいろ試す自由な環境をくれてありがとう。

Kyle。君とのやり取りは、この中に全て含まれている。私がおかしなことを始めたとき、私が野心に満ちたことを言ったとき、好きにしろと言ってくれたことに感謝している。

長年にわたる多くの友人やメンターへ。君たちの多くが私にどれだけの影響を与えたか、きっと知らないだろうけど、会話、経験、そして情熱を語る私に耳を傾けてくれたことに感謝している。

素晴らしい共著者Rebekahへ。私たちが必要とするトップガンのセキュリティ技術者であり、追いつけない存在だった。君なしに本書を書きあげることはできず、また、ここまで素晴らしい作品にならなかったと思う。ありがとう。

オライリーのスタッフへ。ビジネスで最高の役割を担い、私たちのアイデアを現実にするのを手伝ってくれたことに感謝します。

最後に、コロンバスにあるMission Coffee Companyへ。素晴らしいエスプレッソとベーグルが執筆のエンジンとなった。ありがとう。

目次

第1部
基礎編

インテリジェンス駆動型インシデント対応を始めるためには、インテリジェンスとインシデント対応プロセスの両方を正しく理解することが重要です。第1部では、サイバー脅威インテリジェンス、インテリジェンスプロセス、インシデント対応プロセス、およびそれら全てがどのように連携しているかについて説明します。

1章 導入

“But I think the real tension lies in the relationship between what you might call the pursuer and his quarry, whether it’s the writer or the spy.”

しかしながら、作家であろうとスパイであろうと本当の緊張とは追手と獲物の関係で決まると考えています。

—John le Carre（小説家　ジョン・ル・カレ）

本書では、インシデント対応においてサイバー脅威インテリジェンス（Cyber Threat Intelligence）が重要である理由を学んだ後、インテリジェンス駆動型インシデント対応への応用について考えていきたいと思います。1章では、サイバー脅威インテリジェンスの歴史や今後の方向性など、サイバー脅威インテリジェンスの基礎について説明します。2章と3章では、後の議論に必要なコンセプトを紹介していきます。

1.1　インシデント対応のためのインテリジェンス

戦いを重ねるたび、人は敵を理解しようと研究と分析を積み重ねてきました。敵の考え方や行動の仕方を理解し、敵の動機と戦術を把握し、その理解に基づいて意思決定を行う能力によって、戦争の勝ち負けは決まってきました。国家間の戦争でも機密性の高いネットワークに対する密かな侵入でも、戦いの種類にかかわらず、脅威インテリジェンスの活用により勝者にも敗者にもなり得ます。脅威インテリジェンスの理論と実践を身につけ、攻撃者の意図、能力、機会に関する情報を分析できれば、常に勝者になり続けることができます。

1.1.1　サイバー脅威インテリジェンスの歴史

1986年、クリフォード・ストール氏（Clifford Stoll）は、カリフォルニアにあるローレンス・バークレー国立研究所で、コンピュータシステムの管理を担当する博士課程の学生でした。彼が、75セントの請求額の不一致に気付いたとき、誰かが研究所のコンピュータシステムを無断で利用していることを意味していました。現在であれば、ネットワークセキュリティの専門家が「不正アクセスだ！」と大騒ぎしているでしょう。しかし、1986年当時は不正アクセスの可能性を考えることはほとんどありませんでした。現在と違い、当時の感覚ではネットワーク侵入は毎日数百万ドル、あるいは数十億ドルの損失を訴えるようなニュースとして騒がれるようなものではなかったのです。「インターネット」に接続されたコンピュータの大部分は、一般ユーザーが利用するものではなく、政府機関や研究機関で利用されていました。ネットワーク分析ツールとして有名なtcpdumpの開発が始まるのはおよそ1年後です。また、Nmapのような有名なネットワークセキュリティツールが開発されるのは10年後、攻撃フレームワークして知られているMetasploitが開発されたのは、この出来事の約15年後です。当時の感覚からすれば、75セントの不一致は、誰かが単純に使用料を払っていなかったか、ソフトウェアのバグ、あるいは簿記上のエラーだと考えられる出来事でした。

しかし、この場合は違いました。ストール氏は、この出来事がコンピュータの不具合や誰かが使用料をケチったことで発生したわけではないと考えたのです。ストール氏は、ホワイトサンズ・ミサイル実験場や国家安全保障局（NSA）のような機密性の高い政府コンピュータへアクセスするための踏み台としてバークレー国立研究所のネットワークを無断で利用する「狡猾なハッカー」の追跡を始めました。プリンタを利用してネットワークトラフィックを監視し、世界初のサイバースパイ事件の侵入者について分析を始めました。この分析から、攻撃者が活動する特定の時間帯、ネットワーク内を移動するために実行しているコマンド群、そして他の活動パターンを把握していきました。また、GNU Emacsのmovemail機能の脆弱性を悪用することで、攻撃者がネットワークへ侵入できた事実を突き止めました。ストール氏はこの手口を、別の鳥の巣に自分の卵を残して孵化させる習性（托卵）を持つ鳥、カッコウになぞらえています。この手口は、後にこの侵入について綴った本『カッコウはコンピュータに卵を産む』※1のタイトルにもなっています。攻撃者を知ることは、ネットワークをさらなる攻撃から守り、次のターゲットを特定し、ミクロな観点（攻撃者を特定すること）、およびマクロな観点（国家が伝統的な諜報活動の1つの手段として不正アクセスという新しい手口を利用し、その変化に対応するため政策の方針転換を行っていること）で対応することに役立ちます。

1.1.2 現代のサイバー脅威インテリジェンス

ストール氏が不正アクセスを発見した頃から数十年たち、脅威は進歩し、変化しています。攻撃者は、進歩し続けるツール群と攻撃テクニックを活用するようになり、攻撃を行う目的も情報収集から金銭的利益、破壊や愉快犯といった目的にまで及ぶようになりました。攻撃者を理解することはとても複雑な作業ですが、重要なことです。

攻撃者を理解することは、インシデント対応の初期フェーズから重要なタスクです。攻撃者を特定して理解する方法を知り、ネットワークを守るための情報を利用する方法を学ぶことは、インシデント対応担当者が知っておくべきサイバー脅威インテリジェンスの基本概念だといえます。**脅威インテリジェンス**は、攻撃者の能力、動機、目標を分析することを意味し、**サイバー脅威インテリジェンス**（CTI）

※1 訳注：原題は『The Cuckoo's Egg: Tracking a Spy Through the Maze of Computer Espionage』。邦訳は『カッコウはコンピュータに卵を産む 上・下』（クリフォード・ストール著、池 央耿翻訳、草思社刊、1991年［文庫版2017年］）。

は、攻撃者がどのようにサイバー領域を利用し、目的を達成するか、その手口を分析することを意味します。図1-1はそれぞれの概念の関係性を示しています。[※2]

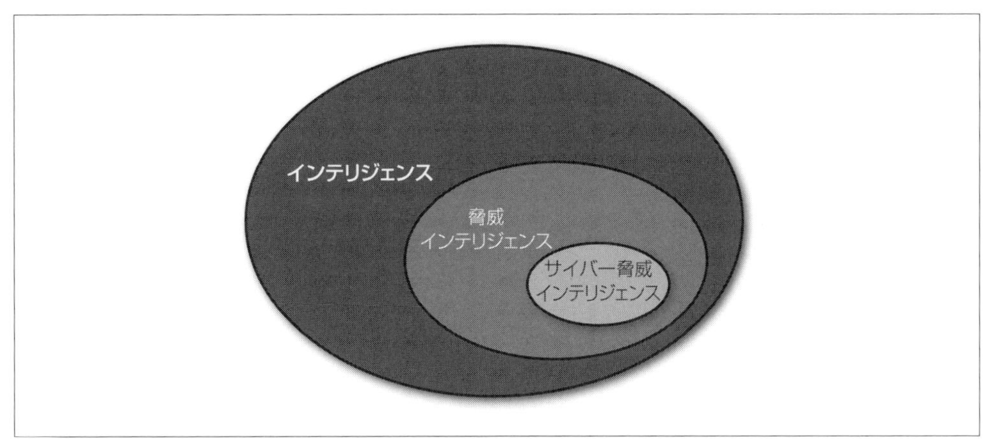

図1-1. インテリジェンスとサイバー脅威インテリジェンスの関係性

情報セキュリティでは、伝統的に科学的アプローチを採用し、検証可能で再現性のある手法が好まれています。しかしながら、サイバー脅威インテリジェンスでは、理論的側面と実践的側面が存在し、多くの場合、実践的側面は抜け落ちてしまいます。実践的側面には、攻撃者に関するデータを分析して解釈すること、あるいは利用者に参考になる形で結果を伝え、行動に結びつけることなどが含まれています。よく戦略を練り、防御側の対策にうまく対応し、進化し続ける攻撃者を理解するうえで、こうした実践的技術が欠かせないのです。

セキュリティアナリストにとって最も魅力的な仕事の1つは、ネットワーク上の不審な挙動を特定し、攻撃者の行動を追跡することです。しかし、多くの場合、未成熟のインテリジェンスプロセスは、場当たり的であり、直観的に行われることがほとんどです。何年もかけて、検知能力を向上させたり、ネットワーク内における悪意ある挙動を把握したりする新しいテクノロジーが開発されています。しかし、ネットワークアクセス制御、パケット詳細分析機能が付いたファイアウォール、脅威インテリジェンス用アプリケーションなどは、慣れ親しんだ概念を新しく応用したものにすぎないのです。

1.1.3 今後の方向性

新しいセキュリティ技術は、攻撃者が取る行動についてより詳細な情報をもたらし、その情報に基づいて多くの選択肢を提供してくれます。しかし、新しいテクノロジーや概念を導入するたび、攻撃者も適応していくことがわかっています。たくさんの略称を持つワームやウイルスは、自社のアプライアン

※2 訳注：ここでは、「脅威インテリジェンス」と「サイバー脅威インテリジェンス」の違いについて説明していますが、原著ではほぼ同義の意味で利用しているケースも存在し、翻訳時も原文に忠実に訳しています。そのため、基本的には訳語の違いを気にせず読んでいただいて問題ないと考えています。

スが対応するよりも早く変化していきます。十分な資金を持つ攻撃者集団は、多くのネットワーク管理者よりも組織的に行動し、高いモチベーションを持っています。そのため、ネットワークセキュリティ管理者は、その場限りで直観的な情報収集では、もはや脅威に十分に対応することはできません。分析手法はより手順化・構造化され、高度に実施する必要があります。また、取り扱う情報の範囲も拡大され、目標はより野心的であるべきです。

アナリストの仕事とは、組織のペリメータに対する単純な脅威を検知するだけではありません。自分の組織を攻撃しようとしている攻撃者を理解するため、ネットワークの詳細に踏み込み、ユーザー端末やサーバ、さらには外部委託先のサービスにも目を向ける必要があります。情報を分析してその意味を理解し、脅威の予防、検知、根絶のためにより良い行動を取ることも大切です。攻撃者を深く理解するための活動である脅威インテリジェンスは、正式なプロセスとして情報セキュリティの運用を支援する重要な役割を担うことが望ましいといえます。

1.2 インテリジェンスのためのインシデント対応

インテリジェンス（Intelligence）は、情報（Information）をアクションにつながるように精査し、分析したものと定義されます。そのため、インテリジェンスは情報を必要とします。インテリジェンス駆動型インシデント対応では、インシデント対応をサポートするために情報を分析して利用しますが、その情報収集のやり方は複数存在します。しかし同時に、インシデント対応プロセスもサイバー脅威インテリジェンスを生成するための1つの方法であることも知っておく必要があります。2章で議論する伝統的なインテリジェンスサイクルは、方針策定（Direction）、情報収集（Collection）、加工（Processing）、分析（Analysis）、配布（Dissemination）、フィードバック（Feedback）という6つのフェーズから構成されています。インテリジェンス駆動型インシデント対応ではこの全てのフェーズに関与し、ネットワークセキュリティの管理やユーザーのセキュリティ教育など脅威インテリジェンスを応用できる分野において、各フェーズの内容を伝えていく役割も担っています。インテリジェンス駆動型インシデント対応は、侵入手口を把握し、対策を打てば終わりというものではありません。情報を生成し、インテリジェンスサイクルを回し続ける役割を持っています。

侵入手口の分析はその成否によらず、自組織に関連する脅威をより俯瞰的に理解するために様々な情報を提供してくれます。侵入の根本原因、および不正アクセスの初期フェーズの攻撃手口は、ネットワークセキュリティ対策の弱点、あるいは悪用可能な設定の存在を教えてくれます。自社内の環境で発見されたマルウェアは、ウイルス対策ソフトやホスト型侵入検知システム（IDS）など、既存のセキュリティ対策を回避した手口を理解し、攻撃者が持つ攻撃能力を推定するのに役立ちます。また、ネットワーク内を自由に動き回る攻撃者の手口を知れば、ネットワーク内で攻撃者の行動を監視する新しいやり方を学ぶことができます。情報を窃取（せっしゅ）したり、システムの挙動を変更したりする攻撃の最終フェーズを知れば、たとえその攻撃が失敗に終わったとしても、攻撃者の目的や動機を理解することに役立ちます。そして、目的や動機を知れば、全体のセキュリティ方針を決めるうえでも有益です。つまり、インシデント対応の取り組み時において、組織が直面する脅威をより理解するうえで無駄となるプロセスはないのです。

本書では様々なプロセスやサイクルを紹介し、インテリジェンス駆動型インシデント対応が全体のインテリジェンスプロセスを支援することを学ぶことを目的としています。ここで紹介する概念は、インシデント対応においてサイバー脅威インテリジェンスを活用するための具体的なアドバイスが中心ですが、全体のインテリジェンス能力を高めるために他に応用できる部分がないか、検討してください。

1.3　インテリジェンス駆動型インシデント対応とは何か?

サイバー脅威インテリジェンスは新しいコンセプトではありません。攻撃手口と、その背後にいる攻撃者を理解するための構造的分析プロセスという昔からあるアプローチを、現代風に新しく名前を付け直した、というべきでしょう。脅威インテリジェンスをネットワークセキュリティへ応用したのも最近ですが、基本的な考え方は同じです。サイバー脅威インテリジェンスは、昔からあるインテリジェンスのプロセスとコンセプトを応用し、情報セキュリティ全体のプロセスへ統合していくことです。脅威インテリジェンスを応用する方法は多々ありますが、基本的なアプローチの1つとして、脅威インテリジェンスを、侵入検知とインシデント対応プロセスに統合していくことが挙げられます。本書では、これを**インテリジェンス駆動型インシデント対応**と呼んでおり、主要な設備投資の有無によらずどんな組織のセキュリティチームでもできることだと考えています。もちろんツールは一部の場面で決定的な役割を果たしますが、それほど重要ではありません。むしろ、インシデント対応プロセスの改善がポイントとなります。インテリジェンス駆動型インシデント対応は、ネットワーク内に潜む脅威を特定し、理解し、排除することを支援するだけでなく、将来インシデント対応を推進するための全体の情報セキュリティプロセスを強化することにも役立ちます。

1.4　なぜインテリジェンス駆動型インシデント対応なのか?

過去数十年にわたり、世の中は、文字通りの意味でも比喩的な意味でも相互につながるようになってきました。この状況は、1つの組織で成功した攻撃キャンペーンを（特に追加の労力なく）他の組織に対してを実行し、不正侵入できることを意味しています。侵入を独立したインシデントとして捉えていたのはずっと昔の話です。敵をより深く理解すると、侵入の共通点を示すパターンをより簡単に認識できるようになります。インテリジェンス駆動型インシデント対応は、このパターンをより早く特定し、対応する手助けをする手法として機能し、インテリジェンスプロセスを確実に実施します。

1.4.1　Operation SMN

わかりやすい具体例として、攻撃グループAxiom Groupに関する分析を取り上げましょう。2014年に、共同マルウェア撲滅キャンペーン（CME：Coordinated Malware Eradication）の一環として公開された分析で、Operation SMNと呼ばれています。(http://www.novetta.com/wp-content/uploads/2014/11/Executive_Summary-Final_1.pdf)

「SMN」の由来は?

「SMN」とは、Some Marketing Nameの頭文字、つまりは「流行語」を意味します。これは、マーケティング部門がインテリジェンス成果物を活用しているという認識が一般化していることを示す、露骨ですが面白い皮肉表現です。良くも悪くも、マーケティングチームは、自称最高の脅威インテリジェンス製品、情報提供サービス、ツールを宣伝する際に、脅威インテリジェンスというキーワードを積極的に活用しています。多くの人が脅威インテリジェンスに触れるのはマーケティング用の資料を通してであり、この事実が脅威インテリジェンスの内容自体をきちんと理解することを困難にしています。

インテリジェンスの仕事は、攻撃者に対する理解を深め、防御に役立てるという最終的なゴールを見据えて行うことが重要です。マーケティングチームは、脅威インテリジェンスを宣伝に利用しがちです。しかしマーケティングチームの本来の役割は、脅威インテリジェンスの背後にある「ストーリー」を必要な人に届けるため支援を行うことだといえるでしょう。

6年間以上にわたり、Axiom Groupとして知られた攻撃グループは、フォーチュン500社、ジャーナリスト、非政府組織、およびその他の様々な組織に狙いを定め、密かに侵入し、情報を窃取してきました。このグループはとても洗練されたツールを使い、被害者のネットワーク内でのアクセス可能な範囲を広げ、維持するために努力を惜しまないことで知られています。多くの被害組織でマルウェアが検知され、インシデント対応が行われたため、この攻撃グループが利用していたマルウェア群の一部を体系的に研究したところ、想定よりもはるかに複雑な攻撃キャンペーンであることがわかりました。多くの企業がこの活動に参加して情報共有を行うと、マルウェアの挙動のみならず、明確な目的を持って活動する攻撃者グループの行動も浮かび上がってきました。攻撃対象としている地域・業界など、戦略的インテリジェンスを作成できたのです。

これは、インシデント対応シナリオの一部としてインテリジェンス活動が機能している良い具体例です。なぜなら、情報収集を行い、分析するだけでなく、新しい要求とフィードバックをもらうために情報を共有しているためです。セキュリティアナリストが確実な結論に到達し、明確にアクションを取るまでこのプロセスを繰り返し行い、レポート公表時点では43,000個以上のマルウェアの駆除に成功しています。インシデント対応担当者は、情報提供フェーズの一部として公表された当該レポートを参照することで、この攻撃グループの戦術と動機をより理解するために必要な情報を知ることができます。

1.4.2 Operation Aurora

Axiom Groupの存在が浮かび上がる数年前に、(おそらく関係する) 別の攻撃グループが、Operation Aurora (http://bit.ly/2uF1MOJ) という、同様の複雑な攻撃キャンペーンを行いました。このグループは、30以上の企業を狙い、侵入に成功したことで知られています。この攻撃は、IT企業や防衛産業の請負業者、化学メーカー、中国の反体制派グループへ大きな影響を与えました。この攻撃パターンと動機は、先ほどのOperation SMNの事例とよく似ています。この2つの事例を見てみると、無作為に攻撃が行われているのではなく、目的達成のために多くの時間と努力を惜しまない明確な意志を持つ攻撃者が、戦略的目標を持って組織的に攻撃を行っている様子が浮かび上がります。教訓を得て、大局を踏まえながらインシデント間の関係性を見据えてこの問題に取り組まなければ、私たちは攻撃者に先んじられてしまいます。

Axiom Groupによる攻撃とOperation Auroraは、ともにサイバースパイ活動を目的として情報の窃取を行う攻撃でした。しかし、インシデント対応担当者は国家に支援された攻撃グループのみを心配すればよいわけではありません。金銭目的の犯罪者の手口もますます進歩しており、攻撃者はセキュリティ担当者とインシデント対応担当者の先を越すように常に腕を磨き続けています。

1.5 まとめ

コンピュータセキュリティ分野では技術的進歩が成されているにも関わらず、攻撃者は常に適応し続けます。検知されるまでの数年間自由にネットワーク内を徘徊する攻撃者、あるいはインシデント対応終了後もマルウェアをどこかに隠し、再び感染させて侵入する攻撃者とその情報漏洩事案を知り、驚かされることも多々あります。インテリジェンス駆動型インシデント対応では、彼らの動機やプロセス、行動パターン、あるいは防御・検知メカニズムを回避しようとする活動を特定することで、攻撃者から学ぶことができます。攻撃者について知れば知るほど、彼らの活動を検知し、対応することができるようになるわけです。

1章では、インシデント対応プロセスにおいて、インテリジェンスを作成、利用するためには、構造化された繰り返し可能なプロセスが必要であることを説明してきました。本書では、プロセスに関する知見を提供することを目指しています。次の章から、インテリジェンス駆動型インシデント対応のツールとして知っておくべき様々なモデルや方法論を紹介し、なぜこれらのモデルや方法論がインシデント対応に有益であるのか、その理由を説明していきます。残念ながら、汎用的な解決法は存在しません。多くの場合、どのモデルとアプローチの組み合わせが最適なのか、インシデントと組織にあわせて決める必要があります。インテリジェンスとインシデント対応の基本原理、およびこの2つを統合するための方法論を理解することにより、組織のニーズを満たし、きちんと機能するインテリジェンス駆動型インシデント対応のプロセスを構築することができるでしょう。

2章
インテリジェンスの基礎

"Many intelligence reports in war are contradictory;
even more are false, and most are uncertain."
戦争で入手する情報は、その多くは互いに矛盾し、
より多くの部分は誤っており、また大部分はかなり不確実である。
―Carl von Clausewitz（カール・フォン・クラウゼヴィッツ）

インテリジェンス分析は、人間の歴史の中で最も古く、変化しない概念の1つです。毎朝、テレビをつけてニュース番組を見たり、スマートフォンをスクロールしたりしながら情報をチェックして、毎日の生活に役立つ情報を探しています。例えば、「今日の天気はどうだろうか？ 今日の予定に影響があるだろうか？」「今日の各線の運行情報はどうだろうか？ 余裕を持って出るべきか？」などが挙げられます。人々は、自分が持つ経験や優先順位を外部情報と照らし合わせ、自分に対する影響を評価します。

様々な情報源から外部情報を取り込み、既存の要件と比較分析し、意思決定に影響を及ぼす評価を行うこと、これがインテリジェンスの基本的な概念です。これは、個人レベルの分析にとどまらず、グループや組織、および政府レベルなど高度な分析レベルが求められる場合においても、毎度同じプロセスが実施されます。

ほとんどの人は正式なトレーニングを受けることなく独学でインテリジェンス分析を行っています。多くのセキュリティチームも、実際にはインテリジェンス分析と同じ方法論を利用していると意識せず、ログ分析などの業務に携わっています。企業や政府がインテリジェンス活動を行う場合は、長年にわたって培われた定式化されたプロセスと基本原則に基づいて実施しています。また、情報セキュリティとインシデント対応の観点からインテリジェンス活動に馴染むようにプロセスを定式化しています。2章では、インテリジェンスとセキュリティにおける重要な概念について解説します。インテリジェンスに関する抽象的概念について考察した後、インシデント対応調査に応用可能な、具体的な概念へと説明を進めていきたいと思います。

2.1 データとインテリジェンス

最初に、インテリジェンスを取り扱ううえで最も重要なこと、データ（Data）とインテリジェンス（Intelligence）の違いについて説明をしておきましょう。セキュリティ業界においてどちらも重要な専門用語ですが、定義が曖昧なまま使われることも多く、現場担当者はその違いを理解し、説明することに苦労するでしょう。米軍統合情報本部によって主要な基本原則をまとめた「Joint Publication 2-0」（15ページ「軍事用語」の項を参照）は、現在よく参考にされている基本的なインテリジェンス文書の1つです。その序章で「**情報**（データ）は司令官にとって有用であるが、作戦実施環境において他の情報に関連させ、過去の経験に照らし合わせて考えれば、情報について新しい理解を得ることができる。これを、**インテリジェンス**と定義する」と述べています。

データとは、情報やファクト、あるいは統計情報を意味します。データとは、事象を記述するものです。例えば、先ほどの天気予報の例では、気温は1つのデータであり、実証され、繰り返し可能なプロセスにより測定されたファクトです。気温を知ることは重要ですが、意思決定に役立てるためには、その日に何が起こっているのか、文脈にあわせて分析を行う必要があります。情報セキュリティの世界でいえば、IPアドレスやドメインがデータに相当します。文脈を理解するため追加分析を行わなければ、単なるファクトに過ぎません。特定の要件に基づいて様々な断片データを収集し分析すると、インテリジェンスを得ることができるのです。

インテリジェンスは、データを収集し、分析することで得ることができます。データ分析を行いインテリジェンスが生成されたら、有効に活用するために配布を行います。適切な利用者に届かないインテリジェンスは、残念ながら無用の産物です。平和と紛争について研究し、歴史家としても知られたスウェーデン出身の作家、ウィリアム・アグレル氏（Wilhelm Agrell）は、「インテリジェンス分析は、ジャーナリズムのダイナミクスと科学の問題解決を融合したものだ」と述べています。

データとインテリジェンスの一番の違いは、**分析**にあるといえます。インテリジェンスを生成するためには、一連の要件に基づいた分析が必要であり、事前に用意された質問に答えることを目的とします。分析がなければ、セキュリティ業界で生成されたデータの多くはデータとして保存されます。しかし、要件に基づいて適切に分析が行われれば、質問に答え、意思決定を支援するうえで必要かつ適切な文脈を含むため、インテリジェンスへと昇華します。

IOC（Indicators of Compromise）

少し前まで、脅威インテリジェンスをIOC（Indicators of Compromise）と同じ意味で捉えていた人は多数いたはずです。IOCは本書でも何度も登場してきますが、侵害が行われた可能性を示すシステムやネットワークログを探すことを意味します。IOCには、C2サーバ（Command and Control）やマルウェアのダウンロードに関連するIPアドレスとドメイン、悪意のあるファイルのハッシュ値、および侵入の可能性を示すネットワーク、もしくはホストに残存する痕跡（Artifacts）を含みます。本書でも後に議論するように、IOCは技術的なインテリジェンスの最も一般的な形式の1つですが、IOCは脅威インテリジェンスとはまったく異なる概念であることも理解してください。

2.2 情報源と収集手法

さて、データとインテリジェンスの違いを理解できたと思いますので、次の疑問を考えていきましょう。すなわち、「インテリジェンスを生成するためのデータはどこから手に入れるのか？」という論点です。

伝統的なインテリジェンスの情報源は、情報入手先を表す接頭語にINT（Intelligenceの意味）という接尾語を付けて表現されています。

HUMINT

HUMINT（Human-Source Intelligence）は、文字通り人間から情報を収集する手法です。これは、外交官経由で入手する明示的な方法の場合もあれば、秘密かつ隠密に情報を入手する場合も含みます。HUMINTは、インテリジェンスを収集する方法のうち最も古典的な方法です。よくある議論として、「サイバー脅威インテリジェンスはHUMINTから収集できるか？」という論点があります。1つの例として、特定の侵入に関与したり、侵入について実践的な知識を持っているハッカーにインタビューをしたり、情報をもらうという方法が挙げられます。また別の例で言えば、招待制、あるいはアクセスが規制されたオンラインフォーラムに集うハッカーとの交流を通じて情報を入手する方法もこの分類に含まれるでしょう。サイバー脅威インテリジェンスは、全て電気通信から得られた情報であるため、SIGINTと見なす場合もあります。

SIGINT

SIGINT（Signals Intelligence）とは、COMINT（Communications Intelligence）、ELINT（Electronic Intelligence）、FISINT（Foreign Instrumentation Signals Intelligence）など、信号（Signals）を傍受して情報を収集する方法です。コンピュータは全て電子信号を使って機能しているため、コンピュータもしくはネットワーク機器から収集される情報は全てSIGINTと考えられます。そのため、ほとんどの技術的インテリジェンスは、SIGINTから集められるといえます。

OSINT

OSINT（Open Source Intelligence）は、ニュース、ソーシャルメディア、商業用データベース、あるいは機密指定されていない情報源など、公的に利用可能な情報源をもとにインテリジェンスを生成する方法です。サイバーセキュリティの脅威に関する各種公開レポートやホワイトペーパーは、OSINTの1つの形式です。他の例として、誰でもアクセスできるIPアドレスやドメイン名に関する技術的詳細情報もOSINTの1つの形式だといえます。例えば、WHOISクエリは、誰が悪意のあるドメインを登録したか教えてくれるでしょう。

IMINT

IMINT（Imagery Intelligence）とは写真やレーダーなど、視覚情報からインテリジェンスを生成する方法です。IMINTは、通常サイバー脅威インテリジェンスの情報源にはなりません。

MASINT

MASINT（Measurement and Signature Intelligence）は、SIGINTやIMINT以外の技術的

手段によって収集されたインテリジェンスのことです。MASINTは核、光、無線周波数、音響、地震の痕跡などを含みます。MASINTはSIGINTを含めていないため、サイバー脅威インテリジェンスの情報源となることはほとんどありません。

GEOINT

GEOINT（Geospatial Intelligence）は、衛星、偵察映像、地図、GPSデータ、および場所に関連する様々な情報源などの地理空間データから収集されます。IMINTをGEOINTの一種と捉えるか否かは組織によって異なります。IMINTと同様に、GEOINTもサイバー脅威インテリジェンスの情報源になることはほとんどありません。しかし、GEOINTは、攻撃者が特定のドメインを利用した場合、攻撃の背後にある文脈や背景を提供してくれることがあります。

現時点では、CYBINT(Cyber Intelligence)、TECHINT(Technical Intelligence)、FININT(Financial Intelligence) など数多くのインテリジェンスが登場しています。しかし、新しい手法も、既に紹介した方法論によりカバーできることがほとんどです。例えば、CYBINTは、主にELINTとSIGINTに由来します。インテリジェンス収集技術について議論することはあまり重要ではなく、むしろ情報源の理解につとめるべきだといえます。一定の時間を情報収集に費やした後、独自のインテリジェンスとして役に立つ情報源があれば、それを活用すべきです。この分野では様々な新しい概念や手法が登場し、定義が曖昧であったり、意味がかぶることも多々ありますが、適宜活用できる準備をしておけば十分でしょう。

ここで記載された伝統的なインテリジェンス収集技術に加えて、サイバー脅威インテリジェンスで積極的に利用される情報収集技法もあります。こういった脅威データがどこから来るのか、きちんと理解することも重要です。

インシデントと調査

「インシデントと調査」とは、情報漏洩調査やインシデント対応活動において収集されたデータを意味します。サイバー脅威インテリジェンスの世界では、最も豊富なデータを提供してくれる情報源の1つでもあります。なぜなら調査担当者は、攻撃者が用いたツールや技術など脅威について複数の観点から情報を把握し、侵入を行う意図や動機を特定することができるからです。

ハニーポット

ハニーポット（Honeypots）とは、端末やネットワーク全体を模倣し、当該環境で攻撃者の行動を記録するツールです。ハニーポットには、低対話型、高対話型、内部ハニーポット、公開ネットワークに配置したハニーポットなど、多くの種類が存在します。利用するハニーポットの種類、監視する目的を理解し、行われる通信の本質を理解していれば、ハニーポットが提供する情報は非常に有益です。攻撃コードの試行、あるいはマルウェア感染を行う攻撃者の行動を記録しているハニーポット情報は、スキャン情報や他の通信データよりはるかに有益だといえます。

フォーラムとウェブサイト

セキュリティベンダーの多くが、**ディープウェブ**や**ダークウェブ**の情報を収集・活用している、と宣伝しています。この場合、ダークウェブはインターネットから簡単にアクセスすることができず、アクセスが制限されたフォーラムやチャットルームのことを指しています。これらのフォーラムやサイトでは、分析すれば価値のある情報をやり取りしています。しかし、これらの種類のサイトは非常に多くあり、1社がダークウェブを完全に把握することは不可能です。そのため、こうした情報収集には限界があることを理解し、ダークウェブ情報を収集していると宣伝している各ベンダーはそれぞれ異なるデータを持っていると理解しておく必要があります。

これらの技術も、過去に存在する一般的なテクニックの応用に過ぎません。テクノロジーは、古い技術が進化し、新しい技術として生まれ変わることで発展するといわれますが、インテリジェンスも同様です。哲学者ジョージ・サンタヤーナ氏（George Santayana）は、「過去を忘れることに関する警句」※1について述べていますが、これも真実だといえるでしょう。

軍事用語

情報セキュリティにおける特徴の1つに、軍事用語を利用することが挙げられます。インテリジェンスは、何世紀にもわたり行われてきましたが、米軍統合情報本部の「Joint Publication 2-0: Joint Intelligence」（http://www.jcs.mil/Portals/36/Documents/Doctrine/pubs/jp2_0.pdf）や英国の「Joint Doctrine Publication 2-00 - Understanding and Intelligence Support to Joint Operation」（http://bit.ly/2veFsZj）などの公的文書は、インテリジェンスに関する用語の現代的定義を整理しています。インテリジェンス活動を民間に応用する場合、上記文書で取り上げられている考え方を参照しています。その結果として、現代のインテリジェンス分析では多くの軍事用語が利用されています。そのため、サイバー脅威インテリジェンスなどの関連分野でも、軍事的な基本原則が多く応用されています。しかしマーケティングと同様、軍事用語を利用することは、状況により有益にも無益にもなり得ます。そのため、メッセージを伝える際には、相手によっては別の用語を使ったほうが適切に伝わるかもしれません。

2.3　プロセスモデル

モデルは情報を整理するために活用され、分析や次のアクションにつながります。3章と8章で、インテリジェンス分析で利用されている様々なモデルを紹介します。また、一部のモデルはインテリジェンスの収集プロセスをより理解するために有益です。ここでは、インテリジェンスを効率よく生成し、活用するためのモデルを2つ紹介します。1つ目は、OODAループです。OODAループは、素早く、時間を意識した意思決定を促すことができます。2つ目は、インテリジェンスサイクルと呼ばれるモデルで

※1　訳注：哲学者ジョージ・サンタヤーナ氏は「過去を思い出せない者は、それを繰り返す運命にある」という警句を吐いていますが、本文で指示している警句はこのことだと思われます。

す。このモデルは、政策側への情報提供から将来のインテリジェンスに対する要求まで様々な用途で用いられ、より本格的なインテリジェンスを作成するために利用されています。

モデルを有効に活用する

ジョージ・ボックス氏（George E. P. Box）は、「全てのモデルは間違っているが、その一部は活用する価値がある」と述べています。全てのモデルは、問題を理解するために必要な抽象化を行っています。一方その性質がゆえ、全てのモデルは還元主義的な側面を持ち、また重要な詳細を捨ててしまう可能性があります。そのため、特定のモデルに対し、全てのデータが適合しないことは重要ではありません。むしろ、モデルが提案する思考プロセスを理解し、改善しながらモデルを活用することに大きな価値があるといえるでしょう。

2.3.1 OODAループ

セキュリティの世界で最も参考にされている軍事的な概念の1つは、OODAループでしょう。OODAとは、観察（Observe）、情勢判断（Orient）、決定（Decide）、行動（Act）の頭文字から構成されています。OODAループは、以下の図2-1にある通り、戦闘機パイロットであり、軍事学研究者であり、戦略家であったジョン・ボイド氏（John Boyd）が1960年代に提唱した概念です。ボイド氏はOODAループを利用することで、最新機材や優れた能力を持つ敵と比較して不利な状況にある戦闘機パイロットが、刺激（状況や相手の動き）に対してより早く反応し、決断し、行動できると考えていました。また、こうした素早い行動が、敵に精神的な圧力を与え、勝利につながると考えていました。

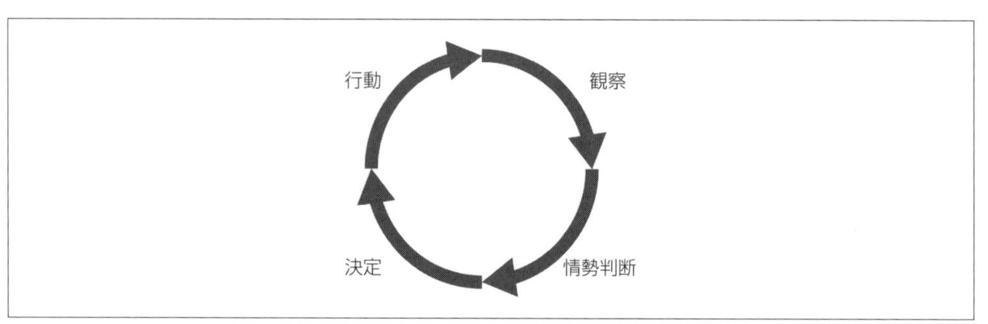

図2-1. OODAループ

ここから、4つのステージについて説明していきます。

2.3.1.1 観察（Observe）

観察フェーズは、情報収集の中心的な概念です。このフェーズにおいて、外部から有益だと思われる情報全てを収集してきます。もし野球ボールを捕まえようとする場合、このフェーズでは野球ボールを観察し、速度と軌道を決定する必要があります。ネットワーク侵入した攻撃者を捕まえようとする場合、ログを収集し、システムを監視し、攻撃者を特定するための外部情報を収集することが、このフェーズでやるべきこととなります。

2.3.1.2 情勢判断（Orient）

情勢判断フェーズでは、観察フェーズで収集した情報を、既知の情報に照らし合わせて整理します。情報を整理する際には、過去の経験、推測や仮説、期待される結論、モデルなどを考慮して行います。前述の野球ボールの例でいえば、情勢判断とは、ボールを取るときにどれぐらいの衝撃が加わるか推測し、加速や軌道を考慮しながらボールがどのように動くか、観察者の知識を活用するフェーズです。ネットワーク攻撃者の事例であれば、ログから取得された測定データを、ネットワーク環境、関連する攻撃グループ、特定のIPアドレス、プロセス名など以前得られた知見と突き合わせることを意味します。

2.3.1.3 決定（Decide）

この時点で、情報は収集され（観察フェーズ）、コンテキスト情報が追加（情勢判断フェーズ）されています。そのため、このフェーズでは行動指針を決めていきます。決定フェーズは、アクションを実行するフェーズではなく、最終的な行動指針を決定するまで、様々な行動指針について検討するフェーズです。

先ほどの野球ボールの例でいえば、このフェーズではどこからどれぐらい速く走るか、野手がどのように動いてどの位置にグローブを用意しておくか、ボールを取るために必要な全てのアクションが含まれます。ネットワーク攻撃者の場合、攻撃者の活動に対するモニタリングを継続するか否か、インシデント対応活動を開始するか否か、あるいは攻撃者の活動を無視するか否か、決定することを意味します。どちらの場合でも、ネットワーク管理者は目標を達成するための次のフェーズを決定します。

2.3.1.4 行動（Act）

行動（Act）フェーズは、今までと比べ比較的単純です。担当者は、選んだ行動指針に従いアクションを開始します。これは、成功を100%保証するわけではありません。アクションに対する評価は、次のOODAループの観測フェーズで行われ、観測フェーズから再びOODAループを開始します。

OODAループは、日々数え切れないほど行っている基本的な意思決定プロセスの一般化です。このモデルは、個人がどのように意思決定をするか説明するだけでなく、チームや組織の意思決定方法も説明します。ネットワーク管理者やインシデント対応担当者が情報を収集し、活用の仕方を理解する際にもこのモデルは有効です。

OODAループは、防御側だけが活用している技術ではありません。防御側がOODAループに沿って対応している一方、攻撃者も同様の技術を活用しています。攻撃者はネットワーク防御側の行動をつぶさに観察し、この環境へ影響を与えるための行動指針を決定し、実行します。他の場合と同じように、観察を行い、早く状況に適合したほうが勝つ傾向にあります。図2-2は防御側・攻撃側それぞれの観点からOODAループを表現した図です。

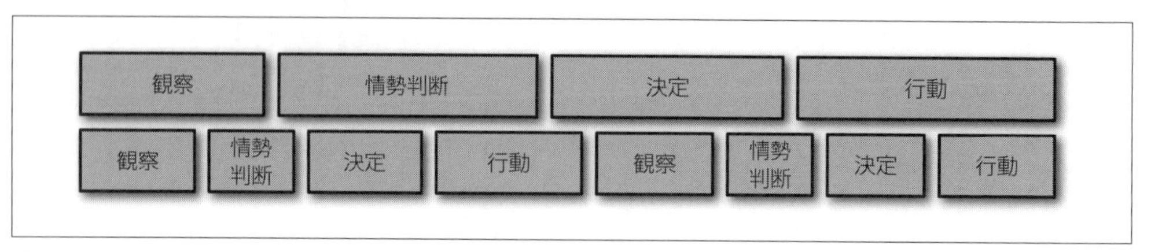

図2-2. 防御側・攻撃側におけるOODAループの関係性

防御側チーム間におけるOODAループ

攻撃側―防御側のOODAループ以外にも、防御側―防御側のOODAループについて考えることも有益です。つまり、防御側として行った意思決定が、他の防御に影響を与える可能性があります。防御側が行う意思決定の多くは、基本的に他の防御者と競合状態になる可能性があります。例えば、ある組織のセキュリティチームがインシデント対応プロセスを実行し、攻撃に関する情報を公開したとします。するとこのチームは、インテリジェンスを利用する（他組織に在籍する）別のセキュリティチームに対して、時限タイマーを設定し、スタートボタンを押したことを意味します。攻撃者がOODAループをより早く動かして攻撃に関する公開情報を見つけてしまえば、防御側がインテリジェンスを活用する前に、攻撃者は戦術を変更してしまうからです。そして、防御策の裏をかいてネットワーク内部に侵入し、理想的な成果を得ることができ、攻撃に失敗するという重大な被害を避けることができてしまいます。

このため、行動や情報共有が、攻撃者や味方を含む別の組織にどのように影響するかを検討することが重要です。いずれの場合においても、コンピュータネットワーク防御は、敵のOODAループを遅くし、防御側のOODAループをスピードアップする役割を持ちます。

この一般化された意思決定モデルは、防御者と攻撃者両方の意思決定を理解する雛型になります。本書では、このサイクルを活用した議論を進めていきますが、このモデルは最終的に、関与する全ての関係者の意思決定プロセスを理解することに焦点を当てています。

2.3.2 インテリジェンスサイクル

図2-3に描かれているインテリジェンスサイクルは、インテリジェンスを作成し、評価するために定式化されたプロセスです。このモデルは、最後のインテリジェンスプロセスが終わったところから開始

し、またプロセスを開始するサイクル型モデルです。インテリジェンスサイクルには、文字通り従う必要はありません。この後紹介する実際のプロセスは、インテリジェンスサイクルの原型をもとに少し改良したモデルを採用しています。ただし、重要な手順を省略しないように注意する必要はあります。もし、フェーズ全体を省略してしまうと、インテリジェンス生成にたどり着けず、より多くのデータと質問を抱えてしまうリスクがあります。

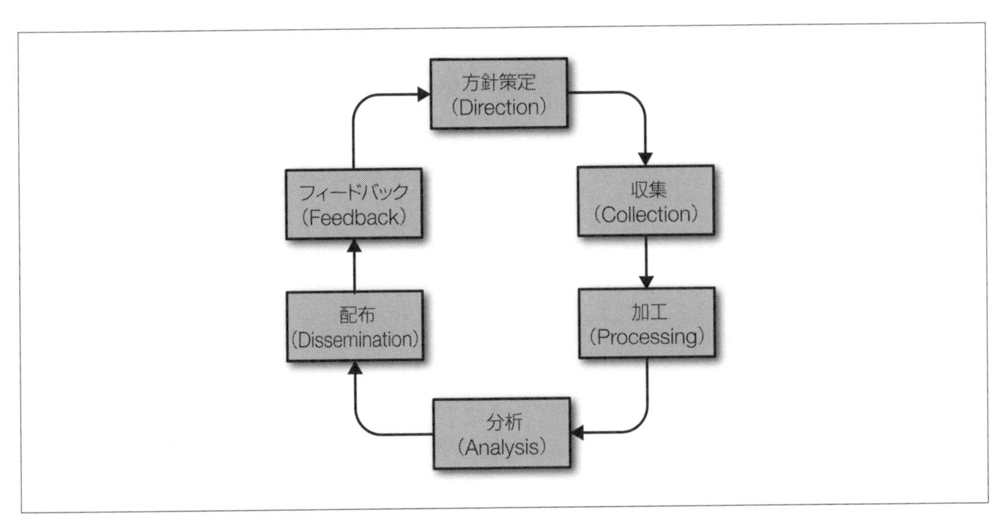

図2-3. インテリジェンスサイクル

インテリジェンスサイクルを適切に利用するため、次で示す通り、各フェーズで何をすべきか知る必要があります。

2.3.2.1　方針策定（Direction）

インテリジェンスサイクルの最初のフェーズは、方針策定フェーズです。このフェーズは、インテリジェンスが答えるべき質問を策定するプロセスです。この質問は、外部の情報源から提供されたり、インテリジェンスチームによって作成されたり、ステークホルダー（利害関係者）とインテリジェンスチームで共同で作成したりします（これは、**RFIプロセス**とも呼ばれます。詳しくは4章で説明します）。このプロセスの理想的な終わり方は、ステークホルダーが活用できる答えを導く、明確かつ簡潔な質問を作ることです。

2.3.2.2　収集（Collection）

次のフェーズは、質問に答えるために必要なデータの収集です。ここでは、様々な情報源からできるだけ多くのデータを収集することに焦点を当てるべきであり、活動の幅は多岐にわたります。確証を得ることが重要であるため、データを冗長に収集することにも価値があるといえるでしょう。

これは、効果的なインテリジェンスプログラムを構築するための重要なコンセプト、すなわち、情報収集能力を養うことにもつながります。最終的にどのデータが有用であるか正確に知ることは難しいため、様々な情報を収集し、網羅する機能を構築することが重要です。これには、基盤、マルウェア、攻撃コードなどの戦術的情報のみならず、攻撃者の目標、ソーシャルメディアやニュースのモニタリング、ハイレベルな文書の利用（ベンダーが特定のグループについて言及しているホワイトペーパーなどを見つけ、情報を収集すること）など、運用上の戦略的情報も含まれます。このとき、情報源を文書に残し、適切に管理することを忘れないでください。ニュース記事はしばしば再掲されたり、同じ情報源を参照している場合が多いため、何が正しい情報なのか、どの記事が元の記事を転載しているだけなのか突き止めることが難しいためです。もし、情報源が特定できないデータがある場合、そのデータを収集データとして利用すべきではありません。

収集フェーズはプロセスであり、1回限りの活動ではありません。最初の収集活動で得た情報（例：IPアドレスの収集）を活用し、次の情報収集（例：IPアドレスに関連するドメインを見つけるため、リバースDNSを活用する）につなげていきます。そして、その結果をもとに3回目の情報収集（例：ドメインに関する情報収集を行うため、WHOISを利用する）を行うわけです。このプロセスは、自分が収集した情報を活用していくため、指数関数的に情報量を増やすことができます。この時点では、データの関係性を理解するのではなく、できるだけ多くの情報を収集することに焦点を当て、データの関係性を探るのは後回しにします。また、インシデント管理システムなど内部の情報源を活用することを忘れないでください。内部の情報源から、よく知られている攻撃者や攻撃を発見することもよくある話です。

複数のネーミングを持つ攻撃グループ

ネーミングは、情報収集において重要な課題となっています。昔は、ネーミングの役割は一般的な名称と別名を示すだけでした。しかし現在では、（ブランディングなどの目的のため）各組織は攻撃グループに独自の名前を付けたいと考える一方、同時に（組織ごとにバラバラな名前を持つ）当該攻撃グループの情報についても収集しなければいけないため、セキュリティ業界全体が苦労しています。全ての企業、情報共有グループ、諜報機関は、様々な脅威グループを独自の命名規則で管理しています。攻撃グループAPT1は非常に良い例です。最も一般的にはComment Crewとして知られている攻撃グループですが、他にもShadyRat、WebC2、GIF89aなどとも呼ばれていました。Mandiant社はこの組織をAPT1と呼びましたし、CrowdStrike社はComment Pandaと呼びました。同じく調査していたある諜報機関は、この組織が中国人民解放軍のサイバー部隊、「61398部隊」（PLA Unit 61398）であることを突き止めました。特定の名前を利用したレポートを見落とすと重要なデータを逃す可能性があるため、これらの名前全てに対する情報収集が重要です。

2.3.2.3　加工（Processing）

データは、生データの形式や収集した状態ですぐに活用できるとは限りません。さらに、異なる情報源から収集したデータは異なるフォーマットであることが多く、一緒に分析するためには同じデータ形式にそろえる必要があります。データを活用可能な形式に加工することは忘れがちなタスクですが、この作業を抜きにしてインテリジェンスを生成することはほとんど不可能だといえるでしょう。伝統的なインテリジェンスサイクルでは、加工は収集の一部分とされていました。しかし、インシデント対応を行う組織がこれらのデータ群を扱う際は、加工フェーズを別に考えたほうがわかりやすいと思います。以下に、サイバー脅威に関連するデータを加工する際に最も一般的な方法を例示します。

正規化

加工フェーズでは、分析のため、収集されたデータを同じ形式に正規化することが含まれます。収集プロセスでは、考えられる限り全てのデータを収集しますが、データはJSONやXML、CSVやメール本文など様々なフォーマットで提供されています。ベンダーは、ブログ投稿や表をウェブサイト上に共有するだけでなく、PDFレポートやYouTubeのビデオなどを共有することもあります。同時に、各組織は異なるフォーマットでデータを蓄積する傾向にあります。専用の脅威インテリジェンスプラットフォーム（TIP：Threat Intelligence Platform）を使う組織もあれば、Wikiや内部アプリケーションなどの独自のソリューションを採用する組織もあります。

インデックス作成

大容量のデータを、検索可能な状態にする必要があります。アナリストは、ネットワークアドレスやマルウェアの変異体などの観測データを処理する場合でも、フォーラムへの投稿やソーシャルメディアなどの運用データを処理する場合でも、迅速かつ効率的に検索できる必要があります。

翻訳

特定の地域を担当するアナリストが、情報源となる文書を翻訳する場合があります。世界中から提供される情報を取り扱うほとんどの組織にとって、全ての翻訳を行うことは一般的に不可能といってよいでしょう。機械翻訳は完璧ではないですが、一定レベルの情報を提供できるため、アナリストは興味ある情報を見つけることができます。もし必要であれば、より正確な翻訳のため、専門家に助けを求めればよいのです。

データの充実化（エンリッチメント情報）

情報の断片に、追加のメタデータを提供することも重要です。例えば、ドメインをIPアドレスに変換し、WHOISの登録データを取得します。あるいは、Google Analyticsのトラッキングコードは、同じコードを使っている別のサイトを見つけるため相互参照されています。こういったデータの充実化プロセスは自動的に行われるべきであり、関連データはすぐにアナリストの手元に届けられるべきです。

フィルタリング

全てのデータが同じ価値をもたらすとは限りません。アナリストは、無関係なデータがとめどなく表示された場合、大量データの洪水にのまれてしまいます。アルゴリズムの力を使って無価値だと判断された情報を除外することで（それでもなお検索可能かもしれませんが）、最も有益で関連性のあるデータに注力することができます。

優先順位付け

収集されたデータに優先順位が割り当てられると、アナリストは重要な情報の分析にリソースを割り当てられるようになります。アナリストの時間は貴重であり、インテリジェンスの生成に最大限貢献できるように正しく割り当てなければなりません。

可視化

データの可視化技術は大幅に進歩してきました。多くのアナリストはベンダーの提供するダッシュボードの乱雑さに辟易していますが、マーケティングや経営幹部の目線ではなく、アナリストが本当に必要とする内容に基づき可視化方法を設計することで、認知的負荷を軽減することができます。

将来のインテリジェンス分析に活用できる形式でデータを加工できるように、時間をかけて取り組んでください。

2.3.2.4 分析（Analysis）

分析フェーズとは、理論と実践の両方の観点から、方針策定フェーズで作成された質問へ答えるフェーズです。インテリジェンス分析では、収集されたデータを特徴付け、他の利用可能なデータと比較し、その意味を解釈し、評価します。予測は、将来の解釈として活用します。分析を行うための方法は様々ですが、最も一般的な方法は分析モデルを使い、情報を整理し、評価する方法です。この章の後半で紹介する既存のモデルに加えて、アナリストは特定のデータセットや情報の解釈方法を扱う独自のモデルを開発することもあります。

既に述べた通り、分析フェーズの目標は、インテリジェンスサイクルの方針策定フェーズで特定された質問に回答することでした。その回答内容は、質問の特徴により決定されます。場合により、分析結果として新しいインテリジェンス成果物ができる場合もあれば、一定の確証を持ってYES／NOで答えられる単純な回答の場合もあります。分析を開始するために、アウトプットがどのような形になるか理解しておくことが重要です。

分析は理論的プロセスだけで処理できず、不完全な情報で実施することもよくあります。アナリストは、分析における情報のギャップを特定し、明確にすることが重要です。これにより、意思決定者は分析の潜在的な盲点を知ることもできます。また、ギャップを減らすため収集プロセスを推進し、新しい情報源を見つけ出すこともできます。アナリストが現在の情報では分析ができないと判断するほど情報が不足している場合、収集フェーズに戻り、さらにデータを収集する必要があります。欠点がある分析結果を提供するよりも、分析の完了を遅らせるほうがずっと良いといえるでしょう。

全てのインテリジェンス分析は人間により行われるべきであると理解しておくことも重要です。もし、自動化プロセスが導入されれば、それはインテリジェンスサイクルの中で重要な加工フェーズを実施していることになりますが、分析とは呼べないでしょう。

2.3.2.5 配布（Dissemination）

このフェーズに入る時点で、具体的なインテリジェンスが生成されている状態、言い換えれば方針策定フェーズで用意した質問に対してコンテキスト情報を踏まえた回答が作成された状態であるはずです。インテリジェンス報告書は、インテリジェンスを利用するステークホルダーに共有されない限り、その価値をもたらしません。インテリジェンス報告書に関する失敗の多くは、分析フェーズまでは成功していても、配布プロセスで失敗しているケースです。**インテリジェンスは、最も利便性の高い形式で、関係するステークホルダーと共有する必要があります。**言い換えれば、インテリジェンスの利用者に合わせて配布を行う必要があります。例えば、インテリジェンスの配布先が経営層である場合、レポートの長さと表現を考慮する必要があります。あるいは、IDSやファイアウォールなど技術的製品の実装を目的とする場合、ベンダー固有のルールや実装形式に合わせて記載する必要があります。いずれの場合も、インテリジェンスは関連するステークホルダーがすぐに利用できる状態にしなければいけません。

2.3.2.6 フィードバック（Feedback）

忘れがちですが、フィードバックフェーズは、インテリジェンス活動を支えるうえで重要な要素です。**フィードバックフェーズでは、生成されたインテリジェンスが方針策定フェーズの質問に適切に答えられているかどうか確認を行います。**その結果は、以下のどちらかになります。

成功した場合

もしインテリジェンスサイクルが用意した質問に回答できれば、サイクルは終了することもあります。しかし、多くの場合、成功したインテリジェンスサイクルは新しい質問や与えられたインテリジェンスに基づくアクションにより、新しいインテリジェンス要求を引き出します。

失敗した場合

インテリジェンスサイクルは失敗に終わることもあります。失敗の場合、フィードバックフェーズにおいて、適切に答えられなかった方針の問題点に立ち返り、深く原因を探る必要があります。次の方針策定フェーズでは、この失敗の原因に対処するため、特に注意する必要があります。失敗の原因として、方針策定フェーズで目標を十分絞り込めていなかったり、収集フェーズで質問を答えるために十分なデータを集められなかったり、分析フェーズで利用できるデータから正しい（あるいは少なくても有益な）情報を導けなかった、などの理由が考えられます。

2.3.3 インテリジェンスサイクルの利用

それでは、新しい攻撃者について学び始める際、どのようにインテリジェンスサイクルを利用するか考えていきましょう。

最高情報セキュリティ責任者（Chief Information Security Officer、以下CISO）が尋ねてくる質問の1つとして「最近よく耳にするこの攻撃グループについてどんな情報があるか？」というものがあります。CISOは、攻撃グループの能力と意図への基本的理解だけでなく、自組織への関連性についても知りたいと考えています。この状況において、インテリジェンスサイクルはどのようにあるべきでしょうか？ CISOのニーズを満たすため、インテリジェンスサイクルの各フェーズがどのように携わるのか、具体的な例を提示したいと思います。

方針策定

「攻撃グループXについて何を知っているか？」。これは、重要なステークホルダーであるCISOから来た質問です。探すべき具体的な回答は、後ほど説明する標的パッケージ（Target Package）についてです。

収集

（CISOが当該攻撃グループを知ったであろう）オリジナルの情報源から取り掛かりましょう。多くの場合、ニュース記事やレポートなどが該当します。情報収集の初期段階において、こういった文書は、いくつかのコンテキスト情報（＝調べるべき起点情報）を提供してくれることがほとんどです。もしIPアドレスやURLなどの攻撃インジケータが記載されていれば、その情報を軸にしてデータの充実化を図りながら、できる限り深く調査することができます。元の情報源に、IOCやTTPs（Tactics, Techniques, and Procedures）、他の分析に関する追加情報のリンクが記載されていることもあります。

加工

このフェーズは、ワークフローや組織に大きく依存します。情報を1つのテキストファイルにまとめるなど、収集された情報を最も効果的に使用できる場所に集約するシンプルな方法もあれば、全ての情報を分析フレームワークにインポートする場合もあります。

分析

収集された情報を用いて、アナリストは以下の質問に答えようとします。

- 攻撃者グループは何に興味を持っているのか？
- どんな戦術とツールをよく使うのか？
- どのようにセキュリティチームはこれらのツールと戦術を検知すればよいのか？
- この攻撃グループはどういった集団なのか？（必ず出てくる質問ですが、必ずしも答えるために時間を割く価値がある質問とは限りません）

配布

CISOなど、特別な立場にある人にインテリジェンスを渡す場合、報告は簡単なメール形式で十分でしょう。場合によっては、形式にこだわることに意味があるかもしれません。しかしステークホルダーにできるだけ早く情報を共有することこそが、一番の付加価値になると考えられます。

フィードバック

「CISOは結果に満足しているでしょうか？」「他の追加質問は出てきたでしょうか？」。これらは非常に重要な質問です。これらのフィードバックがインテリジェンスサイクルを終了したり、一連のサイクルと収集フェーズを始めたりする際に役立ちます。

インテリジェンスサイクルは、大小様々な質問に答える一般的なモデルです。ただし、この手順を実行しても自動的に良いインテリジェンスが得られるわけではないことに注意してください。次に、インテリジェンスの品質について考えていきましょう。

2.4 良いインテリジェンスの品質

インテリジェンスの品質は、基本的に2つに依存します。それは、情報源と分析です。サイバー脅威インテリジェンスでは、自分たちで収集していないデータを使って作業する局面が多々あります。そのため、与えられた情報についてできる限り理解しておくことは非常に重要です。インテリジェンスを作成している場合、同時に情報源を理解し、分析におけるバイアスに対処する必要があります。質の高いインテリジェンスを生成するため、考えるべきことを以下に示します。

収集方法

情報が主にインシデントや調査から収集されているのか、ハニーポットやネットワークセンサーなどのツールから自動的に収集されているのか、把握することが大切です。収集データを正確に把握することは必須ではなく、一部の情報提供サービスは情報源を秘匿する傾向にあります。しかし、収集リソースに影響を与えることなく、データがどこから来るのか簡単に理解することは可能です。情報の収集方法に関する詳細が理解できれば、インテリジェンス分析の品質は向上します。例えば、あるデータがハニーポットから提供されていることがわかれば分析の役に立ちます。さらにいえば、リモートウェブ管理ツールに対するブルートフォース攻撃を検知するハニーポットから送られたデータとわかれば、さらに有益だといえます。

収集日時

収集されたサイバー脅威データの多くは、寿命が短いという性質を持っています。データの寿命は数分から数か月、数年に及びますが、情報が意味を持つ期間が常に存在します。いつ収集されたデータか把握しておくことは、セキュリティチームがそのデータをどのように活用すべきか教えてくれます。データが収集された時期がわからない場合、データを適切に分析・利用することは困難だといえます。

コンテキスト情報（文脈）

データの収集方法と日時情報は、データに関するコンテキスト情報を提供してくれます。そして、利用可能なコンテキスト情報が多いほど、分析は簡単になります。コンテキスト情報には、情報に関連する特定のアクティビティや情報間の関係性など追加情報が含まれます。

分析時におけるバイアスへの対処

全てのアナリストは何らかの偏見を持っています。バイアスを把握し分析に影響を与えないように注意することは、高品質なインテリジェンスを作成するうえで重要な要素です。アナリストが避けるべきバイアスの中には、事前に構築した結論を裏付ける情報ばかりを集めてしまう「**確証バイアス**」、他の重要な情報に注意を払わず、特定の断片情報のみ重視する「**アンカリング・バイアス**」などが含まれます。

2.5 インテリジェンスレベル

これまで検討してきたインテリジェンスモデルは、分析プロセスを通じて論理的な情報の流れに焦点を当てています。しかし、インシデント分析と同じように、このアプローチは情報を取り扱う唯一の方法ではありません。非常に具体的（戦術的）なレベルからロジスティックレベル（運用的）、非常に一般的（戦略的）なレベルに至るまで、様々な抽象レベルでインテリジェンスを考えることができます。インテリジェンスレベルを考える際は、離散的なイメージでなく、グレーな領域がある連続的なスペクトルのように表現されることに注意してください。

2.5.1 戦術的インテリジェンス（Tactical Intelligence）

戦術的インテリジェンスは、セキュリティ運用とインシデント対応を支援する低レイヤー、かつ非常に寿命が短い情報を指します。戦術的インテリジェンスの利用者には、セキュリティオペレーションセンター（SOC）に所属するアナリストや、コンピュータインシデント対応チーム（CSIRT）の調査担当者が含まれます。軍事的観点から、このレベルのインテリジェンスは小規模の活動を支援します。サイバー脅威インテリジェンスにおいては通常、IOCや観測データ、攻撃グループの攻撃手口を正確に記述した非常に具体的なTTPsが含まれます。戦術的インテリジェンスにより、防御チームは脅威に対応することができます。

戦術的インテリジェンスの例として、新たに発見された脆弱性悪用についてのIOCが挙げられます。戦術レベルのIOCには、脆弱性を探し出すために実行されるスキャンのIPアドレス、悪用が成功した際に端末にマルウェアを配布するためのドメイン、マルウェアのインストール時や悪用時に生成され、端末上に残存する痕跡（Artifacts）などが該当します。

2.5.2 運用インテリジェンス（Operational Intelligence）

軍隊において、**運用インテリジェンス**は、戦術的インテリジェンスより、一段階ハイレベルなインテリジェンスを意味します。この情報はロジスティックス（兵站（へいたん））を支援し、地形や天気の影響についてより大規模に分析します。サイバー脅威インテリジェンスでは、攻撃者によるキャンペーン活動や、よりハイレベルな観点から見たTTPsが含まれます。また、特定の攻撃者に関する属性情報（Attribution）や能力（Capability）、攻撃を行う意図（Intent）なども含まれています。運用インテリジェンスは、多くのアナリストが理解に苦労する内容の1つです。なぜなら、運用インテリジェンスは、戦術レベルにならない程度に一般的であるべきであり、戦略的レベルにならない程度に個別具体的であるべきというのが、よくある定義の1つであるためです。運用インテリジェンスの利用者は、デジタルフォレンジックインシデント対応の上級アナリストや、サイバー脅威インテリジェンスチームなどが想定されます。

前述の例では、脆弱性情報を積極的に活用するための戦術レベルのインジケータについて説明しました。一方、運用レベルのインテリジェンスでは、どの程度攻撃コードが拡散しているか、標的型攻撃か無差別型攻撃のどちらであるのか、他のどの組織が攻撃対象となっているか、インストールされたマルウェアの目的は何か、攻撃を実行している攻撃者の詳細情報など、様々な情報が含まれています。これらの詳細を理解することで、他のアクションを含むフォローアップ用のインテリジェンス作成を支援し、脅威の深刻度に関する情報を含めて、対応計画に役立てることができます。

2.5.3 戦略的インテリジェンス（Strategic Intelligence）

軍隊において、**戦略的インテリジェンス**は、国家あるいは政策レベルの情報を取り扱います。サイバー脅威インテリジェンスの場合、リスク分析やリソースの割り当て、組織戦略などに関する重要な意思決定を行う際に、経営層や取締役会を支援するインテリジェンスと捉えています。これは攻撃の傾向や攻撃者の動機、分類などが含まれています。前述の例に立ち返れば、戦略的インテリジェンスは、攻撃者の動機に関する情報（特に、新しい手口や前例がない脅威を示している場合）や、新しい戦術、あるいは新しいポリシーやアーキテクチャの変更など、高いレベルでの対応が求められる攻撃への対応情報が含まれます。

2.6 信頼度（Confidence Levels）

既に述べた通り、インテリジェンスは通常、異なる信頼度を持ちます。これらの信頼度は、情報に誤りがなく、事実に即しているというアナリストの自信を反映しています。データの種類によって、この信頼度が数値スケール（例：0～100）で表現され、伝統的な統計手法を使用して計算される場合もあれば、アナリストが定性的かつ主観的な判断をすることもあります。信頼性を決定する際には、2つの観点を確認する必要があります。それは、情報源の信頼性とアナリストが出した結論に対する信頼性です。

ソースの信頼性を表現する方法の1つは、FM 2-22.3（https://fas.org/irp/doddir/army/fm2-22-3.pdf）に記載されているAdmiralty Code、もしくはNATO Systemと呼ばれる仕組みです。これは、2つの尺度で構成されています。第一の尺度は、A（信頼できる：Reliable）からE（信頼できない：Unreliable）までの5段階評価で、以前の情報に基づいて情報源自体の信頼性を評価します。第二の尺度は、情報コンテンツ自体の信頼度を1（検証済：Confirmed）から5（極めて考えづらい：Improbable）

までの5段階評価で評価します。これらの2つの尺度を組み合わせて、情報源とコンテンツ内容に基づくインテリジェンスの信頼度として利用します。つまり、信頼できる情報を提供した実績がある情報源から、真実と思われる情報が提供された場合は例えばB1として評価されますし、信頼できない情報しか提供したことがない情報源はE5として評価されます。

インテリジェンス分析の父としても知られるシャーマン・ケント氏（Sherman Kent）は、1964年に「推定確率の定義」（Words of Estimative Probability）と呼ばれる論文※2を発表しました。この論文では、アナリストの判断に基づく信頼性を記述する手法として、様々な定性的手法を解説しています。また、自分のチームで利用されていた、信頼性を割り当てて、説明するための表（図2-4）を公表しています。ケント氏は、その意味を理解し、一貫性をもって使われる限り、他の用語を使ってもよいと言及しています。

100%確実（Certain）	
確率の一般的な範囲	
93%（6%の増減を含む）	ほぼ確実（Almost Certain）
75%（12%の増減を含む）	多分正しい（Probably）
50%（10%の増減を含む）	50%の確率（Chance about Even）
30%（10%の増減を含む）	多分間違い（Probably Not）
7%（5%の増減を含む）	ほぼ確実に間違い（Almost Certainly Not）
0%	不可能（Impossibility）

図2-4. 推定確率を記述するシャーマン・ケントの表

2.7 まとめ

インテリジェンスはインシデント対応の重要な要素であり、インテリジェンスの原則をインシデント対応調査に統合するため、利用できる多くのプロセスが存在します。そして、頼りにできる情報源について理解しておくことは非常に重要です。過去のインシデント対応調査から得られた情報を活用する場合と、ハニーポットから得られた情報を活用する場合では、対応に大きな違いがあります。もちろん、どちらの情報にも価値がありますが、異なる活用方法を採用しなければいけません。インテリジェンス分析と対応の一般的なモデルは、OODAループとインテリジェンスサイクルです。3章では、インシデント対応の詳細と、アナリストがインテリジェンス駆動型インシデント対応を実装するために役立つモデルについて解説します。

※2 訳注：当該論文の概要は以下で確認できます。
https://www.cia.gov/library/center-for-the-study-of-intelligence/csi-publications/books-and-monographs/sherman-kent-and-the-board-of-national-estimates-collected-essays/6words.html

3章
インシデント対応の基礎

"We now see hacking taking place by foreign governments and by private individuals all around the world."
われわれは、外国政府と世界中の民間人からハッキング攻撃を受けている事実を理解している。
—Mike Pompeo（第24代CIA長官　マイク・ポンペオ）

インテリジェンスは、インテリジェンス駆動型インシデント対応というパズルの半分に過ぎません。インシデント対応技術はスパイ技術ほど古くはありません。しかし、過去40年間で急速に主要な技術分野として発展しました。**インシデント対応**は、（単一のシステム、あるいはネットワーク全体に関わらず）侵入を特定し、侵入を正確に理解するために必要な情報を集め、攻撃者を排除する計画を策定し、実行するという一連のプロセスを網羅しています。

侵入検知とインシデント対応は共通した特徴がたくさんあり、ともに抽象的な概念として取り扱われます。侵入検知やインシデント対応は複雑なトピックであるため、サイクルやモデルとして抽象化し、単純化して考えるようになりました。これらのモデルは、防御側と攻撃側の複雑なやり取りを理解し、インシデントの対応方法を計画するうえで必要な基礎を提供します。インテリジェンスサイクルと同様、モデルは完璧ではなく、またいつでも応用できるとは限りません。しかし、攻撃者の侵入や防御側の対応プロセスを理解するためのフレームワークを提供します。

2章と同じく、3章は最も重要なモデルの紹介をした後、より具体的なモデルの解説をしていきます。その後、一般的な防御策を取り上げ、本書で今後利用するインテリジェンスとオペレーションの統合モデルを紹介します。

3.1　インシデント対応サイクル

インテリジェンスを議論するうえで適切な専門用語が必要になるのと同様、インシデントを議論するうえでも適切な専門用語が必要です。そして、インシデント対応プロセスは、防御側と攻撃側、それぞれの視点から考えることができます。まず防御側の観点から考えていきましょう。

インシデント対応サイクル（Incident-Response Cycle）は、侵入検知とインシデント対応の主要なフェーズから構成されています。このモデルの目的は、（フィッシング、戦略的なウェブ侵害、SQLインジェクションなど）攻撃の種類によらず、全ての攻撃に対して手順を汎用化することです。図3-1にこのサイクルを示します。

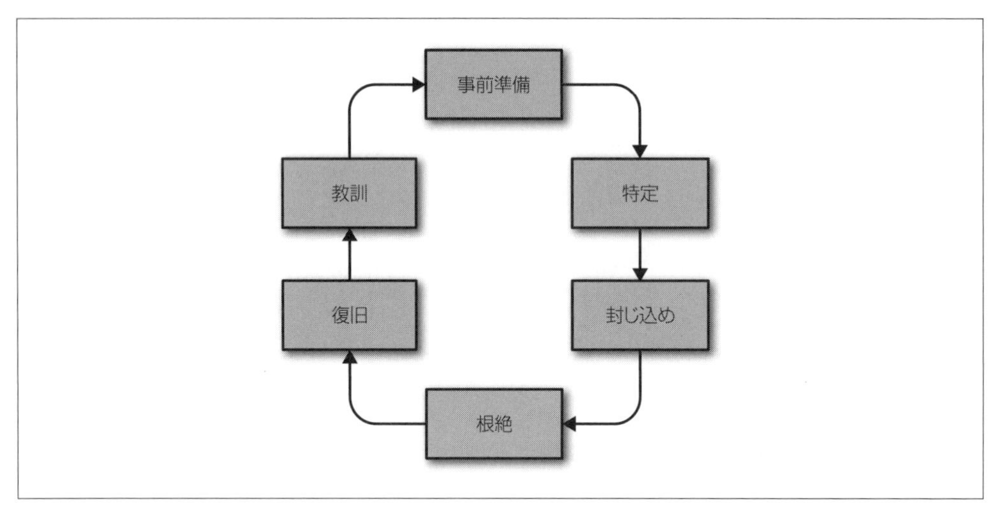

図3-1. インシデント対応サイクル

インシデント対応サイクルの概念が、いつどこで提唱されたのか、その成り立ちは諸説あります。第一に、国立標準技術研究所（National Institute of Standard and Technology）が発表したインシデント対応に関する有名な文書『NIST 800-61コンピュータセキュリティ インシデント対応ガイド』（https://nvlpubs.nist.gov/nistpubs/SpecialPublications/NIST.SP.800-61r2.pdf）を参考にしたという説です。現在では、改訂版である第2版が出ており、政府組織がインシデントを取り扱ううえで、基本となる文書です。この文書では数多くの重要な概念が紹介されていますが、最も重要な記述の1つとして、インシデント対応サイクルが挙げられます。この文書では、防御側の視点から、インシデント対応プロセスを記述しています。

3.1.1 事前準備（Preparation）

防御側にとって、インシデント対応の第一段階は、攻撃が始まる前の状態、つまり**事前準備フェーズ**を意味します。事前準備は、新たな検知システムの導入、シグネチャの作成と更新、システムやネットワークにおけるベースラインの理解など、防御側が一歩先んじる絶好の機会といえます。これは、ネットワークセキュリティ構成、およびセキュリティ運用の組み合わせで実現します。これらの手順の多くはセキュリティチームのみならず、一般的なネットワーク運用、ネットワークアーキテクチャ、システム管理、さらにはヘルプデスクやサポートデスクまで影響を受ける活動です。

事前準備フェーズは、4つの重要な要素、2つの技術的側面と2つの非技術的側面に焦点を当てる必要があります。

データ測定

見えないモノを見つけることはできません。インシデント対応担当者が侵入を特定し、調査するためには特殊なシステムが必要です。システムがカバーすべき範囲はネットワークからホストまで幅広く、様々な観点から多種多様なイベントを調査する能力を提供する必要があります。

ハードニング

侵入を直ちに特定できることより、そもそも侵入が発生しないほうが、良いに決まっています。事前準備フェーズでは、パッチを展開し、セキュアな設定を行い、VPNやファイアウォールなど、攻撃を制限するツールを実装する必要があります。

プロセスと文書化

非技術的側面において、プロセス構築は事前に準備できる最初の防衛線といえます。インシデント対応において、自分のやるべきタスクを、自分の理解している以上に上手にできることはほとんどありません。インシデント対応計画、通知計画、およびコミュニケーション計画などのプロセスに加えて、ネットワーク構成、システム構成、システム所有者など、よくある質問のドキュメントを用意することで、迅速な対応が可能になります。

訓練

最後の準備は、インシデント対応計画を練習することです。これにより、将来のインシデント対応速度が上がり、修正すべき課題が特定されます（35ページの「3.1.6　教訓」も読んでください）。素晴らしいインシデント対応チームとは、インシデントを一緒に経験してきたメンバーで構成されるチームです。つまり、最善の方法は、訓練を一緒にやることだといえます。

コンピュータネットワーク防御について論じるとき、多くの悲観的な人々は、攻撃者側が持つ利点を全て指摘してくるでしょう。その議論を総じていえば、「いつ攻撃が来るか予測不可能である」という点です。なぜなら、コンピュータネットワークに対する攻撃では攻撃者は攻撃の場所と時間を選択することができるためです。一方、防御側の主な利点については多くの人が考慮しませんが、それは「攻撃に対して準備できること」です。攻撃者は偵察を行いますが、多くの場合、攻撃が成功するまで対象を完全に理解・把握することはできず、ブラックボックスの状態で攻撃しています。防御側は十分に準備することで、自分たちの利点を活用することができます。

3.1.2　特定（Identification）

特定フェーズとは、自分の環境に影響を及ぼす攻撃者の存在を、防御側が特定する瞬間を意味し、その方法は様々です。

- サーバへの攻撃やフィッシングメールにより、ネットワークに侵入する攻撃者を発見する
- 侵害されたホスト（端末）からのC2通信を検知する
- 攻撃者がデータを持ち出すときに発生する大量の通信トラフィックを検知する

- 地元のFBIオフィスから特別捜査官が訪ねてくる
- 最後に、でもよくあるケースとして、ブライアン・クレブス氏（Brian Krebs）の記事に自分の組織の名前が載る※1

リソースに対する攻撃に気付いた時点で、特定フェーズが始まります。このモデルでは、特定フェーズは侵入検知フェーズ全体を意味しており、複雑なトピックとその詳細には触れられていません。これはモデル作成時における単純化による弊害ですが、このモデルはインシデント対応の全体像を表現することに焦点を当てているため、やむを得ないともいえるでしょう。通常このフェーズでは、直接的な対応を行う前に、攻撃と攻撃者についてさらに多くの情報を特定するため、調査を開始します。脅威インテリジェンスの重要な目標の1つは、特定フェーズを強化し、攻撃者を早期に特定する方法を増やし、その精度を上げることだといえます。

少なくともインシデント対応の文脈において、特定とは、単純に攻撃が行われていることを聞いたり、新しい攻撃者について学んだりすることではありません。特定フェーズは、ユーザー、システム、リソースに直接的な影響があったときに開始します。言い換えれば、インシデントがインシデントとして扱われるためには、具体的な影響が必要です。

一方攻撃者は、能力（Capability）、敵対的意図（Intent）、機会（Opportunity）があれば、その攻撃者は脅威となります。このとき開始すべきものは、インシデント対応サイクルではなく、インテリジェンスサイクルです。自分の環境内で攻撃や攻撃者の存在が確認されたときのみ、インシデント対応を開始します。

3.1.3　封じ込め（Containment）

サイクルの最初の2つのフェーズは受動的であり、情報収集に重点が置かれています。実際の対応を行う最初のフェーズは、攻撃に対して対応を行うことです。これを、「封じ込め」と呼びます。**封じ込めフェーズ**は、攻撃者の行動を緩和し、短期間の間攻撃者を足止めし、長期的対応を準備するために行う応急処置です。短期間の対応だけでは、攻撃を完全に食い止めることは難しいかもしれませんが、攻撃者が目標を成功させる可能性を劇的に低下させます。これらの行動は、敵が反応する機会を制限するため、迅速かつ制御された方法で行われるべきです。

一般的な封じ込めオプションは次の通りです。

※1　訳注：ブライアン・クレブス氏は、元ワシントン・ポスト紙の記者であり、現在は独立して、ITセキュリティのジャーナリストとして活躍しています。ブログサイト「Krebs on Security」を運営しており、このブログは多くのセキュリティ関係者が日々チェックしています。その理由として、彼が未知のインシデントやサイバー犯罪の事件を徹底的に調査し、発表していることが挙げられます。2013年の米小売大手Target社の情報漏洩や、不倫用SNS「AshleyMadison.com」の情報漏洩なども、同氏の活躍により明らかになったといわれており、脅威インテリジェンスに携わる立場であれば、必読のブログだといえます。
日本でも、セキュリティインシデントについて、素早く、かつわかりやすくまとめてくれるブログとして、piyokango氏のpiyolog（http://d.hatena.ne.jp/Kango/）が挙げられます。こちらも合わせて確認することをお勧めします。

- 特定のシステムが接続しているネットワークスイッチポートを無効にする
- 悪意のあるネットワークリソースに対するアクセスをブロックする（ファイアウォールで悪性のIPアドレスを制限したり、ネットワークプロキシを利用してドメインまたは特定のURLを遮断したりする）
- 攻撃者が悪用しているユーザーアカウントを一時的にロックする
- 攻撃者が悪用しているシステムサービスやソフトウェアを無効にする

インシデント対応時に、「封じ込めフェーズを省略する」ことも多々あります。封じ込めによるアクションを取って環境を変化させれば、コントロール権限を奪取している攻撃者に攻撃を検知している事実をばらしてしまう危険性があるためです。

封じ込めフェーズの省略

封じ込めフェーズは、一般的なマルウェアの脅威など、普通の攻撃者に対して最も効果的である傾向があります。なぜなら、封じ込めフェーズを実施しても脅威アプローチに限定的な変更しか与えないためです。一方、洗練された攻撃者の場合はどうでしょうか？ 多くの場合、封じ込めフェーズのアクションは、攻撃者に検知したことを教えてしまいます。そのため、攻撃者は新しいツールを用意したり、バックアップ用のバックドアを確立したり、破壊活動に走る可能性もあります。これらの理由から、インシデント対応では、直接根絶フェーズにいくことも多々あります。これについては、6章でさらに議論します。

3.1.4 根絶（Eradication）

根絶フェーズは、（封じ込め段階の一時的な措置とは異なり）攻撃者を締め出すための長期的な緩和策を行うフェーズです。根絶フェーズにおけるアクションは十分考慮すべきであり、場合によっては、導入にかなりの時間とリソースを割り当てる必要があります。このフェーズでは、今まで行ってきた攻撃者の計画を将来にわたって完全に排除することに焦点を当てています。

一般的な根絶フェーズのアクションは以下の通りです。

- 攻撃者がインストールしたマルウェアとツールを全て削除する（34ページのコラム「再インストール vs. マルウェアの駆除」を参照）
- 影響を受ける全てのユーザー、およびサービスアカウントのリセットと修復
- 共有パスワード、証明書、トークンなど、攻撃者がアクセスした可能性のある秘密情報を再生成

インシデント対応担当者は、しばしば根絶フェーズにおいて**焦土作戦アプローチ**（scorched-earth approach）と呼ばれる手法を利用します。このような場合、インシデント対応担当者はIOCがない状

態でリソースの修復を行います。例えば、攻撃者が1つのVPNサーバにアクセスしたことが判明した場合、全てのVPN証明書の再生成を行うなどが、このアプローチに該当します。焦土作戦アプローチは、完全に未知の状況（すなわち、敵が何をしたのか完全に把握することは不可能ですが、攻撃を行うために相当の努力を払って侵入されていることがわかる場合）に対応するのに非常に効果的です。

このアプローチを実行するために必要なことは、関連するサービスの種類や情報に基づいて異なります。Active Directoryで管理されているWindows環境では、パスワードを完全にリセットするのは比較的簡単です。メジャーなブラウザで、Domain Pinningを有効化している環境において、EV-SSL証明書を再生成し、再配布することは難しいといえます。インシデント対応チームは、企業リスク管理やシステム／サービスオーナーのチームと協力して、このアプローチを採用するか判断する必要があります。

再インストール vs. マルウェアの駆除

ITチームとセキュリティチームの間で行われる有名な議論の1つは、マルウェアに感染したシステムをどのように処理するかという問題です。ウイルス対策ソフトはマルウェアを駆除できると主張していますが、経験豊富なインシデント対応担当者は過去に何度もこの問題で痛い目を見ており、システムの完全な削除とOSの再インストールを主張します。エビデンスに基づくアプローチが重要であるため、各組織はこの議論に自分で答えを出す必要があります。

2015年の春、ペンシルベニア州立大学は、不正侵入への対応として3日間エンジニアリング学部のネットワーク全体をオフラインにしました（http://bit.ly/2u7R5Bu）。その後、ネットワークをオンラインに戻し、サービスを通常通り提供するため復旧する必要がありました。この復旧のため、システムからマルウェアを削除し、パスワードや証明書などの認証情報を再生成し、ソフトウェアにパッチを当てるなど、攻撃者の痕跡を完全に取り除き、攻撃者が戻ってこられないように対策を行う必要がありました。この場合、対応策として（攻撃者が変更を加えられないように）ネットワーク全体をオフラインにして、是正措置を行いました。これは標的型攻撃を扱う際のよくある対処パターンです。

3.1.5　復旧（Recovery）

封じ込めフェーズと根絶フェーズはしばしば影響の大きい行動を必要とします。**復旧フェーズ**は、インシデントが起きていない状態に戻るプロセスです。いくつかの観点では、復旧は攻撃対応よりも簡単ですが、インシデント対応担当者が実行すべきアクションは多数挙げられます。

例えば、あるユーザーの端末に侵入され、フォレンジック分析を行った場合、復旧フェーズでは、端末の情報を安全なバックアップから書き戻したり、別の端末に置き換えたりすることで、ユーザーは以前のタスクに戻ることができます。ネットワーク全体が侵害された場合、復旧フェーズは、攻撃者がネットワーク全体に対して行った変更・改ざんを全て元に戻す作業であり、非常に長く複雑なプロセスに取り組まなければいけません。

このフェーズでやるべきことは、前の2つのフェーズで実行されたアクションや攻撃手口、および侵害されたリソースに依存します。一般に、デスクトップ管理者やネットワークエンジニアリングなど他のチームとの調整が必要です。

インシデント対応は常にチームスポーツであり、セキュリティチームは、他のチームの様々なメンバーと一緒にアクションを取る必要があります。特に復旧フェーズはその傾向が顕著です。セキュリティの観点から、システムの復旧方法について様々な注文をつけるかもしれません。しかしインシデント対応がチーム根絶フェーズを実施する一方、復旧フェーズは、主にITチームおよびシステム管理者によって行われます。そのため、協力しながら一緒に進めていく技術を身につけることが重要です。インシデント対応チームが脅威を完全に排除する前にITチームが復旧プロセスを開始してしまえば、対応プロセスを妨害してしまうといえるでしょう。

3.1.6 教訓（Lessons Learned）

インシデントサイクルの最後のフェーズは、他の多くのセキュリティ・モデルやインテリジェンスサイクルに似ており、過去の決定を評価し、今後どのように改善するか振り返るため、時間を取るフェーズです。

この教訓フェーズでは、各フェーズにおけるチームのパフォーマンスを評価します。基本的な進め方としては、インシデント報告書を踏まえ、基本的な質問へ答えていきます。

1. 何が起きたのか？
2. 何がうまくできたのか？
3. もっとうまくできたことは何か？
4. 次はどのように改善して実施するか？

実際に教訓フェーズを実施しようとすると、おじけづき、実施をためらう担当者もいることでしょう。多くのチームは、教訓をレビューしたり、振り返りレビューを実施したりすることに抵抗するためです。例えば、ミスを槍玉に挙げられ、自分たちインシデント対応チームが非難されることを心配するケースや、単純に十分な時間がないという理由まで、様々な理由で抵抗します。理由が何であれ、インシデント対応チームは、学ぶべき教訓を無視して成長することはできません。教訓フェーズの目標は、次のインシデント対応をより速くスムーズに、あるいは理想的にはまったく起こらないようにする方法を検討するフェーズです。この重要なフェーズがなければ、インシデント対応チーム（および彼らが協力しているチーム）は同じミスを犯し、同じ課題に苦しめられ、改善は見られないでしょう。

重要ですが、教訓フェーズ自体は難しいプロセスではありません。むしろ、簡単なプロセスであるべきだといえます。十分な振り返りを行うためには、数時間を費やしたり、インシデント対応に携わった全員を招集したりする必要はありません。教訓フェーズにおいて、各フェーズを評価する際に取り上げるべき質問をいくつか示します。

準備フェーズ

- インシデントを完全に防ぐ方法はあったでしょうか？ この質問には、ネットワーク構成、システム構成、ユーザー教育、ポリシーの変更などを含みます。
- どんなポリシーやツールがあれば、全体のプロセスを改善できるでしょうか？

特定フェーズ

- 攻撃の検知を簡単かつ迅速にするためには、どんな観測データ（IDS、ネットフロー、DNSなど）が必要でしょうか？
- どんなシグニチャや脅威インテリジェンスが役立つでしょうか？

封じ込めフェーズ

- どんな「封じ込め」手法が効果的でしょうか？
- どんな「封じ込め」手法が効果的ではないでしょうか？
- もし他の「封じ込め」手法がより簡単に展開可能であれば、その手法は活用できるでしょうか？

根絶フェーズ

- どんな根絶フェーズがうまく機能しましたか？
- よりうまくやる方法はあるでしょうか？

復旧フェーズ

- 何が復旧フェーズの遅延につながりましたか？（ヒント：コミュニケーションに注目してください。コミュニケーションは復旧をうまく進めるうえでの最も困難な要素の1つです）
- 復旧への対応を通じて、攻撃者についてわかったことは何かあるでしょうか？

教訓フェーズ

教訓フェーズにおいて、教訓フェーズを振り返ることは奇妙に感じるかもしれません。しかし教訓フェーズについてもより効果的にできたか評価することは意味があります。例えば、以下の質問が考えられます。

- インシデント対応担当者がプロセスを通じて記録を取っていれば教訓フェーズはより有益なものになったでしょうか？
- 教訓フェーズを実施するまでに時間が空いたため、ほとんど忘れてしまったのではないでしょうか？

  また、教訓フェーズは、インシデント対応プロセスの他の要素と同様、実践的な内容であるべきです。実際のインシデントに対する教訓だけではなく、レッドチーム演習や机上訓練においても、教訓フェーズを実施し、フォローアップする時間を取ることを忘れないでください。

結局のところ、教訓フェーズの肝は、最初は特に痛みを伴うプロセスですが、改善をしていくうえで必要不可欠であるという点です。教訓フェーズをやり始めた最初の頃は、欠陥、技術不足、チームメンバー不足、ダメなプロセス、および都合の良い仮定など多数の課題が出てきます。このプロセスで発生する成長の痛みは誰でも経験するものですが、逃げずに時間をかけて対応をしていかなければいけません。インシデント対応チームとその能力は、厳しい教訓を把握するほど迅速に改善できると思うかもしれませんが、過度な期待は禁物です。さらに、これらの教訓は、上司や関連チームと共有する必要があります。こういった活動はチームの欠陥をさらすように見えますが、こうした報告書は、インシデント対応能力を向上させる改善プロセス行うための具体的な正当性を示すことにつながります。

インシデント対応サイクルは、インシデント対応担当者が最初に学ぶべきモデルの1つです。なぜなら、このモデルは調査のライフサイクルを簡潔に記述しているためです。また準備フェーズから教訓フェーズまで、各段階でチームの能力を評価する時間を取ることも重要な観点といえるでしょう。

3.2 キルチェーン

サイバー脅威インテリジェンス担当者が知っておくべきもう1つの軍事的コンセプトとして、**キルチェーン**（Kill Chain）が挙げられます。実際、情報セキュリティにおけるユースケースやマーケティングでよく活用されるため、本来のキルチェーンに関する情報にたどり着くことが難しくなるくらい、非常に人気がある概念です。このコンセプトは、何年も注目を集めていませんでしたが、ロッキード・マーティン社の研究者エリック・ハッチンズ氏（Eric M. Hutchins）らの論文、『敵対的キャンペーンと侵入キルチェーン分析の知見に基づくコンピュータネットワークの防衛について（http://lmt.co/2miXqrZ）によって注目を集め、一般的な侵入パターンを記述したキルチェーンモデルとして定式化されています。

彼らの論文が発表されて以降、キルチェーンモデルはほぼ全てのベンダーが参照するサイバー脅威インテリジェンス用のモデルとなり、セキュリティ運用チーム（防衛側）の主要なガイドとして活用されています。キルチェーンモデルは、攻撃者が対象システムに侵入する際の具体的なフェーズを、わかりやすく抽象化しています。

しかし、キルチェーンモデルはどのように役立つのでしょうか？ 最もわかりやすいのは、**キルチェーン**は目的を達成するために攻撃者が実行しなければならない一連のフェーズであるという点です（図3-2を参照）。私たちは、コンピュータネットワークの攻撃者について議論していますが、多くの攻撃者の活動を理解するうえで役立ちます。これは、インシデント対応プロセスを抽象化することに似ています。インシデント対応サイクルは**防御側**のアクションに焦点を当てていますが、キルチェーンモデルは**攻撃側**のアクションに焦点を当てています。

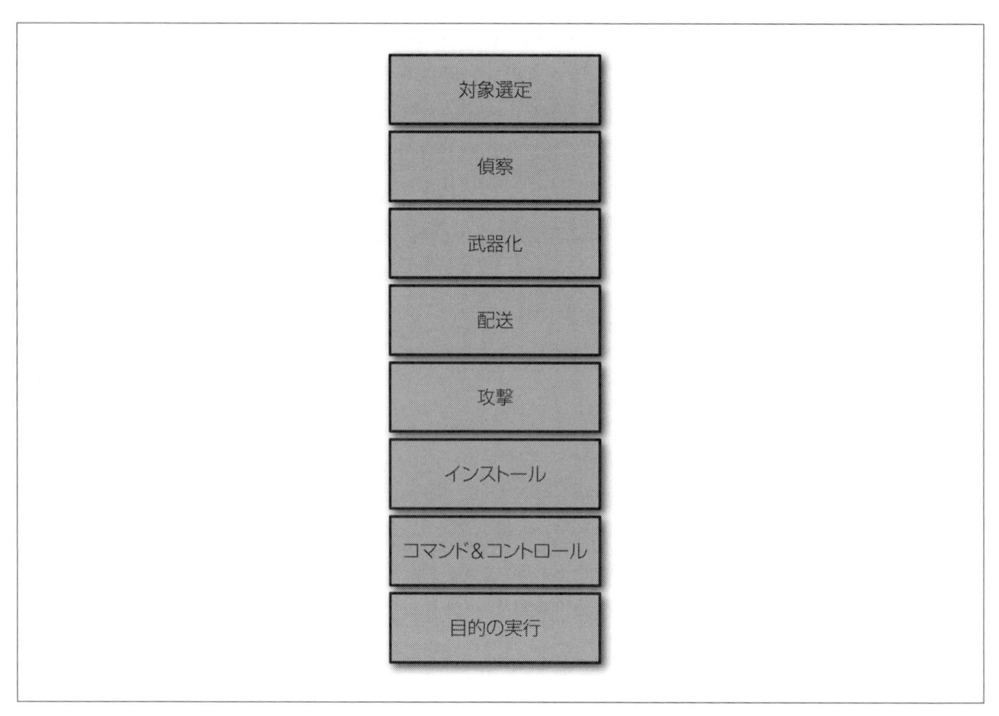

図3-2. サイバーキルチェーン

キルチェーンは、攻撃者のTTPs（Tactics, Techniques, and Procedures）を抽象化して考える良い方法で、攻撃手口を抽象化されたアクションとして理解する枠組みを提供してくれます。

キルチェーンの初期段階、特に対象選定フェーズと偵察フェーズは、防御側にとっては不透明なプロセスです。通常、検知は難しく、状況に大きく依存するため、そのことを理解しておきましょう。防御側は、攻撃者が毎回苦労なく攻撃に成功すると考える傾向がありますが、これは実体とはほど遠いといえるでしょう。侵入前の段階で攻撃者を妨害する準備を行えることは、防御側が持つ大きな利点の1つともいえるでしょう。

一般的なキルチェーン

ロッキード・マーティン社がサイバーキルチェーンモデルを提唱するはるか昔から、キルチェーンという考え方は存在していました。この概念は、もともと相手に致命傷を与える軍事目標（ベトナム戦争における空爆［http://bit.ly/2uDjZvj］などをイメージしてください）を達成するために必要な一連のフェーズを表現した概念です。米軍で現在利用されているキルチェーンモデルは、『JP 3-60 Joint Targeting』（http://bit.ly/2uJdyl8）という資料に記載されています。ロッキード・マーティン社によるキルチェーンモデルを提唱したホワイトペーパーは、一連のネットワーク攻撃をモデル化したものに過ぎず、絶対的に正しいモデルというわけではありません。攻撃手法や必要に応じて、いくつかのフェーズを省略したり組み合わせたりすることができます。言い換えれば、他のモデルと同様、侵入を考えるための方法論と捉えるのがよいでしょう。※2

そのため、私たちはキルチェーンが説明していることに加え、(例えば、対象を選定した後、端末上でマルウェアの持続メカニズムを設定するフェーズを加えるなど) 独自のフェーズを追加したり、独自の変更を行うことができます。こうした変更は、ロッキード・マーティン社の研究者の功績をないがしろにするものではありません。むしろ、侵入を理解するための独自のモデルを構築して、モデルを精緻化することを目的としています。

3.2.1 対象選定（Targeting）

キルチェーンに従い攻撃が始まる前に、攻撃者は何を攻撃するかを決める必要があります。多くの場合、スポンサー、またはステークホルダーとの間で何らかの協議が行われ、インテリジェンス活動や作戦実施要件の一部として決定します。防御側は、標的となった組織の被害に注目しがちですが、標的とされた情報や理由を理解するほうがより重要だといえます。

対象選定フェーズは、サイバーキルチェーンの中でも非常に面白い側面を持っています。対象選定は、攻撃者の動機と分類を示してくれます（ただし、必ずしも攻撃者を特定したり、帰属情報であるとは限りません）。例えば、お金を盗もうとする攻撃者は、お金がある場所へ必ずアクセスするはずです。何が狙われているか理解することで、攻撃者の究極的な目標や狙いを把握し、必要な防御技術の向上に役立てることができます（より詳しくは54ページの「3.4　アクティブ・ディフェンス」で後述）。

※2 訳注：攻撃モデルについては、サイバーキルチェーンモデルも拡張されています。例えば、Black Hat 2016で行われたプレゼンテーション「Using an Expanded Cyber Kill Chain Model to Increase Attack Resiliency」では、Expanded Cyber Kill Chain Modelというモデルへの拡張が提案されています（https://www.blackhat.com/docs/us-16/materials/us-16-Malone-Using-An-Expanded-Cyber-Kill-Chain-Model-To-Increase-Attack-Resiliency.pdf）。
また、ロッキード・マーティン社が提唱したキルチェーンモデルに限らず、他のセキュリティ団体やベンダーも独自のモデルを提唱しています。分析や説明など、読者が使いやすいモデルを選ぶことも1つのポイントといえるでしょう。
・FireEye Attack Lifecycle（FireEye社）
・Cyber Attack Model（Gartner社）
・MITRE ATT&CK Lifecycle（MITRE）
・E&Y Hypothetical Adversary Lifecycle（Ernst & Young社）
・高度標的型攻撃における攻撃シナリオモデル（IPA）

3.2.2　偵察（Reconnaissance）

誰（Who）と**何**（What）を対象にするか決めた後、攻撃者は偵察を開始します。**偵察フェーズ**では、攻撃者は選んだ攻撃対象についてできるだけ多くの情報を収集します。偵察は、求められるデータの種類（ハード情報 vs. ソフト情報）と収集方法（能動的収集 vs. 受動的収集）に基づいて複数のカテゴリに分類できます。

3.2.2.1　ハード情報 vs. ソフト情報

インテリジェンスの世界では、2章で説明したように、情報源（SIGINT、TECHINTなど）に基づき、情報を分類可能です。しかしコンピュータネットワーク運用の観点からは、より簡単に考えることもできます。

ハード情報（Hard Data）は、ネットワーク、およびネットワークに接続されたシステムの技術的情報が含まれます。攻撃者（および攻撃者を調査している防御側）の観点からは、公開情報（OSINT情報）もこの分類に含まれます。

- 対象ネットワークのバナー情報や列挙
- リバースDNSなどのDNS情報
- オペレーティングシステムとアプリケーションのバージョン
- システム構成に関する情報
- セキュリティシステムに関する情報

ソフト情報（Soft Data）は、ネットワークやシステムの背後にある組織に関する情報などが含まれます。

- 組織体制図、PR情報、その他組織階層に関するドキュメント
- ビジネス計画と目標
- 採用情報（しばしば、現在利用している技術など、内部情報が含まれていることがある）
- 従業員に関する公私両方の情報（ソーシャルエンジニアリング攻撃に利用するため）

3.2.2.2　能動的収集 vs. 受動的収集

攻撃者は、様々な情報収集方法を使用します。これらの方法は**能動的**（Active）と**受動的**（Passive）の2つに分類されます。

能動的情報収集では、ターゲットと直接やり取りする必要があります。「能動的にハード情報を収集」する場合、例えばシステムを直接ポートスキャンすることが挙げられます。一方、「能動的にソフト情報を収集」する場合、内部の組織構造と連絡先情報に関する情報を集めるため、ソーシャルエンジニアリング攻撃を行うことなどが考えられます。

受動的情報収集は、ターゲットと直接やり取りすることなく情報を収集する技術です。しばしば、DNSやWHOISなどの第三者情報サービスから情報を収集します。「受動的にハード情報を収集」する

場合、例えば公開情報からドメイン情報を収集するなどが考えられます。一方、「受動的にソフト情報を収集」する場合、従業員が有益な情報を自ら公開してくれているLinkedInなどのサービスから組織に関する情報を収集します（ときには、公開すべきでない情報が載っているケースも存在します）。

この偵察活動を検知する防御側の能力はまったく異なります。能動的な情報収集は、受動的な情報収集よりもはるかに検知が容易であり、ほとんどのネットワーク管理者にとってハード情報のほうが管理しやすいといえます。求人情報の記載内容を分析して組織が利用している特定の技術について調査する受動的なソフト情報の収集より、ポートスキャンなど能動的かつハード情報の収集を検知するほうが、はるかに簡単だといえます。

亡霊を追いかける

偵察活動の検知を防御側のプロセスに加えると便利と考える人も多いでしょう。しかし、偵察活動は防御側のプロセスを開始するには疑わしいトリガーであるともいえます。ポートスキャンを実施しているという事実をもとに、標準的な攻撃者が敵対的意図を持って攻撃していると疑うことは、あまり意味がありません。なぜなら、インターネット上にある機器はスキャンされることが多く、また悪意のある人のみがスキャンを実施しているとは限らないからです（Project Sonar［https://sonar.labs.rapid7.com/］、Censys［https://censys.io/］、Shodan［https://www.shodan.io/］など、様々なプロジェクトによるスキャンである可能性も十分考えられます）。そのため、偵察活動は攻撃検知のインジケータとしてはあまり参考にならず、むしろノイズが多いものだと考えるべきでしょう。一方、キルチェーンモデルの終盤フェーズにて特定された痕跡を、偵察活動と合わせて相関分析することは、対象選定、攻撃手法、あるいは他の侵害されたリソースに関する意外な結果を得られる可能性もあります。

3.2.3 武器化（Weaponization）

全てのセキュリティコントロール、あるいは全てのソフトウェアが意図通りに機能していれば（つまり、実際の構築された通りではなく、設計者が想像した通りに動作した場合）、攻撃者はほぼ確実に攻撃に失敗します。したがって、攻撃者の目標は、設計者の意図と実装が一致しない場所、つまり脆弱性を見つけることです。この脆弱性は、確実に悪用でき、（例えば、悪意のあるドキュメントや攻撃ツールセットであるエクスプロイトキットのように）標的にきちんと到達できる形式で準備する必要があります。この脆弱性を発見し、攻撃コードを作成し、ペイロードと組み合わせるプロセスを**武器化フェーズ**といいます。

3.2.3.1 脆弱性調査

武器化フェーズのサブフェーズとして、脆弱性調査があります。攻撃対象に対して、多くの時間を割く、特に面白いフェーズです。このフェーズにおいて、攻撃者は意思決定を迫られます。広く普及しているソフトウェアの中には、Adobe Acrobat、Acrobat Reader、Microsoft WindowsやMicrosoft Officeなど、どのような環境でも使用されているものもあります。言い換えれば、これらのソフトウェアを対象とした攻撃は、いろいろな環境で利用できることを意味します。しかし、これらのソフトウェアは長年にわたり攻撃されており、各企業は脆弱性を特定し軽減するためにかなりの努力をしてきました。別のアプローチとして、あまり防御策がとられておらず。広く展開されていない、よりニッチなソフトウェアを攻撃する方法が挙げられます。しかし、攻撃者が悪用できる範囲を制限する欠点もあります。このプロセスは、サイバーキルチェーンの偵察フェーズに大きく依存します。攻撃者が投入すべき努力と時間は、攻撃の方針やインテリジェンス要件によって影響を受ける可能性があります。

このトレードオフの一例として、Stuxnet事件を例に挙げてみましょう。この事例は、未確認の攻撃グループが、イランの都市ナタンズにある核施設の遠心分離機を停止させたというケースです。この攻撃では、シーメンス※3の機器に内蔵されているPLC（Programmable Logic Controllers）に対する攻撃コードが、マルウェア「Stuxnet」に含まれていました。この装置は一部の組織でしか利用されていませんでしたが、攻撃対象である当該核施設では使われていました。PLCの脆弱性の存在は、攻撃者がこの任務を実行するための方針の決め手となったといえます。

私たちは防御側として、開発中心のセキュリティアプローチを使用して、こうした攻撃プロセスを絶えず防いでいます。マイクロソフトのセキュリティ開発ライフサイクルなどの優れた開発プラクティス（https://www.microsoft.com/en-us/sdl/）は、脆弱性となる不備を作り込む可能性を低減します。アプリケーションセキュリティチームが行うレビューは、こうした脆弱性をソースコードから探し出します。そして、強力なパッチ管理を行うことにより、環境内の古い脆弱性を排除できます。

パッチ適用された全ての脆弱性は、攻撃者を封じ込め、新しい脆弱性を発見して悪用するように促します。しかし、新しい脆弱性を発見するためには、非常に多くの時間と各種リソースを投入しなければなりません。脆弱性のパッチが提供されていない期間が長ければ長いほど、脆弱性の有効寿命が長くなるため、攻撃者にとって価値が高くなります。言い換えれば、脆弱性の投資収益率（ROI）を妨害することに防御的価値があるといえます。

例えば、攻撃者がWindows 95の脆弱性を悪用し、権限昇格に成功したとします。攻撃者はこの脆弱性を数年間使用し、最終的には脆弱性がWindows 7で修正されたとします。この場合、攻撃者は複数のバージョンでこの攻撃手法を何年間も使用できたことを意味します。継続時間が長ければ長いほど、攻撃者は脆弱性調査と攻撃コードの作成から得た投資収益率が高くなります。

同じ攻撃者が後でInternet Explorer 11の任意のコード実行の脆弱性を発見し、それを一連の攻撃で使用したとします。しかし3か月後、防御側が脆弱性を見つけてパッチを適用したとします。攻撃者

※3 訳注：ドイツに本社がある多国籍企業で、電子機器から情報通信、防衛まで幅広くサービス・製品を提供する複合企業（コングロマリット）。

は、当該脆弱性の投資収益率は非常に低く、戦略方針を描いたホワイトボードの前に戻り、新しい脆弱性を見つける必要に迫られます。言い換えれば、脆弱性がより短い期間でしか有効ではない場合、素早く見つけて素早く悪用するため追加リソースの割り当てが必要となるでしょう。

3.2.3.2 悪用可能性

脆弱性は鎧の亀裂に過ぎません。その亀裂を悪用するためには、攻撃コードが必要です。悪用可能性プロセスとは、脆弱性を引き起こし、プログラムの実行を制御する方法を見つけることです。脆弱性調査と同様、このフェーズについて独自のスペシャリストを雇うか、他の悪用フェーズに付随して発見されることが一般的です。これは、ジョン・エリクソン氏（Jon Erickson）の著書『Hacking：美しき策謀　第2版―脆弱性攻撃の理論と実際』（オライリー・ジャパン刊、2011年）※4で詳しく解説されています。

攻撃コードが作成された後、攻撃者はテストを行い、コードの攻撃成功率を高める必要があります。言語パックや特定の防御技術など、事前条件により攻撃コードがうまく機能しないことも多々あるため、これは非常に複雑なプロセスになります。また、コードの悪用を妨害する技術として、Microsoftが提供する脆弱性緩和ツールEMET（Enhanced Mitigation Experience Toolkit）、Linuxに実装されたセキュリティ技術ASLR（Address Space Layout Randomization）などの技術が挙げられます。さらに、プログラムやシステムをクラッシュさせる攻撃コードは注目を集めてしまうため、あまり望ましくありません。攻撃コードは、ドアを開き、攻撃対象へアクセスする方法を奪取します。次のフェーズでは、攻撃者はインプラントを必要とします。

3.2.3.3 インプラント開発

一般に、攻撃コードの目標は、攻撃者が次の目標を達成するために利用するペイロードを届けることです。インプラント（Implant）は、攻撃コードを何度も実行することなく、侵害されたシステムへのアクセスを維持するためのメカニズムです。攻撃コードを何度も実行することは防御側に気付かれてしまう可能性があり、システムにパッチが適用されれば、攻撃コードを実行できる可能性すらなくなってしまいます。基本的にインプラント開発は、検知を回避するためのステルス機能と攻撃者の目的を達成するための機能に重点を置く以外は、伝統的なソフトウェア開発とほとんど同じプロセスに倣います。したがって、攻撃者が侵入したシステム間での通信を盗聴したい場合、ユーザーから疑惑を持たれたり、実行中のソフトウェアが検知されたりすることなく、インプラントはマイクを起動し、盗聴した内容を記録し、記録したデータを外部に送信する機能が必要です。

一般に、インプラントは2種類に分類されます。第一のインプラントは、ビーコン型と呼ばれ、C2サーバへ通信を行い、対象システムで実行すべきコマンドを受け取ります。第二は、非ビーコン型と呼ばれ、コマンドの送信を待ち構え、C2サーバとのやり取りを開始するタイプです。インプラント開発は、ネットワーク構成とデバイスの種類により決められることもあります。以前作ったインプラントを再

※4 訳注：原題は『Hacking, The Art of Exploitation』（No Starch Press刊、2008年）。邦訳は『Hacking：美しき策謀　第2版―脆弱性攻撃の理論と実際』（Jon Erickson著、村上雅章訳、オライリー・ジャパン刊、2011年）。https://www.oreilly.co.jp/books/9784873115146/

利用することもありますが、狙っているネットワークにチューニングした独自のインプラントを作成することが一般的です。

多くのコンピュータネットワークへの攻撃では、攻撃者がマルウェアの持続性（Persistence）を維持し、インプラントを利用して目的達成に必要なツールをインストールする手法が一般的です。しかし最近では、インプラントをインストールせずに目的を達成しようとするインプラントレス攻撃も増えています。ヒラリー・クリントンの選挙対策責任者を務めたジョン・ポデスタ氏（John Podesta）のメールシステムへの不正侵入では、パスワードが盗まれただけでインプラントの配備は行われていないことで知られています。インプラントがなければ分析する証拠が1つ少なくなるため、多くの点でこの攻撃スタイルを調査することは難しくなります。インプラントレス攻撃は、攻撃者の目標を理解することにより、彼らのテクニックを正確に理解できる新しい事例だといえます。

3.2.3.4 テスト

攻撃コードとインプラントは、武器化フェーズの一環として広範なテストを行います。ソフトウェア開発と同様に、テストは特定のテストケースを実施するのみならず、より深いテストを行う必要があるかもしれませんし、あるいは品質保証チームが実施するような広範囲なテストを行う可能性もあります。悪意のあるコードの観点から、テストフェーズは、**機能**と**検出可能性**の2つの観点から検証する必要があります。

機能の観点は、他のソフトウェア開発プロジェクトとよく似ています。テストチームは、ソフトウェアの挙動が意図通りであることを確実にする必要があります。想定する挙動がファイルを盗むことになっている場合、インプラントは、対象ホスト上のファイルシステムを読み取り、ファイルの正しいグループを見つけ、1つにまとめ、暗号化し、圧縮します。その後、攻撃者が管理しているシステムに対して、データを持ち出そうとします。これは簡単に思えるかもしれませんが、開発チームが常にコントロールできない可能性がある様々な変数があり、テストする必要があります。

検出可能性の観点は、通常のソフトウェア開発では考慮しない観点が含まれます。テストチームは、ウイルス対策ソフトウェアやその他のエンドポイントソフトウェアなど、攻撃対象環境に存在するセキュリティツールによって、そのソフトウェアが検知されないことを検証しようとします。ヒューリスティック検知を持つセキュリティシステムは、（マルウェアの持続性を確保するためのレジストリキーの設定など）悪意のあるコードが目的を達成するために必要な振る舞いを監視しているため、これは機能面にも関係する話です。検出可能性の要件は、偵察フェーズ段階で収集された情報に基づく前提条件や、攻略が難しい対象に合わせて設定されます。

3.2.3.5 攻撃基盤の開発

厳密に武器化フェーズの一部ではありませんが、攻撃基盤開発は攻撃を仕掛ける前に完了させておくべき重要な準備タスクの1つです。ほとんどの攻撃は、被害者の端末に配布された悪質なコードをサポートする攻撃基盤に依存しています。攻撃の指示を行うためには、C2サーバが必要です。データをアップロードして情報を盗み取るためには、データ保存のためのストレージも必要です。別の攻撃基盤の存在が突き止められた場合、攻撃者がいる場所を突き止められないように移動し、攻撃を継続するためのバックアップ環境も必要です。攻撃者は、攻撃フェーズをつつがなく実行するため、様々な基盤が必要であるといえます。

証明書
コードサイニングとTLS接続のために必要となります。

サーバ
偽装、C2、ツール配布（侵入後に利用するツール配布など）、情報アップロード先などの目的で必要になります。ホスティング業者から購入することもあります。

ドメイン
IPアドレスを直接利用する通信はほとんど存在せず、多くの攻撃者はドメイン名を利用して通信します。

攻撃者は、（しかるべき権限と能力があれば）悪意のある基盤を追跡したり、閉鎖したりすることは難しくないことを知っています。そのため、1つのシステムが侵害されたり、閉鎖されたりする場合に備えて、バックアップサーバやドメインを持っていることはよくあります。

非デジタル基盤の必要性

基盤に対する全てのニーズが、デジタルとは限りません。攻撃者は、悪意のある攻撃基盤を用意するために、2つの必要性に迫られます。それは、アイデンティティと資金です。攻撃基盤を構築するために、必要なリソースを購入するためには両方必要です。しかし、ほとんどの場合、この2つは実施する人に直接結びついているリソースであるため、攻撃者が自由に使えるアイデンティティと資金を入手することは非常に難題で、攻撃者が悩みたくない問題です。

長年にわたって、攻撃者はこれらの落とし穴を避けるため、様々なアプローチを取ってきました。偽名や偽のアイデンティティは一般的です。しかし攻撃者は、ドメイン名や証明書の購入を行う際に、同じ偽名、偽のアドレス、登録メールを頻繁に使用するため、これらも追跡可能です。一部の攻撃者は、安全性の低い別のシステムに侵入し、悪用することで、購入を避けることもあります。あるいは、Bitcoinのように匿名性がある程度確保されている支払いシステムを利用している攻撃者もいます。さらに別の攻撃者は、HammerTossレポート（http://bit.ly/2u8GyGb）に示されているように、GitHubやTwitter、あるいは無料の基盤サービスなど、オンラインサービスを利用して攻撃を行います。

3.2.4 配送（Delivery）

攻撃者が攻撃プランを作成するのに十分な情報を収集したら、次は配送フェーズです。一般的な配信シナリオの代表例を以下に示します。

標的型フィッシング

攻撃者は、特定のターゲットとの直接なやり取り（電子メールであることが多い）を通じて、添付ファイル、あるいはリンクを使って、悪意のあるリソースを送信します。やり取りの内容は、通常正当性があるように作成され、攻撃対象ユーザーが疑惑を持たないように設計されています。

SQLインジェクション

攻撃者は、ウェブアプリケーションに対して、データベースサーバへ渡すSQLコマンドを送信します。その後、攻撃者は、認証情報の変更、情報の抽出、あるいはサーバ上で任意のコマンドを実行するなど、データベースのコマンドを実行します。

水飲み場型攻撃／戦略的ウェブサイト侵入

攻撃者は、まずセカンダリリソース（通常はウェブサイト）に侵入し、ブラウザに対する攻撃コードを配置します。この背景には、特定の個人ではなくグループ全体が攻撃対象となり、このグループの関係者がサイトへアクセスすると、ブラウザへの攻撃コードが実行され、端末に侵入できるという前提があります。

配送フェーズで重要なことは、いかにシンプルなメカニズムを構築するか、という点です。言い換えれば、犠牲者にペイロードを渡すことだけです。ただし、この単純さにより足元をすくわれ、この段階の重要な役割に影響を及ぼす可能性があります。配送フェーズは、犠牲者に対する最初の能動的な攻撃ステージです。前段のステージ（対象選定フェーズと偵察フェーズ）も能動的になる可能性はありますが、配送フェーズは攻撃者が必ずアクティブになる必要があります。言い換えれば、被害者がIOCを作成することができる最初のケースともいえます。標的型フィッシングの場合、これはヘッダや電子メールアドレスなど電子メールのバナー情報がIOCの候補になりますし、SQLインジェクションの場合、ウェブサーバやデータベースへ接続したIPアドレスがIOCの候補になります。

3.2.5 攻撃（Exploitation）

配送フェーズと攻撃フェーズの違いを理解することは難しいでしょう。配送フェーズまでは、攻撃者はターゲットと直接やり取りしておらず、攻撃対象システムの掌握にも成功していません。標的型フィッシングメール攻撃の場合でも、セキュリティ対策により成功した配送フェーズが妨害される可能性があります。言い換えれば、配送フェーズが成功しても、実際の攻撃が成功していない可能性は十分存在します。攻撃フェーズとは、攻撃者がコード実行の権限を奪取し、独自のコードを実行できることを意味します。

水飲み場型攻撃の場合、被害者が感染したページにアクセスした場合に成功します。標的型フィッシング攻撃の場合は、被害者が悪意のある添付ファイルやリンクをクリックしたときです。この時点から、攻撃者は攻撃対象システム上で少なくとも1つのプロセスを奪取します。この足場は、攻撃者が内部ネットワーク内を動き回るための重要な基盤となります。

3.2.6　インストール（Installation）

攻撃者がコード実行に成功すると、最初に自分の足場を固めます。ロッキード・マーティン社は、発表した論文において、「侵害されたシステムにRAT（Remote Access Trojan：リモートアクセス型トロイの木馬）やバックドアをインストールすることで、攻撃者が環境内における持続性を確保することができる」と述べています。こうした足固めは通常このフェーズで行うことが普通ですが、こうしたアクションを、システムまたはネットワークの持続性を確立する動作として知っておくと便利でしょう（多くの場合、攻撃者は両方を実行しますが、それらを別々に検討したほうがわかりやすいでしょう）。

3.2.6.1　システムの持続性メカニズム

この時点で、攻撃者は1つのシステム上で悪意のあるコードの実行に成功し、1つのプロセスを奪取した状態です。これは非常に良いスタートですが、再起動されるとこのプロセスを維持することはできません。侵害したアプリケーションがシャットダウンされてしまえば、せっかく確立したアクセスすら消えてしまいます。ほとんどの攻撃者は、ルートキットまたはRATといったインプラントを数少ない一部の端末に配備することで、侵入したホストへのアクセス経路を確保します。またルートキットは、システムへのカーネルレベルのアクセスを確立します。そのため、インストールに成功すればOSに大きく依存する多数の検知メカニズムを回避することができます。RATは、特定の攻撃コードに頼らず、再起動されてもアクセスを維持するための、リモートコントロールソフトウェアの一種です。これにより、攻撃者は侵入したホストをいつまでも悪用し続けることが可能です。

3.2.6.2　ネットワークの持続性メカニズム

ほとんどの攻撃者は、各システムへの足場を固めるだけでは満足していません。代わりに、より確実な持続性メカニズムを確立しようと考えます。これを行うためには通常、次の2つの手法のうちの1つ（または両方）を使用して、より広い足場を確立します。

システムの持続性メカニズムを複数システムに展開する

奪取した認証情報を利用し、他のシステムにもRAT、もしくは似たようなアクセス手法をインストールする方法です。実現する方法はいくつかあり、独自のソフトウェアを利用する方法もあれば、Windows環境に備わっているPsExecや*nix環境のSSHなどOSに備わっているネイティブツールを利用する方法なども存在します。

ネットワーク上のシステムにアクセスせず、広く利用されているネットワークリソースへアクセスできる認証情報を奪取する

これは、VPN、クラウドサービス、またはウェブメールなどのインターネット公開システムへの不正アクセスを意味します。これにより、多くの場合検知リスクが低くなり、ネイティブツールを使用する代わりに、マルウェアの形を必要としません。

これらのテクニックは一方だけ使うことも、組み合わせて使うことも可能です。

3.2.7　コマンド&コントロール（C2：Command & Control）

攻撃者がアクセスの持続性を確保したら、特にRATの利用を選択した場合、コマンドを送信する方法が必要です。通信は、様々な方法で、複数のチャネルを使用することができます。これまで、多くのマルウェア、特にDDoSツールは、IRCチャネルに参加してやり取りをするか、攻撃者の制御下にあるサーバにHTTP接続して通信を確立していました。Comment Crewとして知られる攻撃グループ（別名：APT1）は、無害そうに見えるウェブページ上のHTMLコメントを利用してC2通信を行っていたことから、そのあだ名がつきました（https://www.symantec.com/connect/blogs/apt1-qa-attacks-comment-crew）。攻撃者によっては、DNS Lookup、ソーシャルメディア、一般的なクラウドアプリケーションなど、複数の方法を使用することもあります。

自己誘導型マルウェア

数は多くないですが、一部のマルウェアファミリーは、まったく通信せずに動作します。こうした自己誘導型マルウェアの存在はまれであり、特にインターネットから物理的に隔離されたネットワーク（Air-gapped Network）を攻撃するのに適しています。有名な例は、ネットワーク通信が不可能なイランの核研究施設群を対象とした、Stuxnetと呼ばれるマルウェアです。このマルウェアや類似マルウェアの成功を考えれば、より多くの悪用事例があるといえるでしょう。自己誘導型マルウェアへの対応には、異なるアプローチが必要です。なぜなら、防御側は、C2通信やデータ持ち出しに使用されるネットワーク通信を利用してマルウェアを発見することができないからです。システム上で使用されているマルウェア自体を特定し、その感染が拡大する前に根絶する必要があります。

攻撃者は、通信チャネルが気付かれないように工夫し、必要十分な帯域幅を確保することに注意を払います。場合によっては、マルウェアは1日にわずか数行のテキストを使用して通信することもあれば、完全な仮想デスクトップと同等の機能を持っていることもあります。

3.2.8　目的の実行（Actions on Objective）

ほとんどの場合、「目的の実行」は究極的なゴールではなく、「目標実現に向けた準備」と呼ぶべきフェーズです。攻撃者は、対象システムへ影響を及ぼす新たな機能を追加するため、必要なアクセスを設定しようとします。追加しようとしている新たな機能や能力を**目的の実行**と呼んでいます。標的に関する最も一般的な行動は、米国空軍によって以下のように分類されています。

破壊（Destroy）

攻撃者が物理的または仮想的な対象を破壊することです。この中には、データを破壊したり、ファイルを上書きまたは削除したり、システムが完全に再構築されるまでシステムを使用不能にすることなどが含まれます。さらに、この中には物理的な破壊の意味も含まれますが、コンピュータ攻撃としては非常にまれです。イランの遠心分離機を破壊したStuxnetはその珍しい例といえるでしょう。

拒絶（Deny）

サイトへのアクセスを妨害するDDoS攻撃など、攻撃者がターゲットの（システムや情報などの）リソースの使用を妨害することを意味します。近年、ユーザーから金銭を巻き上げている例として、ランサムウェアが挙げられます。ランサムウェアは、ユーザーが持つデータを暗号化し、データを復号する代償として支払いを要求する攻撃です。

低下（Degrade）

攻撃者が、攻撃対象のリソースや機能のパフォーマンスを低下させることです。これは、攻撃対象のリソースを制御し、管理する能力に一番影響を与えます。

妨害（Disrupt）

情報フローに介入することにより、攻撃者は攻撃対象の通常操作を妨害することができます。

欺瞞（ぎまん）（Deceive）

欺瞞とは、攻撃者が、「真実でないことを真実である」と被害者に信じ込ませようとすることです。サイバー攻撃の場合、攻撃者は、資産や情報を転送するためにワークフローに虚偽の情報を挿入したり、被害者が攻撃者の利益を実現するように誘導することなどが考えられます。

これらの技法の多くは、表面上の簡単かつ基本的なテクニックです。しかし、攻撃者がこれらの技法をうまく組み合わせて利用することで、攻撃者のアイデンティティと目標にも影響します。攻撃者はマルウェアを隠したり、C2通信を難読化したりすることができます。しかし「目的の実行」自体を難読化したり、ばれないように保護したりすることはできません。情報を盗むためには、攻撃者はファイルを盗む必要があります。DoS攻撃を実行するためには、攻撃者は侵害されたホストを使用して、大量のネットワークトラフィックを送信する必要があります。要するに、「目的の実行」フェーズを隠すことは難しいといえるでしょう。

また、攻撃者が、物理的な攻撃（あるいは、サイバー攻撃ではない攻撃）を含む、複数の攻撃ベクターを組み合わせて攻撃を実行してくる可能性についても、理解しておくべきでしょう。例えば、内部情報を提供してくれる内部のスタッフを募集し、戦略的情報を得て、（特定の地理的場所を爆破するなど）**物理的な行動**につなげることもできるでしょう。

図3-3に示されているように、インシデント対応サイクルは特定フェーズから開始し攻撃者に対応しなければいけない一方、攻撃者のキルチェーンは定義通りに運用されます。キルチェーンモデルにおけ

る対象選定フェーズから目的実行フェーズのいずれの期間においても、攻撃を検知し、インシデント対応サイクルの特定フェーズが発生する可能性があります。そして、キルチェーンのどのフェーズで検知するか、フェーズに依存してインシデント対応の内容も劇的に変化します。配送フェーズで特定されたインシデントは理想的です。防御側は、電子メールやウェブプロキシでの攻撃をブロックし、攻撃がこれまで通り実行できないようにすることができます。一方、C2フェーズや目的実行フェーズなど、攻撃フローの後半で検知された攻撃は、たいてい痛みを伴う結果になるでしょう。なぜなら、多くの侵害されたリソースの対応に携わり、高価で時間のかかるインシデント対応の調査を行わなければいけないためです。

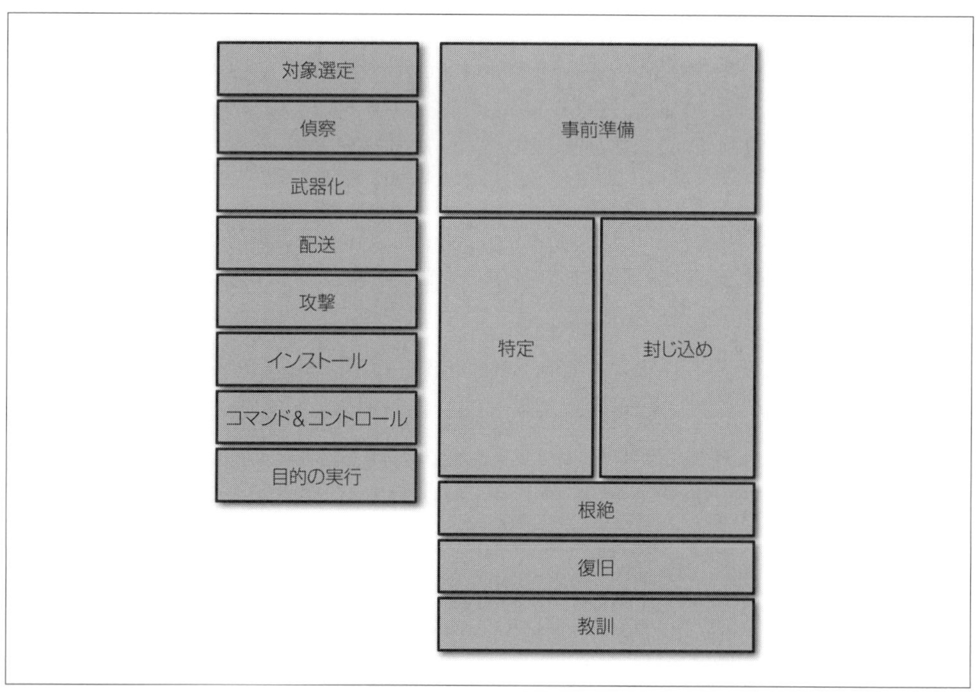

図3-3. キルチェーンモデルとインシデント対応サイクル

3.2.9 キルチェーンの事例

キルチェーンを説明するために、Grey Spikeというコードネームを持つ架空の攻撃グループによる一連の攻撃を考えてみましょう。この攻撃グループは、複数の国家において総選挙に対する政治的な情報収集を行っています。彼らは、経済、外交政策、軍事問題に関する各候補者の立場について情報を集めることを目標としています。彼らの戦略には次のようなものがあります。

対象選定フェーズ

Grey Spikeは独自の目標を選択するのではなく、国の政策立案者からのタスキング（インテリジェンス業界の専門用語で、「目標に関する要望や要請」）を受け取ります。このタスキングでは、対象となる特定の国や候補者、重要なキーワードを教えてもらいます。

偵察フェーズ

Grey Spikeは、ドメイン名、メールサーバ、主要テクノロジー、ウェブアプリケーション、モバイルアプリケーションなど、ターゲットのネットワーク情報を理解することで作戦を開始します。また、Grey Spikeは選挙戦略担当、ソーシャルメディアの管理者、および選挙キャンペーンを支援している技術コンサルティング会社など、主要な人員に関する情報も収集します。

武器化フェーズ

Grey Spikeは、ゼロデイ脆弱性を含む四半期分の脆弱性情報を受け取ります。しかし、一般に他の攻撃ベクターが利用できない場合にのみこれらの脆弱性を利用することを推奨します。今回Grey Spikeは、ダウンロードマクロを利用した攻撃を行うことにしました。ペイロードが埋め込まれたファイルは、攻撃対象国の言語で書かれた文章が埋め込まれており、内容は諜報機関の他部署から出向してきた当該地域・当該文化の専門家の助けを借りています。さらに、C2と配送フェーズで利用する攻撃基盤は、世界規模に展開するプロバイダーからペーパーカンパニーを装い、民間企業が借りているサーバとして用意します。

配送フェーズ

作戦に参加するオペレーターの1人が、攻撃コードが仕込まれた文書を選挙キャンペーンスタッフとして重要な役割を担っているマネージャーの1人に送りつけました。書類には、献金や推薦を提供する申し出など、当該マネージャーが特に興味を持ちそうな内容を記載しています。選挙キャンペーンは目まぐるしく動くため、当該マネージャーは高い確率でこの書類を開き、攻撃者のインプラントを自身の端末に展開してしまいます。

攻撃フェーズ

インプラントのコードがドキュメントマクロ形式で実行され、選挙キャンペーンで使用しているPDFリーダの古い脆弱性を悪用します。この脆弱性のためのパッチは提供されていましたが、大事な局面でソフトがうまく動かなくなることを嫌がった上級スタッフの指示により、スタッフの1人が更新プログラムを動かないように設定していました。

インストールフェーズ

攻撃コードはダウンローダーとして機能し、一般的なISPの共有ホスティング環境に配置されたマルウェア配信サーバに接続します。そして、攻撃対象端末にRATをインストールします。インストールされたRATは、第三国にあり高いセキュリティを誇るISPにホスティングされたC2サーバに接続します。

コマンド＆コントロールフェーズ

Grey SpikeはC2通信、この場合は暗号化されたDNS Lookupを介してRATにコマンドを送ります。秘匿化されたチャネルを使いながら、ターゲットの電子メールと関連文書の検索を行います。取得を命じられた情報に加え、ネットワーク経由でもアクセス可能な共有アカウントとパスワードが書かれた電子メールを発見しました。

目的の実行フェーズ

このシナリオでは、Gray Spikeは情報取得のみを目的としています。Grey Spikeは、大部分のデータと候補者のオンライン選挙活動基盤を破壊する技術的能力を持っていましたが、政策立案者は政治的影響に対する懸念から、総選挙に直接干渉したくないと考えていました。

攻撃がどのように見えるか可視化することができるため、キルチェーンはインシデントデータを体系的に整理することに役立ち、活動パターンを識別するためにも役立ちます。可視化を達成するためのもう1つの方法には、次で紹介するダイヤモンドモデルがあります。

3.3　ダイヤモンドモデル

ダイヤモンドモデル（Diamond Model）（図3-4）は、侵入分析手法の1つですが、多くの点でキルチェーンモデルと異なります（このセクションの後半では、2つのモデルが互いどのように補完するか説明します）。このモデルを提唱したクリストファー・ベッツ氏（Christopher Betz）らの論文では、このモデルを次のように要約しています。「**攻撃者**（Adversary）は、**攻撃基盤**（Infrastructure）を介して持ちうる**能力**（Capability）を**被害者**（Victim）に対して適用します。これらのアクティビティを**イベント**（Event）と呼びます。（中略）攻撃者が行った攻撃フローを表現した**アクティビティ・スレッド**の中に、攻撃者—被害者のペアでフェーズごとにイベントが並べられます」。最終的には、様々なアクター（攻撃者と被害者）と攻撃ツール（攻撃基盤と能力）の間に発生するやり取りを理解するための思考ツール、と理解するのがよいでしょう。

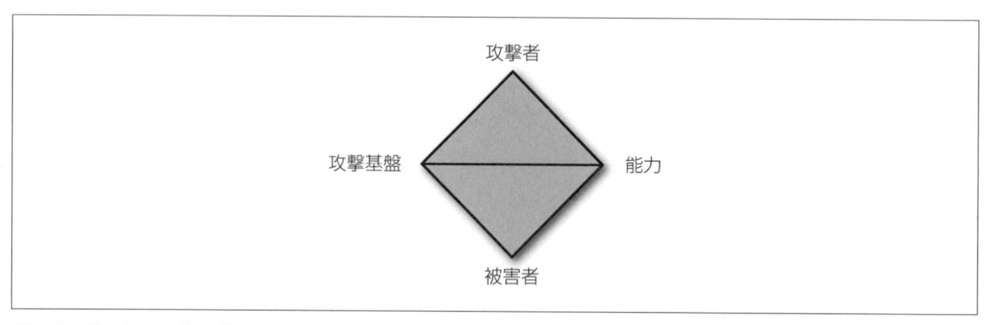

図3-4. ダイヤモンドモデル

3.3.1　基本モデル（Basic Model）

攻撃者（Adversary）は、情報を収集し、情報システムに害を及ぼすことを意図したインテリジェンス組織（または、個人）です。より細分化すれば、実際に作戦を実行する**オペレーター**（Operator）と、その行動から利益を受ける**顧客**（Customer）に分けることができます。（小さな傭兵グループや金銭的動機による攻撃グループなど）同じ人物が両方の役割を果たすかもしれません。しかし、必ずしもそう言い切れるものでもありません（国家主導のSIGINT諜報機関の場合、顧客とオペレーターは異なる機関から来て、同じチームとして扱われることがあります）。攻撃者は、敵対的意図を持つことが一般的です。例えば、「クレジットカード詐欺を通じてお金を稼ぐ」、またはより具体的に、「特定の関心トピックに関して、特定の人のコミュニケーションを盗聴する」などが挙げられます。

攻撃者は**能力**（Capability）と呼ばれる一連の攻撃技術とテクニックを持ち、目標を達成するために活用します。これには、キルチェーンで議論された武器化されたソフトウェアやインプラントが含まれますが、ソーシャルエンジニアリング攻撃を実施する能力や、情報収集やシステム破壊のために必要な物理的能力も含まれます。

攻撃者は、**攻撃基盤**（Infrastructure）と呼ばれる一連の通信システムとプロトコルを使用して、機能を提供し、被害者に何らかの結果をもたらします。これには、攻撃者が直接所有するシステム（物理的に所有しているデスクトップやネットワーク機器など）や侵害したシステムを再利用している場合（ボットネットのエンドユーザーシステムなど）などが含まれます。

攻撃者は特定の目的を達成しようとして**被害者**（Victim）を標的にします。被害者には人と資産が含まれ、両方とも個別に標的にされる可能性があります。そして前述のように、被害者のシステムは、別の被害者に対する攻撃基盤として使用される可能性があります。

4つ全ての要素が現れた場合（攻撃者が、攻撃基盤が持つ攻撃機能を利用して被害者を攻撃した場合）、それを1つのイベントと見なします。お互いに関連しあうイベントは、一連の**アクティビティ・スレッド**として分析され、このアクティビティ・スレッドをアクティビティ・グループとしてまとめていきます（アクティビティ・グループは、並行して実行されるか、または必ずしも直線的に結びつかない関連スレッドの集合体です）。

3.3.2 モデルの拡張

モデルの能力を発揮できる方法の1つとして、ダイヤモンドの軸を意識することが挙げられます。攻撃者と犠牲者を結ぶ縦軸は、社会的・政治的関係性を示しているといえます。攻撃者は、被害者に関心を持っています。クレジットカード番号のような情報群である場合もあれば、不正送金を実行する標的型フィッシング攻撃を実現するため、CEOを対象とする場合もあります。この軸を分析することで、敵の動機を明らかにしたり、攻撃者の属性情報を明らかにしたり、侵入検知やインシデント対応のための運用的、あるいは戦略的な計画策定を支援することができます。※5

このセクションの冒頭で述べたように、ダイヤモンドモデルはキルチェーンモデルを補完し、実際にこの2つのモデルはうまく統合することができます。ダイヤモンドモデルの各イベントは、キルチェーンモデルの各フェーズに対してマッピングすることができます。このマッピングにより、アナリストはイベ

※5 訳注：攻撃基盤（Infrastructure）と能力（Capability）を結ぶ横軸は、技術軸として知られ攻撃手口（TTPs）を示しているといえます。

ント間の関係性をより深く理解し、以前は調査していなかったフェーズに対して調査し、文書化することができます（言い換えれば、全てのインシデントにおいて、キルチェーンモデルの全てのフェーズが現れるわけではありません）。

3.4 アクティブ・ディフェンス

インテリジェンス駆動型インシデント対応において、最も話題性が高く、最も理解されていない概念の1つは、アクティブ・ディフェンス（Active Defense）という概念です。

これは、悪意のある攻撃主体を直接攻撃しようとする、**ハックバック**（Hack Back）という考え方とよく似ています。これはアクティブ・ディフェンスの一面を表していますが、アクティブ・ディフェンスを示す他の5要素のほうがはるかに一般的です。アクティブ・ディフェンスの目的の基本的な誤解が、こうした混乱を引き起こしているといえます。

何らかの形でハックバックを試みたり、要求したりするほとんどの人は、子供っぽく、学園闘争ドラマのような復讐をイメージしていることでしょう。「殴られたのだから、やり返そう」と、このように考えることは自然です。しかし、これらの子供戦術を採用できない複数の理由があります。第一に、ネットワーク侵入では、攻撃者の身元を知ることが困難であり、誤った帰属情報の特定につながり、誤った対象を攻撃してしまうことにつながります。第二に、防衛を優先する組織にとって、受けた攻撃と同じ規模のハックバックを行うことは難しいといえます。第三に、一般論として、「復讐を達成した」という観点以外で、得られるメリットが少ないという点です。第四に、おそらくこれが最も重要なことですが、ほとんどの国では、（理論的には、厳格な監督・管理が行われている）法的執行機関や軍組織などによる許諾や適切な法的根拠なしに、組織に対してハッキングを試みることは違法という点です。

ハックバックとは異なり、アクティブ・ディフェンスには検証された有用な要素が含まれています。2015年のSANS DFIR Summitにおいてウェンディ・ラファティ氏（Wendi Rafferty）は、アクティブ・ディフェンスの目標とは、攻撃者のテンポを乱す試みであると述べています。インシデント対応担当者の目標は、探偵のように調査を行い、ドジを踏んだ攻撃者を捕まえ、その攻撃を白日の下にさらすことだといえます。アクティブ・ディフェンスは一般的に、インシデント対応チームによって導入されたバリケードを活用する一方、攻撃者がミスをするように仕向け、攻撃に対する防御をより強固にするという役割を持ちます。

攻撃者の観点では以前も議論を行いましたが、防衛側も拒絶（Deny）、妨害（Disrupt）、低下（Degrade）、欺瞞（Deceive）、破壊（Destroy）と呼ばれる選択肢を持っています。そのため、「D5防衛モデル」と呼ぶことがあります。もともとこの概念は、コンピュータネットワーク攻撃が備えるべき理想的な機能モデルとして開発されていましたが、転じてアクティブ・ディフェンスとして備えるべき機能一覧としても貢献しています。

3.4.1 拒絶（Deny）

「攻撃者を拒絶する」という考え方は非常に単純で共通しているため、ほとんどの組織はそれがアクティブ・ディフェンスの1つとは考えないでしょう。しかし、「攻撃者のテンポを乱す」という従来の定義に従えば、これは非常に適切な例といえるでしょう。「拒絶」は非常にわかりやすく、新しいファイアウォールルールを設定し、攻撃者のC2通信をブロックする、または不正アクセスされた電子メールアカウントのアクセスを遮断するなどが挙げられます。「拒絶」におけるポイントは、**悪意のある攻撃者からリソースを先制的に取り上げること**です。

拒絶は、攻撃者を計画から逸脱させ、目的を達成するための別の方法を見つけるように誘導します。攻撃者が、昔と同じ攻撃手法を使い続ける場合（＝防御側がIOC情報を使い続けられる場合）、防衛側はさらにTTPsを露見させるように誘導し、新しい攻撃活動を調査するために活用することができます。さらに、「拒絶」アクションは、インシデント対応チームの指示ではなく、パスワードルールに基づいてユーザーがパスワードを変更するなど、単なる偶然として行われることも多々あります。

3.4.2 妨害（Disrupt）

「拒絶」が悪意のある攻撃者からリソースを先制的に取り上げるアクションだとするならば、「妨害」は**能動的（Actively）にリソースを取り上げること**です。多くの場合、「妨害」は攻撃者の積極的な観察が欠かせません。なぜならば、攻撃者が何か試みようとする際に、リアルタイムで妨害するタイミングを決める必要があります。例えば、利用している最中にC2通信を遮断する、あるいは大規模な圧縮ファイルの持ち出しを妨害するなどが挙げられます。

3.4.3 低下（Degrade）

低下（Degrade）は攻撃者の「妨害」と「拒絶」に密接に関連しており、**リソースが積極的に使用されている間に攻撃者のリソースを大幅に削減すること**に重点を置いています。わかりやすい事例としては、攻撃者が情報を持ち出しているときに帯域幅を絞って、多くの時間を消費させて大きなファイルをアップロードさせる、などが挙げられます。このアクセスに対する「低下」は、攻撃者を苛立たせ、異なる方法でデータにアクセスし、追加の攻撃基盤、ツール、またはTTPsを露呈させようとします。

「妨害」と「低下」というアクションは、ネットワークセキュリティチームに非常に興味深い事実を提供する一方、危険をもたらしてしまう可能性があります。「拒否」は、偶然もしくは通常の受動的なセキュリティ運用として整理できますが、「妨害」と「低下」は明らかに能動的な対応です。セキュリティチームは攻撃者とのやり取りを開始し、セキュリティチームが意図的な対応をしていることを攻撃者に示すことになります。このような状況に置かれた攻撃者は、様々な行動を取ることができます。彼らは、防御側がもたらす「妨害」や「低下」に対抗できる高度な能力を持ち込んで攻撃のテンポや深刻度を引き上げたり、防御側の関心が冷めることを待ちながら、別の戦略にリソースを割り当て、攻撃活動を完全に中断してしまうこともあります。これらの攻撃者の反応こそが、この種のアクティブ・ディフェンスにおけるリスクであり、注意と準備を適切に行ったうえで取るべき手段だといえます。

3.4.4 欺瞞（Deceive）

簡単に利用できる技術の中で最も高度なものとして、「欺瞞」を利用したアクティブ・ディフェンスが挙げられます。「欺瞞」とは、**攻撃者に意図的に偽情報を流し**、願わくは攻撃者がその情報を信じ、その情報に基づいて行動する、カウンター・インテリジェンス（防諜）の概念を活用しています。不正確な内容が書かれた偽資料を配置する方法から、ハニーポットやハニーネットワークを配置することまでそのやり方は様々です。

欺瞞作戦を行う際には、攻撃者の目標、手口、心理学、さらには自分のリソースを深く理解する必要があります。巧妙な攻撃者は他の情報源で見つけた資料を使って裏付けを試みるため、攻撃者が真実として受け入れる欺瞞情報を作ることは非常に難しいといえます。

3.4.5 破壊（Destroy）

「破壊」は、攻撃者のツール、攻撃基盤、または攻撃者そのものに対して、物理的被害、あるいはサイバー攻撃による被害をもたらします。ほとんどの場合、法的権限を有する法執行機関、情報機関、または軍組織（いわゆるTitle 10とTitle50に分類される組織）が行うアクションだといえます。民間組織や営利組織にとって、このアクションは違法であるだけでなく、危険な行為であることが一般的に知られています。こうした組織が、コンピュータネットワーク攻撃を成功させるためのツール、方法論、人材を持っている可能性は低く、意図しない深刻な結果をもたらす可能性があります。これらのリソースは、改善された防御オペレーションに割り当てられるべきともいえるでしょう。

アクティブ・ディフェンスは有益でしょうか？ アクティブ・ディフェンスは、流行しているトピックの1つですが、組織としてセキュリティプログラムの一部にする必要があるでしょうか？ 複雑なトピックに対するほとんど全ての質問と同様、答えは「状況に依存」します。アクティブ・ディフェンスを全て実装する必要はありません。敵を「拒絶」することは、どの組織にも関係する領域であり、実際にはおそらくほとんどの組織がこれをやっているでしょう。「妨害」や「低下」を行うために成熟したセキュリティ体制が必要です。「欺瞞」は多くの利益をもたらす高度な戦術ですが、リスクも高く、最先端のセキュリティチームを持つ組織でない限り、実行を保留すべき考え方です。既に述べた通り、アクティブ・ディフェンスの「破壊」は、非政府組織が利用できない、特別な法的権限が必要となるため実装すべきではないでしょう。

3.5 F3EAD

この章で議論すべき最後の主要なサイクルモデルは、インテリジェンスサイクルとインシデント対応サイクルを統合した「F3EAD」です。運用を意識したモデルを確立するため、F3EADは前述の2つのモデルについて、以下を指摘しています。

- インテリジェンスサイクルは、単に次のインテリジェンス作成につながればよいわけではなく、意味のある運用につながらなければいけません。私たちの場合、脅威インテリジェンスがより多くの脅威インテリジェンスにつながるだけでなく、積極的なインシデント対応行動につながる必要があります。

- インシデント対応サイクルは、目的が完了した後、すぐに終了すべきではありません。攻撃行動中に得られた情報は、新しいインテリジェンスサイクルを開始させるはずです。私たちの場合、インシデント対応が完了したときに、その過程で作成された情報をセキュリティ機器へ反映させることで、新しいインテリジェンスを開発し、以前のインシデントから学び、将来の侵入に対して備えることができます。

したがって、これらの2つのサイクルモデル（インシデント対応サイクル／インテリジェンスサイクル）は、相互に関連します（図3-5）。各インシデント活動はインテリジェンス活動につながり、各インテリジェンス活動はインシデント対応活動につながり、サイクルを継続します。

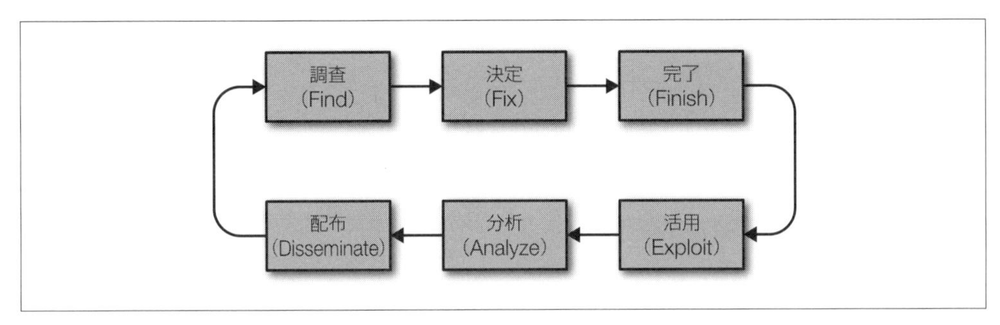

図3-5. F3EADサイクル

このプロセスをうまく活用するため、F3EAD（http://bit.ly/2uDMaKA）は調査・決定・完了・活用・分析・配布を含む、インテリジェンスサイクルとインシデント対応サイクルを統合した修正版モデルを提供します。これは、インシデント対応サイクルを実施した後、結果をインテリジェンスサイクルに連携し、得られた情報をもとに新しいインシデント対応サイクルを開始する継続的なモデルです。

3.5.1 調査（Find）

調査フェーズは、運用における対象選定フェーズ、言い換えれば対処すべき脅威を特定します。ベンダーやオープンソースの情報など、多くの情報源から収集を行います。理想的には、以前のインテリジェンスサイクルの結果もこのプロセスに役立つはずです。作戦の内容や投資次第では、インテリジェンスチームとの連携、SOCや経営層などチーム外のグループとの連携など、インシデント対応チームも能動的にこのフェーズの内容を決めることができます。これは、インシデント対応サイクルの準備フェーズと並行して行います。

3.5.2 決定（Fix）

調査フェーズの情報に基づき**決定フェーズ**では、測定手法を確立し、敵がネットワーク上のどこに存在するか、そして検知可能な痕跡は存在するか決定するフェーズです。私たちも最初は勘違いしていたのですが、Fixは「決定」の意味であり、「修正」の意味ではありません※6。このフェーズは、ネットワーク内にいる攻撃者の活動を特定していきます。利用可能な情報を入手し、攻撃者がどのシステム、サービス、またはリソースを侵害した可能性があるか、どんな通信経路を使ってやり取りをしているのか、ネットワークをどのように動き回っているのか調査を行います。これは、インシデント対応サイクルの特定フェーズに相当するといえるでしょう。

3.5.3 完了（Finish）

完了フェーズは、実際のインシデント対応活動が含まれます（このプロセスの原型である軍事学的プロセスでは、物理的かつ最終的なアクションを意味しています。ただし、インシデント対応プロセスとはまったく正反対の手段となるため、実行は避けてください）。これは、攻撃者に対して一貫した措置を取り、インシデント対応サイクルの封じ込めフェーズ、根絶フェーズ、復旧フェーズを実行するときです。

F3EADモデルに応用した際の主な変更点は、インシデント対応の終了がサイクルの終了ではないということです。リソースと責任をチーム間で分担するか、同じチームが全て担当するかに依存せず、完了フェーズが終われば、活用（Exploit）フェーズの開始です。このフェーズ以降、F3EADプロセスの後半戦が始まります。

3.5.4 活用（Exploit）

活用フェーズは、インテリジェンスサイクルの収集フェーズにマッピングされます。目標は、役立つ可能性のある情報をできるだけ収集することです。

- IPアドレス、URL、ハッシュ、電子メールアドレスなどのIOC
- IOCの自動強化（取得したIPアドレスのリバースDNS取得やWHOIS情報の収集など）
- エクスプロイトの配送方法
- マルウェア検体のサンプル
- 共通脆弱性識別子（CVE：Common Vulnerabilities and Exposures）と攻撃コード
- ユーザー、およびインシデント報告書
- 攻撃者とのやり取り
- 以前に識別されたTTPs
- 攻撃者の目標、目標、および動機

役に立つと思われる情報を全て列挙することは不可能ですが、アナリストは攻撃の様々な段階について多くの情報を収集する必要があります。キルチェーンを通じて考え、可能な限り各段階に関連する情報を収集してみてください。

※6 訳注：英語のFixには両方の意味があるゆえに言及されています。

3.5.5 分析（Analyze）

分析フェーズは、インテリジェンスサイクルの分析フェーズにマップされます。このフェーズの重要なポイントは、様々な方法で収集された情報からインテリジェンスを作成することだといえます。

- 戦術、技術、手順の要約
- タイムライン作成とキルチェーンモデルによる分析
- 詳細なマルウェア解析の実施

一般的なインテリジェンスフェーズと同様に、分析フェーズ自体も周期的な活動です。マルウェア解析により、IOCをより強力なものにし、より多くのマルウェアを発見できるIOCが増える可能性があります。全体的な目標は、攻撃者とその攻撃手口（TTPs）の全体図を描き、攻撃者の行動を検知、緩和、および改善する方法に焦点を当てることだといえます。

3.5.6 配布（Disseminate）

インテリジェンスの配布は、主に利用者の特性に焦点を当てて行います。

戦術的（Tactical）

インテリジェンスを最もよく利用する利用者はインシデント対応チームであり、次回のF3EADサイクル開始時のインプットとして活用します。彼らはIOCと要約されたTTPsに注目し活用することを考えている人たちです。

戦略的（Strategic）

一般に、経営陣がインシデント対応と脅威インテリジェンスチームに積極的に投資を行い、強い関心を持つのは、重大なインシデントが発生した場合のみです。彼らの関心は、高度に一般化されたTTPs（個々のインシデントよりもキャンペーンに重点を置いたもの）と攻撃対象に行われた攻撃活動です。こうしたインテリジェンスは、将来のリソース配分や大規模なビジネス計画（例えば、リスクアセスメントの通知）において意思決定者にとって有用でしょう。

第三者（Third Party）

多くの組織が、何らかの形で脅威情報の共有グループに参加しています。各組織は、グループに参加するうえでどのように携わっていくか、独自の基準やルールを決定する必要があります。経営層と法務部とともに、参加に向けた最善の方法を決定する必要があります。このルールには、目標とコラボレーションへの関心に応じて、あらゆる抽象化レベルのインテリジェンスも含まれます。

インテリジェンスのレベルや相対しているインテリジェンス利用者に関係なく、配布する情報を明確、簡潔、正確かつ実用的に利用することが求められます。

3.5.7 F3EADの活用

F3EADは、セキュリティ運用において脅威インテリジェンスとインシデント対応の両方を改善するために利用可能な最も強力な概念の1つです。しかし一方で、最も利用が難しいモデルでもあります。大部分の人々が、どのように発音するのかも知らない謎めいた特殊部隊の略語が、IT部門にも関係することを説明する際に躊躇してしまうためです。

そのため、詳細に着目するのではなく、全体のアイデアに注目すべきです。すなわち、セキュリティ運用とインシデント対応が脅威インテリジェンスのインプットになり、脅威インテリジェンスがセキュリティ運用とインシデント対応のインプットになることを理解してもらえばよいのです。セキュリティ運用チーム（SOC、CIRT/CSIRT、または各エンジニアのいずれか）がインシデント対応を完了すると、全てのアウトプット、ドキュメント、メモ、フォレンジック調査結果、マルウェア、および調査成果の全てがインテリジェンスチームに渡されます。そこから、脅威インテリジェンスチームはこの情報を利用して分析を行います。そのインシデントに伴う脅威インテリジェンスの成果物は、セキュリティ運用チームに戻され、サイクルが継続されます。これは、セキュリティ運用+脅威インテリジェンスのOODAループを形成します。セキュリティ運用チームがこのインテリジェンスを迅速に利用できるようになればなるほど、運用タスクを完了することができ、インテリジェンスが向上します。

このセキュリティ運用+インテリジェンスのモデルは、SOCおよびインテリジェンスチームに限定する必要はありません。これと同じプロセスを脆弱性管理およびアプリケーションセキュリティチームにも応用できます。例えば、アプリケーションセキュリティチームが新たな脆弱性を発見した場合、その脆弱性はインテリジェンスとして扱うことができます。アプリケーションセキュリティエンジニアがこの脆弱性を発見した最初の人物とは限りません。したがって、アプリケーションセキュリティチームは可能な限り多くの情報をSOCに提供し、SOCはその脆弱性に対する以前の攻撃の兆候を探し始める必要があります。

3.6 正しいモデルを選択する

モデルの目的は、情報を解釈し、インテリジェンスを生成できるフレームワークを提供することです。インテリジェンス分析には数百のモデルが用意されています。これらのモデルの一部は汎用的ですが、一方で個別具体的な事例（ユースケース）のために開発されたモデルも存在します。どのモデルを使用すべきか決めるときは、留意すべきいくつかの要素があります。分析に充てられる時間は、どのモデルが適切かを判断するのに役立ちます。深い分析を実行する時間がある場合、侵入分析向けのダイヤモンドモデルはうまく機能するでしょう。時間の制約がある場合は、OODAループを使用して、意思決定を促すことができます。情報の種類も、適切なモデルの選択に役に立ちます。一部のモデルは、ネットフローやエンドポイントデータなどの特定の情報源を利用するように設計されているためです。最後に、アナリストの好みに依存する場合もあります。アナリストが特定のモデルがプロセス内でうまく機能することを発見した場合、そのモデルを引き続き使用し続けるでしょう。新しいモデルを開発することが最善の選択肢になる場合も考えられるでしょう。

3.7 シナリオ：GLASS WIZARD

これまで、インテリジェンスに基づくインシデント対応を理解するために必要なモデルを学んできました。この先では、インシデント対応、サイバー脅威インテリジェンス、そして自分の組織を守るためにそれらをどのように活用できるかを学ぶ実践編に入りたいと思います。これは、自分の組織を守るのに役立つ内容です。

本書の残りの部分は、共同作業用インテリジェンスモデルであるF3EADを使用する形で記載されています。F3EADプロセスを利用して、GLASS WIZARDという案件の調査を進めていき、攻撃グループについて分析を行います。F3EADモデルは次のように機能します。

調査

次の章にて、どのように攻撃者を見つけるか、積極的手法（Proactively）と、受動的手法（Reactively）を紹介します。

決定

詳細なインシデント対応の前半戦は、調査を行い、自組織の環境において攻撃者を追跡する方法を探ります。

完了

インシデント対応の後半戦では、攻撃者を環境から排除することを目的にしています。

活用

インシデント対応プロセスが終わった後、インシデント対応から生じたデータの活用を開始します。

分析

データをインテリジェンスに発展させ、自組織を保護し、他の組織を支援するのに役立てていきます。

配布

インテリジェンスを開発した後、様々な利用者のため、様々な有用なフォーマットに変換して共有します。

最終的には、GLASS WIZARDとして知られている攻撃グループについて詳細を分析し、最終的なレポートを作る予定です。

3.8 まとめ

インシデント対応などの複雑なプロセスを行う際には、モデルを利用するメリットがあります。なぜなら、モデルは、プロセス構造を提供し、タスクの完了に必要なフェーズを定義してくれるためです。どのモデルを使用すべきか決めるためには、状況、利用可能なデータ、および多くの場合アナリストの好みに依存します。これらのモデルとその応用に慣れれば慣れるほど、異なるインシデントに対応して、どのモデルを使用するべきか、判断することが容易になります。

では、調査フェーズの実践編に入りましょう！

第2部
実践・応用編

基本を理解したら、いよいよ実践に入っていきましょう。第2部では、F3EADプロセス（調査、決定、完了、活用、分析、配布）を使用したインテリジェンス駆動型インシデント対応の手順を学びます。これらの手順を学ぶことで、適切な情報を収集し、適切な順序で行動して、インテリジェンス駆動型インシデント対応プロセスから可能な限り多くの情報を得ることができるようになります。

4章
調査フェーズ

"Be very, very quiet; we are hunting wabbits."
静かに静かに。ウサギを捕まえるんだ！
―アニメ『ルーニー・テューンズ』キャラクター　Elmer J. Fudd（エルマー・ファッド）

F3EADサイクルの前半部分、調査（Find）、決定（Fix）、完了（Finish）は、私たちのインシデント対応手順を構成するインシデント対応の主な構成要素です。最初の3つのフェーズでは、攻撃者を標的として、特定し、根絶します。私たちはこれらの対応を支えるためインテリジェンスを利用しますが、これだけでインテリジェンスの活用が終わるわけではありません。このプロセスの後半では、データを運用の観点から活用します。言い換えれば、F3EADサイクルの後半にあたるインテリジェンスフェーズ、すなわち活用（Exploit）、分析（Analyze）、配布（Disseminate）においてもデータを活用していきます。

この章では、インテリジェンス活動と運用の両方の出発点を特定する、調査フェーズに焦点を当てています。伝統的なF3EADサイクルでは、調査フェーズでは、専門チームが目標とすべき価値の高いターゲットを特定することが一般的です。インテリジェンス駆動型インシデント対応において、インシデント対応に関連する攻撃グループを特定することが調査フェーズの目標といえます。

進行中のインシデントの場合、初期インジケータを特定したり、与えたりしている可能性があります。場合によっては、さらに詳細に分析すべき事例もあるでしょう。または脅威ハンティング（Threat Hunting）を行っている場合、ネットワーク上で発生している異常な活動を探しているかもしれません。状況に関わらず、何かを見つける前に、何を探すべきかきちんと把握しておく必要があります。

調査フェーズでは様々なアプローチが可能です。アプローチは、状況やインシデントの性質、調査の目的によって決まるべきです。考えられる全ての情報を確実に見つけるため、様々な方法を組み合わせることも良いアプローチです。

4.1 攻撃者中心のターゲット選定アプローチ

攻撃の背後にいる攻撃グループについて信頼できる情報を持っている場合、または特定の攻撃グループに関する情報提供を求められている場合、**攻撃者中心のターゲット選定アプローチ**（Actor-Centric Targeting）を行う方法があります。

攻撃者中心のターゲット選定アプローチとは、セーターをほどくようなアプローチです。小さい情報の断片を見つけ、それぞれについてさらに情報を引き出していきます。こうして取得した一連のデータは、攻撃グループが使用した戦術とテクニックについて、より深い知識を得ることができます。また、調査過程を通じて、他に調査すべき内容についてより良いアイデアも得られるはずです。ただし、このアプローチは強力ですが、アナリストを苛立たせることも多いはずです。なぜなら、全体像を明らかにする重要データには決してたどり着くことができないためです。そのため、分析を行う際には、ひたすらいろいろと試し続けていく必要があります。そしてあるとき突然、調査全体の突破口を開く1つの情報にたどり着くことができるかもしれません。継続と運こそが、攻撃者中心のターゲット選定アプローチの重要な側面になるといえます。

> **攻撃者のペルソナ**
>
> アイデンティティは非常に興味深いものです。多くの場合「攻撃グループ」という単語は、グループ内に実在する具体的な個人ではなく、目的を達成するためにTTPs（Tactics, Techniques, and Procedures）を活用する集団的ペルソナを指しています（実在する個人について分析する技術は**属性情報**［Attribution］と呼ばれ、インテリジェンスの章でより詳しく説明します）。アナリストは、攻撃に携わる個人をグループ化し、擬人化します。なぜなら、アナリストはそうした考え方に慣れているためです。通常は、攻撃者が1人なのか、大きな集団なのかわからないため、こうした抽象化を行います。私たちは、関係する人数に関わらず、抽象化されたTTPsと目標を合わせて攻撃者と呼びます。

場合によっては、インシデント対応担当者は、インシデントの背後にいる攻撃者が誰であるかという推測を持って調査に臨むこともあります。こうした情報は、様々な情報源から収集することができます。例えば、盗まれた情報がアンダーグラウンドフォーラムで販売される場合、第三者によって通知され、攻撃者に関する情報を取得できた場合などが挙げられます。攻撃者の詳細を少なくとも特定することで、調査フェーズで攻撃者中心のターゲット選定アプローチを実行できるようになります。

攻撃者中心のターゲット選定アプローチを実行する場合、最初のフェーズは、攻撃者について提供された情報を検証することです。問題の攻撃者があなたの組織を対象にするかどうか、また、なぜ攻撃対象とするのかを理解することがとても重要となります。脅威モデル（攻撃者目線でターゲットを捉えることで、潜在的な脅威を特定するプロセス）を構築することにより、このプロセスをより早く実行し、ターゲットにされたデータやアクセスの種類を特定することにも役立ちます。この情報は、インシデント対応担当者が攻撃者の活動の兆候を探し出す調査フェーズのインプットにもなります。

脅威モデルを使用すると、潜在的または可能性のある攻撃者について具体的な情報を持っていなくても、攻撃者中心のターゲット選定アプローチを使用できます。数百人の追跡中の犯罪者、活動家、スパイ活動のグループのうち、あなたの組織に一般的に興味を持っているのはほんの一握りです。こうしたグループのうち、どのグループが自分の組織にとって本当の脅威となるのか、評価したり、理論的に分析することは難しいでしょう。しかし、可能な限り仮説を持っておくことは重要です。また、こうしたリストは検証された結果ではありませんが、推測を始めるうえでよい起点となることは知っておくべきでしょう。しばらくすると、経験は最良のガイドとなるでしょう。

最初の情報を検証したら、次のフェーズでは攻撃グループについてできるだけ多くの情報を探し出します。この情報は、攻撃者の**標的パッケージ**を構築するのに役立ち、攻撃を特定し、排除することができます。攻撃グループに関する情報には、社内外の以前の攻撃の詳細を含めることができます。

4.1.1　既知の情報から分析を開始する

ほとんどの場合、攻撃グループについて何らかの情報を持っているはずです。その種類は様々で、以前のインシデントや自社環境内に対する攻撃情報などの**内部情報**や、研究者やベンダー、第三者から提供される**外部情報**も考えられます。。理想的には、脅威の全体像を最大限に引き出すためには、両方のタイプを組み合わせることが望ましいといえます。

戦略的および戦術的インテリジェンスは、この段階ではどちらも有益です。攻撃グループに関する戦略的インテリジェンスは、潜在的な動機や目標、最終的な目的はどこにあるのか、攻撃グループに関する情報を提供することができます。戦術的インテリジェンスは、典型的な戦術と方法、好んで利用するツール、以前の攻撃基盤、および決定フェーズで検索可能なその他の情報など、攻撃グループが普段どのように攻撃を実行するかについて、詳細な情報を提供してくれます。

また、攻撃グループが単独で攻撃することが多いのか、あるいは他の攻撃グループと一緒に攻撃に参加する傾向にあるのか、把握することは非常に難しいですが有益な情報といえるでしょう。スパイ活動グループの一部は、いくつかのグループ間でタスクを分けることで知られています。1つのグループは初期アクセスに焦点を当てる一方、別のグループは目標を達成することに注力し、最後のグループは将来の活動のためにアクセスを維持することに注力します。この場合、ネットワーク内に複数の攻撃グループと複数の活動の兆候があるかもしれませんが、複数の攻撃グループが共同参加しているパターンに一致するのか、あるいは別々の攻撃グループが独立して攻撃を実施しているのか、さらに分析する必要があります。

マルウェアを使用した攻撃グループの特定

数年前、マルウェアや攻撃時に使用されたツールに基づいて攻撃グループを分類するのが一般的でした。PlugXは、当時を説明する完璧な事例です。もともとはNCPH Groupによって作成され、独占的に使用されていたと考えられていました（https://securelist.com/plugx-is-becoming-mature/57670/）。それ以降PlugXは販売されており、様々な攻撃グループによって幅広く利用されています。マルウェアに基づく属性情報を分析する時代は終わりました。攻撃ツールやRATの多くは、様々な攻撃グループによって公開、販売、再利用されています。マルウェアのみで属性情報を特定するのではなく、目標や動機、行動やその他の戦術など、様々な要因を考慮する必要があります。しかし、以前に使用されたマルウェアを特定すること自体は調査フェーズで有用であり、調査に役立つ追加情報の特定につながる可能性があります。

4.1.2 有用な調査情報

調査フェーズでは、F3EADサイクルの決定フェーズで役立つ情報を開発することが最大の目標です。最も有益な情報は、攻撃者が変更することが難しい情報です。インシデント対応の専門家であるデービット・ビアンコ氏（David J. Bianco）は、図4-1に示す**痛みのピラミッド**（Pyramid of Pain）を提唱し、攻撃者への影響を表現しました（https://detect-respond.blogspot.com/2013/03/the-pyramid-of-pain.html）。

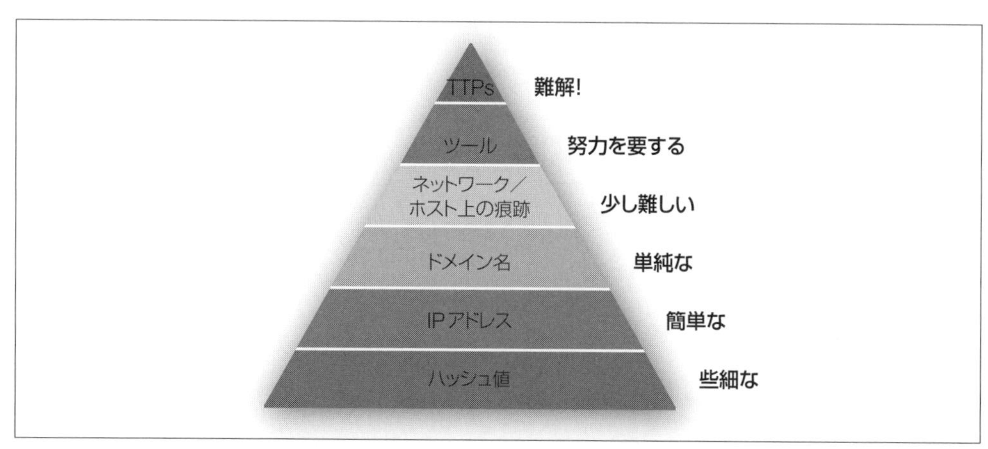

図4-1. 痛みのピラミッド

痛みのピラミッドは、変更の難しさに対応した攻撃者のツール群と目的が、様々なタイプの情報とどのように関係しているのか表現したモデルです。下に行けば行くほど、攻撃者が定期的に変更できるという特徴があります。例えば、ハッシュ値を変更するためマルウェアを再コンパイルしたり、C2通信を変更するためドメイン名に新しいIPアドレスを設定するなど、悪意のあるソフトウェアを微修正したり、ネットワーク情報を変更することにより、簡単に情報を変更可能です。一番上には、コア技術や手法など攻撃グループが誰なのかを示す重要な能力を記載します。

インテリジェンス vs. 情報

現在、私たちは脅威**インテリジェンス**ではなく、脅威**情報**に注目していることに留意してください。インテリジェンスは、特定の質問に答えるために分析された情報です。このことについて、後にF3EADプロセスを使って説明します。この初期段階では、われわれが発見できる有益な情報を集め、それを分析して残りのフェーズに含めるかどうかを決定します。

では、このモデルをどのように使用すればよいのでしょうか？ 痛みのピラミッドを理解することは、IOCが持つ様々な種類の相対的価値と時間的性質を理解することです（次のセクションでより詳しく説明します）。では、ハッシュは役に立たない情報なのでしょうか？ いえ、ハッシュは多くの状況でとても役に立ち、調査のための素晴らしい出発点を提供します。しかし、簡単かつ頻繁に変更されてしまいます（場合によっては、マルウェアの一部を再コンパイルするだけで変更できてしまいます）。逆に、SQLインジェクションを使用してウェブサイトを改ざんすることに長けている攻撃者は、ゼロデイ攻撃を使用してスピアフィッシング攻撃を行う戦術を切り替えるのは比較的難しいといえるでしょう。つまり、脅威情報が来たら、ピラミッドの上部に向かって情報を使いこなしていくことが好ましいといえるでしょう。インシデント対応とインテリジェンス分析の共通の目標は、ピラミッドを上に移動して、セキュリティ対策を攻撃者が回避することをより困難にすることです。

4.1.2.1　IOC（Indicator of Compromise）

収集可能で、「痛みのピラミッド」で低いレイヤーにある単純なデータを、一般にIOCと呼びます※1。IOCの初期の定義は、Mandiant社※2のOpenIOCウェブサイトからきています（OpenIOCはIOCに関するMandiant社独自の定義で、MIR製品※3と互換性があります）。IOCは様々な形式で提供されますが（詳しくは次章で説明します）、これらは全て同じ方法、すなわち「既知の脅威、攻撃者の方法論、または他の侵害を示す証拠を特定するための技術的特性の記述形式」として定義されています。

※1　訳注：一部のホワイトペーパーなどでは「侵害指標」と訳されることもありますが、本書ではIOCで統一します。
※2　訳注：Mandiant社はインシデント対応を強みとするセキュリティ企業として知られていましたが、2014年にサイバー攻撃対策製品で有名なFireEye社に買収されました。
※3　訳注：Mandiant Intelligent Response(R)シリーズとして知られるMandiant社の製品。

> **OpenIOC vs. 伝統的なIOC**
>
> ほとんどのアナリストは、技術的な脅威情報の1つ1つをIOCとして取り扱っています。しかし、OpenIOCは個々の脅威情報をもとにインジケータを作るのではなく、特定の脅威に関する複数のインジケータをグループ化し、複合的なインジケータを作ることを提案しています。これは、元のコンセプトと、業界が採用したIOCとの単純な違いです。他の組織では独自のIOC形式を作成しています。最も有名なものは、MITRE社の脅威情報構造化記述形式（STIX）です。

IOCは、通常、痛みのピラミッドの下部レイヤーにある個々の情報に焦点を当てています。これらは、情報が見つかった場所に基づき、細分化することができます。

ファイルシステムインジケータ（Filesystem Indicators）
　ファイルハッシュ値、ファイル名、文字列、パス、サイズ、ファイルの種類、証明書

メモリインジケータ（Memory Indicators）
　文字列、メモリ構造

ネットワークインジケータ（Network Indicators）
　IPアドレス、ホスト名、ドメイン名、HTMLパス、ポート、SSL証明書

各タイプのインジケータはそれぞれ独自の用途を持ち、（ネットワークを監視していたのか、システムを監視していたのかにより）異なる場所で発見され、形式に応じて様々ツールで役立ちます。

4.1.2.2 振る舞い

攻撃者が変えることがさらに難しい内容として、振る舞いが挙げられます。これは、TTPsとして痛みのピラミッドの最上位レイヤーに位置しています。このレイヤーは、ツール自体よりも、攻撃者の目標を達成するためにどのようにツールが使用されているかに焦点を置いたインジケータです。振る舞いは抽象的であり、IOCのように簡単に記述することはできません。

攻撃者が3章で紹介したキルチェーンの各フェーズをどのように達成するか、振る舞いの観点から考えていきたいと思います。いくつか仮説を以下に示します。

偵察
　（通常は推論に基づいていますが）攻撃者は一般に、オンラインで見つかった会議の議事録文書などに基づいて、攻撃対象を決定します。

武器化
　攻撃者は、Microsoft Word文書内のVBAマクロを使用して攻撃することを決定します。

配送

攻撃者は、偵察中に確認された会議議事録文書の情報に基づいて、偽の業界団体からのフィッシングメールを送信します。

攻撃

被害者が添付されたWord文書を開くと、攻撃者のVBAマクロが実行され、第2段階のペイロードをダウンロードします。

インストール

攻撃者は、第2段階のペイロード（RAT）をインストールするために権限昇格を試みます。そして、ログインのたびにペイロードを起動し、システムにおける持続性を確保します。

コマンド＆コントロール

RATは、マイクロブログサービスへ接続し、C2通信を行うために暗号化通信をやり取りします。

目的の実行

攻撃者は、技術的なネットワーク図と電子メールを圧縮し、ファイル共有サービスへアップロードします。

インテリジェンス駆動型インシデント対応における今後の手順で使用するため、活用できそうな情報は必ず文書化し、後で思い出せるようにしてください。※4

4.1.2.3 キルチェーンの活用

攻撃者中心のターゲット選定アプローチは、良い出発点を提供してくれることが多々あります。なぜならキルチェーンと組み合わせた場合、最もわかりやすいモデルとなるためです。調査開始時に提供された情報は、おそらくキルチェーンのフェーズの1つから得られている可能性が高いといえます。もし読者の運が良ければ、2つ以上のフェーズから情報を得られるかもしれません。ここで取るべき次の戦略は、キルチェーンの前後のフェーズを使い、探すべき他の情報の有無を決めることです。既存の情報がキルチェーン内のどこに位置付けられるか特定することで、他にどこを探すべきかを判断できます。前述の例でいえば、「攻撃フェーズで攻撃者がWord文書のマクロを使用していた」ことが、攻撃者について知っている唯一の情報である場合、インストールフェーズを調査します。そして、権限昇格に関する痕跡を調査し、攻撃に成功したか否か判断することができるでしょう。別のアプローチとして、キルチェーンにおける前フェーズ、配送フェーズ側の分析を行うことです。例えば、受信した電子メールに関連して、送信者または件名を調べる方法があります。万が一、攻撃を示す確実な証拠を残していなかったとしても、自分が探すべきポイントを知っている場合、何らかの類似点を特定することができる

※4 訳注：こうした攻撃者の振る舞いやTTPsを記述する方法として、IOA（Indicator of Attack）という概念が提唱されています。IOCとの違いについては、CrowdStrike社の記事を参照してください。
https://www.crowdstrike.com/blog/indicators-attack-vs-indicators-compromise/

でしょう。

シナリオ:キルチェーンの構築　新しい攻撃者のためにキルチェーンを再構築することは、たとえ最初は特に記載できる情報がほとんどなくても、自分の理解を確認するために最適な方法です。キルチェーンモデルが持つ利点の1つは、仮に大部分についてわからない状態でも、次に何を探すべきか理解するためのフレームワークを提供してくれることだといえます。

私たちの場合、別の組織でも読み回されている1つの内部向け報告書から調査を開始しました(実際、このレポートは2014年にOperation SMNレポート[http://www.novetta.com/wp-content/uploads/2014/11/Executive_Summary-Final_1.pdf]として公開されました)。別のセキュリティチームは、このレポートが有用であると判断したため、このレポートを使用してGLASS WIZARDとして知られる攻撃グループのキルチェーンを構築し、既知の情報と私たちが抱えているギャップを文書化します。

GLASS WIZARDのキルチェーン

- 目標
  - GLASS WIZARDは、経済、環境、エネルギー政策機関、ハイテクメーカー、サービスプロバイダーなど、様々な業界を攻撃対象としている
  - GLASS WIZARDは様々な国内産業を攻撃対象としており、国内のセキュリティを狙い撃ちしていると考えられる
- 偵察
  - 不明
- 武器化
  - OSレベルのコードサイニング証明書保護を回避するため、盗んだ証明書を利用する
- 配送
  - スピアフィッシング攻撃
  - ウェブサイト侵入による水飲み場型攻撃
  - 公開サービスに対する直接的な攻撃
- 攻撃
  - 不明
- インストール:ホスト
  - 様々なマルウェアを利用(Poison Ivy、Gh0st Rat、PlugX、ZXShell、Hydraq、DeputyDog、Derusbi、Hikit、ZoxFamily[ZoxPNG、ZoxSMB])
  - ローカルエクスプロイト(Local Exploit)、ZoxRPCツールなどを利用したリモートエクスプロイト(Remote Exploit)、他のシステムで奪取した認証情報を利用した権限昇格
- インストール:ネットワーク
  - 不正に奪取した認証情報とRDPなどの標準的なネットワーク管理ツールを利用してネットワーク内部を徘徊する

- 他のホストに別のマルウェアをインストールする可能性も考えられる
- コマンド&コントロール
  - ターゲットとキャンペーンごとに分離された攻撃基盤（再利用は最低限とする）
  - DNSPODとDtDNS DNSプロバイダーを好む
  - <ターゲット>.<所有ドメイン>.<TLD>というドメイン名のパターン
  - 正当な通信内に攻撃用通信を紛れこませるため、別途侵入できたインフラ環境を攻撃基盤として活用する
- 攻撃の目的
  - 大多数の端末に侵入し、役立ちそうな資料を素早く特定し、利用可能なモノからゴールを調整する
  - 攻撃対象端末でカスタムスクリプトを実行
  - 情報の持ち出し？

個々のアイテムが複数のカテゴリに分類されることがあります。私たちのキルチェーンでは、公開サービスに対する直接的な攻撃は配達フェーズの1つですが、攻撃フェーズとして記述することもできます。場合によってはこうした分類を考えることが重要になるかもしれませんが、より注力すべきは、以下にこうした情報をキルチェーンに取り込むかという点です。分類についてはいつでも編集することができるので、キルチェーンを作成するときにはどのフェーズに分類すべきか、といった議論にあまり時間を割くべきではありません。繰り返しますが、これは単なるモデルなので完璧ではありません。うまく活用することが重要です。

キルチェーンの一部ではありませんが、このレポートが教えてくれる情報として、以下のような関係する攻撃グループ、キャンペーン、攻撃活動などが挙げられます。

- APT 1
- DeputyDog
- Elderwood
- Ephemeral Hydra
- Operation Aurora
- Operation Snowman
- 中国人民解放軍（PLA）第三旅団　61486部隊・61398部隊
- Shell Crew
- VOHO Campaign

関係する攻撃グループが、私たちの調査にどのように関連しているかは多くのことに依存します。しかし、現時点では関連性を否定せず、予断を持たずに考えるべきでしょう。さらに、様々なリンクがレポートの情報源として構成されています。これらのレポートも参考にし、おそらく後で分析する必要が

あります。

今度は、GLASS WIZARDについての今ある情報に基づいて、最初のキルチェーンを考えてみましょう。現時点の理解には大きなギャップがありますが、徐々にこの差異は埋まっていくでしょう。この攻撃グループが私たちの組織に入るために使ったテクニックのいくつか把握していますし、彼らが侵入してきた後、どんな行動をするかについてはかなりの情報を持っています。残りのF3フェーズ（F3EADフレームワークの調査・決定・完了フェーズのこと）の作業では、攻撃者の追跡を試みて、空白を埋めるために情報を利用します。

4.1.2.4 目標

攻撃者の目標は、調査フェーズで収集する全ての情報の中で最も抽象的です。なぜなら多くの場合、目標がどこかにわかりやすく書かれていることはなく、アクションから類推する必要があるからです。しかし、攻撃者の目標は、たとえ防衛側に特定されたとしても、めったに変化することはないでしょう。特定の目標を持つ攻撃者は、検知を避けるためにTTPs、ツール、インジケータを変更することはあっても、目標そのものを変更することはありません。攻撃者がどんな技術を使用し、どのように活用するかにかかわらず、目標を目指して行動してきます。その結果、目標が変更できないことから、攻撃者の振る舞いは最も変更しづらい要素となり、攻撃者を追跡するうえで重要な属性情報として機能します。

攻撃者の副業

攻撃者は、ときどき**副業**を行うことがあります。異なる戦略目標を持つ、違う種類の攻撃作戦を引き受けて、根本的に違う目標のために、同じTTPsを使用して攻撃を行うことがあります。例えば、スパイ活動グループが突然、情報や金銭を窃取する犯罪行為に加担することがあります。または犯罪グループは、スパムメールを送信するために用意したボットネットを活用して、DDoS攻撃を行うかもしれません。こうした活動は、別の攻撃キャンペーンに向けた攻撃基盤の開発や、個人的な利益を得るためなど、別の作戦を推進する場合もあります。

攻撃者が目標を変更することは、重要なデータであり、常に注意深く監視する必要があります。それは関心が変わったことを意味しているかもしれませんし、新しいタイプの攻撃の準備かもしれません。こうした情報は、攻撃者の帰属情報と戦略的関心について、いろいろと示唆を与えてくれます。

GLASS WIZARDの目標は以下の通りです。

- GLASS WIZARDは、経済、環境、エネルギー政策機関、ハイテクメーカー、サービスプロバイダーなど、様々な業界を攻撃対象としている。
- GLASS WIZARDは様々な国内産業を攻撃対象としており、国内のセキュリティを狙い撃ちしていると考えられる。

これらをよりよく理解し、キルチェーンを更新するために、元のレポートを読み直す価値があるかもしれません。

4.2 資産中心のターゲット選定アプローチ

資産中心のターゲット選定アプローチ（Asset-Centric Targeting）は保護すべき全ての資産と業務を支える特定のテクノロジーに焦点を当てていきます。ネットワークに対する攻撃について特定の情報がなく、攻撃や侵入の兆候がどこでどのように見えるかを理解したい場合、非常に便利なアプローチです。

このタイプのターゲティングの最も顕著な例の1つは産業制御システム（ICS）です。ダム、工場、電力系統などを制御する産業制御システムは、特殊な知識を利用しなければ攻撃が難しい特殊なシステムです。脅威インテリジェンスチームは、産業制御システムに対する理解、アクセス方法、およびテスト攻撃の能力に基づいて、攻撃者を絞り込むことができます。

特殊なシステムが関わるケースでは、非常に複雑なシステムだけでなく、多くの場合、非常に高価なシステムについても考える必要があります。攻撃者のプリキルチェーンフェーズ（Pre-Kill Chain Phase）では、脆弱性を見つけて適切なソフトウェアを入手し、攻撃コードをテストする環境を作るために膨大な時間と労力を割かなければなりません。

保護しているシステムに対して、どんな能力があれば攻撃できるのか理解することは、資産中心のターゲット選定アプローチを活用する際の重要なポイントになります。なぜなら、該当するテクノロジーを攻撃する際に役立つインジケータやツールの種類に焦点を当てることができるからです。攻撃者が攻撃できるように投資するシステムは全て機会費用です。つまり、同じレベルのリソースを必要とする別の種類のテクノロジーに対して、同じ時間とリソースを費やすことはできません。例えば、チームが産業制御システムを攻撃することに力を注げば、自動車技術を攻撃する研究に使うリソースはありません。

第三者による調査研究は、技術的攻撃を良い面でも悪い面でも支援する性質を持っています。攻撃者目線では、技術の研究を助け、時間とリソースを節約することができる一方、防御側の目線では、攻撃者がどのように攻撃してくるか、どのように防御すればよいかを理解する助けとなります。多くの防御側チームは、トピック固有の問題を掘り下げる必要に迫られることはまれですが、このアプローチは攻撃者／防御側のパラダイムに焦点を当てています。

4.2.1 資産中心のターゲット選定アプローチの活用

資産中心のターゲット選定アプローチは、攻撃者が狙う資産に焦点を当てるため、この方法を最大限に活用する組織は、産業制御、発電、自動運転車、ドローン、あるいはIoTなどの独自の技術を利用する組織でしょう。個々の技術についてそれぞれ考慮すべきことがあるため、通常のキルチェーンモデルをもとに個別最適化されたキルチェーンを利用する必要があります。産業制御システムの専門家として有名なロバート・リー氏（Robert M.Lee）は、彼の論文『産業制御システム向けのサイバーキルチェーン』で、資産を中心とした独自のキルチェーンを構築できることを示しました (http://bit.ly/2uK7dMx)。

GLASS WIZARDの場合はどうでしょうか? これまでは、資産中心のターゲット選定アプローチに役立つ情報はありませんでした。大部分の攻撃グループと同様に、GLASS WIZARDは幅広いシステムをターゲットにしています。これは、おそらくActive Directoryによって管理されている一連のネットワークとMicrosoft Windows OSで動いているシステムを狙っていると考えるべきでしょう。これは、攻撃者に最も大きな攻撃の機会を与えます。資産中心のターゲット選定アプローチは、詳細かつ特定の内容に関する資産を持っている場合に、効果を発揮します。多くの場合、攻撃グループ自体が、見つけることが難しいシステムをターゲットとしているという特徴を持っているため、自分たちが特定されやすいことを知っています。

4.3 ニュース中心のターゲット選定アプローチ

少し皮肉な表現ですが、自己管理ができていない組織で行われる最も一般的なターゲット方法の1つは、CNN中心のターゲット選定アプローチ (CNN Centric Targeting) やニュース中心のターゲット選定アプローチ (News-Centric Targeting) と呼ばれています。これは通常、ニュースの報道を見たり、非公式なコメントを聞いたりした経営層が、脅威分析を担当する脅威インテリジェンスチームに、そのニュースを共有することから始まります。

誤解がないように書くと、こうした調査はまったく悪いことではありません。ジャーナリズムとインテリジェンスは、非常に密接に関係しています。伝統的なインテリジェンス組織でさえ、ニュースを情報源として監視する理由もそこにあります。現在発生しているイベントは、組織のインテリジェンス要求に劇的な影響を与えます。重要な点は、曖昧な問い合わせが、より適切かつ詳細に定義された内容に精緻化されていく点です。例えば、ステークホルダーが、「法務長官が、中国のハッカーたちが米国企業に侵入した場合……」というニュース記事 (https://edition.cnn.com/2014/05/19/justice/china-hacking-charges/) を見た場合、自分の組織に関連するかどうかを知りたいと言ってくるでしょう。こうした質問に答えるためには、考慮すべき重要なポイントがいくつかあります。

- 最初に記事を読んだり、該当するビデオや、関連メディアを確認する時間を取りましょう。どんなグループが攻撃者として指摘されているでしょうか? また、攻撃者のみに注目するのではなく、犠牲者や関連する第三者にも焦点を当てましょう。
- 共有された記事では、特定の攻撃グループについて解説しています。その攻撃者について何を知っていますか?
- どんな質問がされているでしょうか? 汎用的な質問から始めて、徐々に質問の範囲を狭めていきましょう。まず、記事やビデオに言及されている名前を調べて、自分の所属する組織でもないし、あるいは関連もしていないと判断することは難しくないでしょう。そのうえで、さらにより深い質問に入りましょう。真の質問はおそらく、「国家が支援している攻撃グループ (State-Sponsored Actors) により、知的財産が漏洩する危険にさらされているか?」となるはずです。
- 可能であれば、侵害されたか否か、あるいは同様の攻撃が試みられた場合に備えて対策を検討するのに役立つ情報を特定します。これは調査フェーズの素晴らしい点です。正式なプロセスの一部とすることで、要求の発生に関係なく、前に進むために役立つ可能性のある情報を特定できるからです。

このタイプのターゲット選定は、思いつきの、あるいは迷惑なリクエストとして捉えるのでなく、情報提供のための非公式なリクエストとして捉えるとよいでしょう。情報への要求は、外部からの調査サイクルの方向性を決定するプロセスです。この概念については、後ほど詳しく説明します。

4.4　第三者通知によるターゲット選定アプローチ

チームが持つ最悪の経験の1つは、同業他社、法執行機関、最悪の場合ブライアン・クレブス氏のブログにおいて、組織の情報漏洩が報告されたときでしょう。第三者が情報漏洩を通知した場合、ほとんどのターゲット選定は自分のために行われます。通知した第三者は攻撃グループ（または攻撃グループに近づくための手がかり）について、うまくいけばいくつかの手がかりを提供してくれるでしょう。そこから、インシデント対応フェーズが開始されます。与えられた情報を最大限に活用する方法を模索します（次の章で詳しく説明します）。

第三者通知によるターゲット選定アプローチ（Targeting Based on Third Party Notification）は、主に通知者から得られるその他のものに重点を置いています。できるだけ多くの情報を得るため、あなた（コミュニケーター）と所属する組織が以下の重要な姿勢を持っており、情報提供の信頼に値する組織であることを示す必要があります。

- 実行力（Actionability）
- 機密性（Confidentiality）
- 運用上のセキュリティ（Operational Security）

第三者の通知においてインテリジェンスを共有することは、主に共有する側が取るべきリスクです。情報源やその手法を保護するのは難しい作業ですが、赤の他人に情報を提供することは情報のコントロールができないため非常にハードルが高いといえます。その結果、情報を適切に処理すること、言い換えれば保護（機密性と運用上のセキュリティ）を適切に行いながら活用できるか（実行力）否かは情報の受け手に大きく依存します。

結果として、第三者が情報を共有したのが初めてである場合、攻撃者が利用する攻撃基盤のIPアドレスとインシデントのタイムライン以上の情報について、共有には消極的な場合があります。情報の受け手が確認され、共有したインテリジェンスを活用し、信頼できるユーザーであることが示すことにより、より多くのコンテキスト情報が共有される可能性があります。この種のタイプのやり取りは、ISAC、メーリングリスト、共有チャットのような非公式のグループといった情報共有グループの背後にある基本的なアイデアです。成熟した組織も発展途上な組織も、こうした共有グループのメンバーになることにより、利益を得ることができます。自分の組織ができることを分かち合い、共有されていることに取り組む姿勢があることを確認してください。特定の情報について組織が共有できるコンテキスト情報が増えれば増えるほど、他の組織が当該情報をより簡単かつ効果的に利用できるようになります。

多くの組織で議論になることテーマの1つは、情報を共有する権限を得ることです。ほとんどの組織は、他のセキュリティチームや研究者からの情報を入手することには積極的ですが、情報を共有することには消極的です。これは当然の懸念ですが、情報共有の枠組みを活用するためには、組織としてその懸念を乗り越えなければなりません。これは、子供のことわざにある通り、「あなたが共有しなければ、誰もあなたと分かち合うことができない」という状態です。多くの場合、法務チームに関与してもらい、情報の共有に関する一連のルールを策定する必要があるでしょう。

4.5 ターゲット選定の優先順位

調査フェーズのこの時点では、多くの情報を収集し、分析しているでしょう。次のフェーズである決定フェーズに進むためには、この情報に優先順位を付けて、その情報を活用する必要があります。

4.5.1 ニーズの緊急性

ステークホルダーからのリクエストの優先順位を付ける最も簡単な方法の1つは、ニーズの緊急性に基づいて判断する方法です。あるセキュリティベンダーが特定の攻撃グループに関する脅威レポートをリリースしたとしましょう。現時点でCISOがそのことについて質問しているでしょうか？ 攻撃的な脅威グループが所属していると思われる国家に対して、影響を与え得る意思決定を今まさにしようとしており、状況の評価を求めているでしょうか？ 緊急性のあるニーズがある場合は、優先順位を付ける必要があります。

調査フェーズのアクションの緊急度を判断するのは難しいことです。新しく新鮮なリード（＝断片的な情報）を優先して収集することは簡単です。一方、経験により緊急度を決定すれば、より遅く、より懐疑的なアプローチにつながるでしょう。また、直感やランダムな情報を追跡することも簡単でしょう。言い換えれば、リードをどれくらいの緊急性をもって処理する必要があるか判断する感度を持つことが重要となります。重要な点は、潜在的に悪意のある活動の緊急性にとらわれず、たまには立ち止まってみることです。経験豊かなインシデント対応担当者の多くは、重要そうに見える事案に深く巻き込まれたものの、後であまり重要でないマイナーな事象であることに気付くという残念なストーリーを経験しています。

4.5.2 過去のインシデント

緊急性の高いニーズが存在しない場合、収集の優先順位を決めることに時間を割いておく価値があるでしょう。最新の脅威や最新のベンダーレポートの情報収集を行うことは簡単ですが、ほとんどの場合、最初の起点は過去のインシデントです。

多くの攻撃者は楽観主義的で、脆弱なシステムや誤った設定などを悪用する1回限りの攻撃を行います。これは、ハクティビスト、あるいはあまり洗練されていない攻撃者に共通して見られる傾向です。他の攻撃グループは継続的に攻撃を行い、異なるターゲットに対して同じツールを頻繁に使用します。こうした洗練された攻撃グループを追跡することは、脅威インテリジェンスプロセスの最も有用な実践的活動の1つです。多くの場合、過去のインシデントを分析することで、将来の攻撃を検知するための示唆を得ることができます。

過去のインシデントから調査を開始するもう1つの利点は、インシデントレポート、観察事項、およびマルウェアやドライブなど、情報を引き出せる大量のデータが存在しているという点です。過去のインシデントの詳細や欠落した部分は、調査フェーズで再調査することができます。

4.5.3　重要度

このフェーズで特定した情報は、収集した他の情報よりも運用上大きな影響を与えることがあります。例えば、調査フェーズにおいて、重要情報を扱うネットワーク内で攻撃者が動き回っている横断的侵害（Lateral Movement）の兆候が明らかな場合、その情報は、「外部のウェブサーバに対してスキャンを実行している攻撃グループが存在する」という情報よりもはるかに優先されます。どちらの問題も検討する必要がありますが、横断的侵害の潜在的な影響は他の問題と比較して明らかに高いといえるでしょう。優先順位の高い問題を先に解決する必要があります。重要度は、特定の組織にとって重要な事柄に基づいて判断されるため、組織によって異なります。

4.6　ターゲット設定活動の管理

調査フェーズの主な成果をどのようにまとめ、検証するのか、その方法論を理解することも重要です。10分か10時間かにかかわらず、時間を取って実際に目の前にある情報を読み解き、潜在的に何が起こっているのかを理解することは、前進するうえで重要な姿勢になります。収集し、分析した全ての情報を管理可能な形式に整理する必要があります。

4.6.1　ハードリード（Hard Leads）

ハードリードには、調査に具体的な関連性があることを確認した情報が含まれています。ハードリードに分類されるインテリジェンスは、既に分析され、関連性があるとわかっているコンテキスト情報を提供します。こうしたリード情報はネットワークの一部で見られるため、調査フェーズでは、ネットワークのその他の部分において、関連するアクティビティがあるか否か調査を行います。インテリジェンスのどの部分がインシデントに直接関係しているのか、どの部分が無関係の可能性があるのか、理解することが重要です。3章で説明したデータの情報源と同様に様々な種類のリードは、全て役に立ちます。こうしたリードはただ異なる方法で使用されているだけです。

4.6.2　ソフトリード（Soft Leads）

調査フェーズで発見した情報の多くは、ソフトリードに分類されます。**ソフトリード**は、ハードリードの一部に関連する追加のインジケータや、攻撃者の行動に関する情報です。しかし現時点では、こうしたインジケータが現在の環境にも存在するか否か、またその解釈を行うことはできません。それは、決定フェーズで実行されます。ソフトリードには、類似した組織を対象とした攻撃に関するニュースや、警戒すべき脅威ではあるが自組織に影響を及ぼすかわからない、情報共有グループによって共有されている脅威情報なども含まれます。ソフトリードには、行動ヒューリスティックなどの情報、言い換えれば具体的な情報ではなく特徴ある攻撃者の活動パターンも含まれています。この種の検索は、技術的に困難なことが多いですが、重要な結果をもたらし、多くのインテリジェンスを生成する可能性があります。

4.6.3 関連するリードのグルーピング

特定したリードが、ハードリードなのかソフトリードなのか特定することに加え、どのリードがお互いに関連しているか把握することも良いアイデアです。対応中のインシデントや、過去のインシデントから得られたハードリードの存在は、多くの場合、決定フェーズで探すべき複数のソフトリードを導いてくれます。これをピボット（pivoting）と呼び、情報の1つを使って、既知、あるいは未知の情報群の特定につなげる技術を指します。多くの場合、最初に得たリードでは限られた情報しか得られないかもしれませんが、ピボットは非常に重要です。どのソフトリードがハードリードに関連しているか、どのソフトリードが相互に関連しているかを把握することで、調査結果の解釈と分析に役立ちます。調査フェーズでは、自分の環境に対する脅威情報を特定するため、時間と努力を惜しんではいけません。情報の再分析に時間を費やしたくないですが、時間を割く必要があります。なぜなら、どこから取得したのか、最初に気になった理由を覚えていないからです。

これらのリードは全て、後続のフェーズに移行して情報を簡単に追加できるように保存し、文書化する必要があります。この情報を文書化するには様々な方法があります。多くのチームでは、昔ながらのExcelスプレッドシートを使用しています。一方、インジケータの保存、メモやタグの追加、場合によってはインジケータのリンクなどの保存も可能にする、脅威インテリジェンスプラットフォーム（TIP：Threat Intelligence Platform）へ移行している組織もあります。この基盤には、オープンソース製品と商用製品があります。インシデント対応プロセスのこの段階において最も重要なポイントは、現在のワークフローと互換性があり、何が発見されたか、まだ検証や調査に必要なものは何か、チーム内で可視化できることです。同じ作業を繰り返したり、適切な調整が行われないため、多くのチームが調査フェーズで必要以上に多くの時間を費やしていることがわかっています。こうした罠にどうかはまらないでください！ 脅威に関する情報を調査し、適切に文書化したら、次の段階に移りましょう。

4.6.4 リードの保存

インシデント対応活動とインシデント管理の追跡については7章までは説明しませんが、リードの追跡については少し議論をしておきましょう。全てのインシデント対応担当者は、以前に見たリード内の情報だけではそのコンテキスト情報を理解することは不可能でした。リードについてメモする時間を取ることは、たとえノートブックに1行書くだけでも、有益です。リードを保存するための確実なフォーマットは次の通りです。

リード

観察・アイデアの概要

日時

いつ確認されたのか？（後でコンテキスト情報を取得するため、あるいは、SLAのために重要）

コンテキスト情報

どのようにリードを発見したか？（調査時に役立つことがあるため）

アナリスト名

誰が見つけたか？

このアプローチはシンプルかつ簡単ですが、効果的です。これらのリードを利用可能な状態にすることで、より積極的なセキュリティ対策の起点となり、多くの場合、進行中のインシデントのコンテキスト情報に活用することができます。

4.7　インテリジェンス要求のプロセス

リードと同様、インテリジェンス要求（RFI：Request for Intelligence/Information）とは、外部のステークホルダーから、インシデント対応、あるいはインテリジェンスサイクルを動かすプロセスです。このプロセスは、要求を統一し、優先順位を付けることを可能にし、適切なアナリストを割り当てることを目標としています。

インテリジェンス要求は、（1文もしくは文書へのリンクなど）簡単な形式の場合もあれば、（仮想的なシナリオや複数の注意事項を含む）複雑な形式の場合もあります。良いRFIには、以下の情報を含める必要があります。

依頼内容

問われている質問のサマリー

依頼者

誰に要求された情報を返信するか記録するため

（期待される）成果物

様々な形式が考えられる。期待される成果物の形式は、IOCか？ メモか？ プレゼンテーションか？

参考情報

資料についての質問、あるいは資料により発生した質問だった場合、その資料を含めて共有すること

対応期限・優先順位

いつまでに完了させるべきか、優先順位を決定するために必要

上記をもとに、RFIプロセスは組織内で適切に実行できる必要があります。統合がキーワードです。ステークホルダーは、ポータルあるいは電子メールなどでリクエストを提出し、情報を受け取るための簡単な仕組みを持つ必要があります。大量の非公式RFIによって頻繁にリソースが逼迫(ひっぱく)する場合は、正式なシステムを設置することが、作業負荷を軽減する最善の方法の1つです。RFI、特にインテリジェンス成果物については、9章で詳しく説明します。

4.8 まとめ

調査フェーズはF3EADプロセスの重要なフェーズで、探しているものを明確に特定することができます。調査フェーズは、ターゲット選定とよく似ており、インテリジェンスサイクルの要求と方針策定のフェーズに密接に関連しています。あなたのタスクは何であるか、どんな脅威に対処しているのかわからなければ、適切に対処するのは難しいでしょう。調査フェーズは、サイクル内の他のフェーズの基礎となるでしょう。

各プロジェクトの調査フェーズにおいて、同じ時間を費やすことはできません。ときには自分のためにより深い調査を行うこともあれば、簡易的な調査しか行わない場合もあるでしょう。あるいは、同じ脅威の様々な側面から焦点を当てたり、チームで長期間にわたって取り組んだりするケースも考えられます。後者に直面したときは、情報を整理し、文書化し、リードの優先順位を付けて、探している情報を正確に含む包括的な標的パッケージで調査フェーズに移行できるようにしてください。

さて、誰が何を探しているのかがわかったところで、インシデント対応の技術的な調査段階を次の章で掘り下げて検討しましょう。これを決定フェーズと呼びます。

5章
決定フェーズ

"Never interrupt your enemy when he is making a mistake."
敵が間違いを犯しているときに、敵の邪魔をするな。
—Napoléon Bonaparte（ナポレオン・ボナパルト）

私たちはインテリジェンスを持っていると宣言するために、インテリジェンスを収集しているわけではありません。インテリジェンスは、戦略的計画を伴うアクションや、インシデント対応プロセスへのサポート提供など、アクションの支援を意図しています。インテリジェンスは、インシデント対応をいくつか重要な方法でサポートします。

- アラート基準を改善することにより、より良い出発ポイントを提供する
- 応答プロセスで特定された情報にコンテキストを付与する
- 攻撃者、攻撃手法、および戦術の理解

以前に特定されたインテリジェンスあるいは脅威データを使用して、攻撃者がどこにいるか（外部環境、または自分の環境）を特定するプロセスは、**決定（Fix）フェーズ**と定義します。F3EADの決定フェーズでは、調査フェーズで収集した全てのインテリジェンスが、ネットワーク上の攻撃活動の兆候を追跡するために活用されます。5章では、攻撃者が活動していることを決定する3つの方法、IOCの活用、TTPsとも呼ばれる攻撃活動のインジケータ、攻撃者の目標について説明します。

この章を執筆するのは難しく、包括的ではありません。なぜならば、この章で議論する多くのテーマそれぞれについて、本を1冊書くことができるためです。例えば、マルウェア解析を学びたい場合は、この本で紹介している内容だけでは不十分です。追加の専門書籍をいくつか読み、何か月もの実践的な訓練を行う必要があります。さらに、決定フェーズで採用されているアプローチの多くは、組織で利用されているテクノロジーに基づいて劇的に異なります（例えば、MacとLinuxのメモリ解析には類似点がありますが、Windowsはまったく別物です）。インテリジェンスへの応用へ焦点を当てるため、インシデント対応における重要な概念を取り上げ、特に技術と脅威インテリジェンスの関係性に焦点を当てていきます。また、様々なテーマを学習するために有益な参考文献も紹介していきます。

5.1 侵入検知

インテリジェンスは、様々な方法で侵入検知をサポートします。侵入を明らかにしたり、攻撃者の動きを検知したりする方法は幅広く存在するため、侵入検知をインテリジェンスに統合することは必ずしも単純なプロセスではありません。同様に、セキュリティへの姿勢と内部の可視化状況によって、攻撃者の活動を特定できる内容もおのずと決まってきます。

侵入を検知する方法は、イントラネットと外部ネットワークの通信から攻撃者の兆候を探し出すネットワーク検知と、エンドポイント上で攻撃者の兆候を探し出すシステム検知の2種類に分類されます。

5.1.1 ネットワーク検知

ネットワーク検知は、悪質な活動を示すネットワークトラフィックを検知する方法です。キルチェーンのいくつかの段階では、攻撃者と被害者のマシン間でネットワーク通信が行われ、インテリジェンスを利用してこうしたアクティビティを特定することができます。ネットワークトラフィックを利用して識別できるアクティビティは、次の通りです。

- 偵察フェーズ
- 配送フェーズ
- C2フェーズ、横断的侵害
- 「目的の実行」フェーズ

ただし、上記のアラート全てが同じように有効というわけではありません。それぞれの活動について、深く掘り下げてみましょう。そしてどのような状況下で有益か、避けなければならない場合はどんなときか、考えていきたいと思います。

5.1.1.1 偵察フェーズの検知

偵察フェーズの検知は、最初の手がかりとして最適といえるでしょう。結局のところ、ネットワークに興味がある潜在的な攻撃者を事前に特定できれば、攻撃を完全に防ぐことができます。残念なことに、偵察行為の検知は可能ですが、ほとんど価値がありません。なぜでしょうか？ ほとんどの場合、潜在的な偵察行為の総量が問題になるのです。ファイアウォールを使わずに直接インターネットでシステムを実行したことがある人はその理由がわかるでしょう。攻撃的なスキャンは絶えず行われていますが、その中には悪質なスキャンもあれば、正当な研究目的のスキャンもあります。セキュリティチームがスキャン活動をインジケータとすれば、非常に多くの数のサイバー攻撃が行われていると主張することができます。多くの場合、短期間で数百万の攻撃があると主張できるでしょう。しかしほとんどの場合、自動スキャンツールが実行されているだけで、実際の脅威とは関係ない場合がほとんどです。

要するに、もし全てのNmapスキャンやDNSのゾーン転送の検知に対処していたら、大量のノイズに対応しなければいけなくなり、具体的なアクションを取ることができなくなってしまいます。

これは偵察活動における情報収集が役に立たないということではありません。より高度な事例では、偵察活動の情報は欺瞞作戦（Deception Campaigns）を開始するのに理想的だといえます。このことは、次の章で詳しく説明します。

5.1.1.2 配送フェーズの検知

焦点を当てるべき具体的な検知の観点として、配送フェーズが挙げられます。ほとんどの場合、配送とは、電子メール（フィッシング）、ウェブサイト（水飲み場型攻撃）、またはウェブサービスへの侵入（ウェブアプリケーション、データベース、またはその他のサービスへの不正アクセス）を意味します。

配送フェーズにおける検知は、利用可能な技術に大きく依存します。電子メールは、検知に不向きであることが知られており、しばしば専用ツールの導入や既存ツールの大幅な変更が必要です。考慮すべき3つのポイントとして、添付ファイル、リンク、およびメタデータが挙げられます。

添付ファイル

ここ数年、最も一般的な配送方法は添付ファイルです。通常は攻撃コードを埋め込んだドキュメント形式です（一方、スクリーンセーバを装ったマルウェアなど、攻撃コードを含まないマルウェアを送付し、ユーザーが実行するように仕向けるソーシャルエンジニアリング的な手法も一般的です）。Adobe AcrobatとMicrosoft Officeはこの攻撃に利用される典型的なソフトウェアです。各組織は、ファイル名、ファイルタイプ、ファイルサイズ、またはコンテンツ内容の検査に基づいて添付ファイルを検知することができます（ただし、コンテンツ内容に基づく検知手法は、添付ファイルへの様々な埋め込み方法や圧縮方法を考えると検知が難しい場合があります）。

リンク

電子メール内の悪意のあるリンクが、マルウェア配布用のウェブページにユーザーを誘導し、ブラウザを悪用する方法です。ソーシャルエンジニアリング攻撃を利用して、ユーザーを偽のログインページに誘導し、ユーザー名とパスワードを取得し、認証情報の再利用を行う場合もあります（下記の囲み記事を参照してください）。

メタデータ

電子メール自体には、検知に利用できる様々なメタデータが含まれています。しかし、これらのデータは変更可能であるという特徴もあります。悪意のある電子メールのメタデータをもとに検知することは簡単ですが、攻撃者も簡単にメタデータを変更できてしまいます。とは言え、送信者のメールアドレス、IPアドレス、中継サーバ（これは、パターンが読み取りやすい情報です）、ユーザーエージェントデータなどの追跡情報は、全て検知に役立ちます。

（これらの一般的な方法以外にも）攻撃者が活動を開始する際の、新しくユニークな手口を特定することは、配送フェーズを検知するための追加的な手法となるでしょう。

認証情報の再利用

ベライゾン社のデータ漏洩／侵害調査報告書（Verizon Data Breach Investigations Report［https://www.verizonenterprise.com/verizon-insights-lab/dbir/］）によれば、認証情報の再利用は、攻撃者が継続的にネットワークにアクセスしてネットワーク内を動き回るなど、攻撃者が最もよく使う手口の1つであると多くのセキュリティ専門家がコメントしているそうです。攻撃者にとってユーザー名とパスワードを奪取することは困難ではないため、こうした手口がよく利用されることは非常に合理的です。ユーザーが脆弱なパスワードを利用する、パスワードを再利用する、あるいは過去漏洩したパスワードをもとにした辞書ファイルが多数存在するなど、攻撃者はネットワークに侵入する認証情報を簡単に特定することができます。一度内部ネットワークに侵入できれば、追加の認証情報を取得することはさらに簡単になります。加えて、多くのフィッシング攻撃は、ユーザー認証の奪取を目的としており、取得できた認証情報はネットワークにアクセスするために利用されます。

認証情報の再利用を監視することは困難です。結局のところ、正当なユーザーもネットワークにアクセスしてくるため、認証情報を再利用され、悪用されても、目立たないためです。しかし、適切なシステムがあれば、この動作を検知する方法があります。それは、奇妙な場所からのログインを検知することです。もしアリスがサンディエゴで生活して、働いているのであれば、イタリアからのログインは何かがおかしいという兆候でしょう。さらに言えば、普段ログインしない時間帯でログインされる、あるいは同時並行ログインが起きている場合は、何か変なことが起こっているという兆候だといえます。平時には、こうした疑わしいログインを検知できない場合でも、インシデント対応モードになり、ネットワークに攻撃者が存在することがわかったら、ログを使用して疑わしいアクティビティを探し出し、そのアカウントにフラグを立てることができます。そのアカウントについてさらに調査を行い、完了フェーズでパスワードをリセットします。

5.1.1.3 C2フェーズにおける検知

攻撃者は、最後は必ず各システムと通信を行う必要があります。配送フェーズとC2フェーズの間ではよく通信が発生しますが、こうした通信はシステムレベルで最も簡単に検知することができます。C2通信とは、マルウェアに具体的なアクションを実行させるために攻撃者とやり取りする通信のことで、必ずネットワーク通信が発生します。

C2通信には、共通の特徴が存在します。

通信先情報

これは、最も早く簡単なアプローチです。数多くの脅威インテリジェンス製品が、通信先のブラックリスト（悪性IPアドレス、悪性ドメインなど）を作成しており、常に更新を行っています。多くのツールはブラックリストを利用し、既知の悪意のある通信先へのアクセスを検知します。同時に、地理情報を活用し、未知の想定外な通信先についても検知を行っています（例えば、私のプリンタサーバが、場所もすぐに思い出せないX国へ通信を行っていたら、疑う価値がありますよね）。

内容

ほとんどのマルウェア通信は、検知を回避するために暗号化してメッセージをやり取りしています。具体的にどんな内容がやり取りされているか知ることは難しいですが、本来暗号化通信が発生すべきでない場所で、暗号化通信が流れていることがわかれば、防御側のチームに有益な情報を提供してくれます。他の通信に紛れるために、多くのマルウェアは一般的なプロトコルを悪用します。例えば、平文通信を行うポート80/TCPを介して、暗号化されたHTTPトラフィックを送信します。これらのコンテンツとプロトコルのミスマッチは検知を行う大きなきっかけになります。メタデータもまた、攻撃者が考慮しないコンテンツの1つです。例えば、疑わしいメタデータには、常に同じユーザーエージェント文字列または共通ヘッダが含まれています。

頻度

一般公開されたサーバへ侵入しない限り、外部からマルウェアに直接コマンドを送り始め、通信することは難しいでしょう。なぜならば、マルウェアが感染した端末はインターネットから直接アクセスできるネットワークに存在することは少ないためです。そのため、ほとんどのマルウェアは、内部ネットワーク上のホストからC2サーバへ接続します。これを**ビーコン**と呼び、通常定期的に通信を行います。例えば、攻撃活動中のマルウェアであれば数分ごと、あるいは、最初のマルウェアが削除された場合に再感染を可能にするためのバックアップ用マルウェアであれば数か月に1回、行われます。通信頻度のパターンを特定し、それを探し出すことも有効です。

間隔

ほとんどのマルウェアはそれほど賢くなく、送信されるメッセージはそれほど興味深い内容ではないこともあります。場合によっては、メッセージを暗号化しているにもかかわらず、メッセージの内容は特に意味のない内容である可能性があります。こうした通信が多くの頻度で行われる場合、常に同じバイト長を持つコマンドなしメッセージなど、パターンを読み取レル場合があります。

組み合わせ

1つの特性での検知は難しくても、こうした特徴を組み合わせることで効果を発揮する場合があります。パターンを発見し、パターンを検知する方法を構築するためには、時間を費やす必要があり、ときには運も必要となります。

多くの場合、既知の悪意のあるIPアドレスやドメインなど、C2通信に関連するインジケータを使って検知することが可能です。しかし、C2通信の性質をより理解することで、通信先が悪性であることを知らなくても、疑わしいトラフィックを検知することができるようになります。

共有リソースを悪用したC2通信：C2通信を行う方法は、流行に左右される傾向があります。例えば、2000年代後半には、ほとんどの犯罪用マルウェアは、C2通信のためにIRCプロトコル（Internet Relay Chat）を使用しました。防御側は、一般的なIRCポートである6666-7000/TCPをチェックし、検知してブロックを行いました。攻撃者はIRCサービスをポート80/TCP上で実行し、イタチごっこは始まりました。

C2通信に関する現在のトレンドは、ソーシャルメディア、そしてSaaS（Software-as-a-Service）サイトを利用することです。SSLの普及を考えると、こうしたトラフィックの内容を検査することは難しく、また通信先自体が悪意のあるサービスではないため、検知したり、対応することが難しい場合があります。今後の傾向として、C2通信はますます複雑かつ困難になるでしょう。特に、PaaS（Platform-as-a-Service）企業は様々な形態で共有リソースを提供するため、悪意のない通信トラフィックや、使用状況について汎用的なプロファイルを構築することが困難です。

C2通信が発生しないマルウェア：まれに、C2通信をまったく行わないマルウェアが存在します。こうしたマルウェアは、配送フェーズ前に挙動を完璧に定義しておく必要があり、変更や更新を行わずに目標を達成できる必要があります。通常これは、物理的に隔離されたネットワークを攻撃するなど、必要に迫られて行われます。攻撃を始める前に、攻撃対象となるネットワークや環境を理解するため、多くの偵察行為が必要となります。こうした場合、マルウェアの検知は攻撃対象への配送フェーズ、および目的の実行フェーズに焦点を置いて行う必要があります。

5.1.1.4 目的の実行フェーズにおける検知

C2通信の検知と同様、ネットワーク上の攻撃対象において行われたアクションを検知するためには、ネットワークへ出入りする異常なトラフィックパターンに注目する必要があります。インバウンド通信はあまり観察されませんが、データ流出（data exfiltration）の通信などアウトバウンド通信が非常に一般的です（ただし、虚偽情報の流布［Disinformation］が流行しているため、将来はネットワークに入ってくるインバウンド通信データもより多く観察する必要があるかもしれません）。

データ流出は、多くの攻撃（特に不正侵入と知的財産の奪取を目的とした攻撃）で多く見られます。各攻撃者は、得意とする独自のデータ持ち出しテクニックを持っており、侵入したシステムから攻撃者がコントロールする攻撃基盤へ多くの情報（数十ギガバイトから数百ギガバイトまで）を持ち出します。達成する方法は様々ですが、最終的には同じことを達成します。

防御側は、データ漏洩を検知するため、いくつかのアプローチをとることができます。1つはコンテンツに焦点を当てる方法で、これはDLP（Data Loss Prevention）ツールを使うことができます。例えば、クレジットカード情報の漏洩を防止するためにこの検知手法を利用する場合、クレジットカード番号（15桁～16桁の数字）、それに続くCVVコード（セキュリティコード、あるいはカード検証値と呼ばれる3桁の数字）、そして、有効期限（月と年の組み合わせ）を探します。表面上これは単純なようですが、詳細について考えると非常に悩ましい問題です。クレジットカード番号が1つのファイルに4桁ずつ、4グループに分割され、日付が別のファイルに保存されている場合はどうでしょうか？ もし、CVVコードが数字の代わりに文字に置換されており、123の代わりにABCとして送信されていた場合はどうでしょうか？ 攻撃者が、暗号化通信を利用して、カード番号を探すパケット検査ツールを回避した場合は、より複雑になるでしょう。

防御側が取り得る第2のアプローチは、ネットワーク接続自体のメタデータに焦点を当てる方法です。攻撃者が5ギガバイトのクレジットカード情報を盗んだ場合、どのように暗号化されていても5ギガバイトのデータを移動する必要があります（いったん、圧縮については無視してください）※1。

悪意のあるインジケータをネットワーク活動から作成することは、ネットワーク内で何が起こっているのかを把握し、自分たちの組織をターゲットにした攻撃者をよりよく理解するための非常に良い方法です。しかし、これだけが私たちの取り得る手段の全てではありません。次に、システムの観点から悪意のあるアクティビティを決定する方法について解説します。

5.1.2 システム検知

システム検知は、ネットワーク検知の補完をしてくれます。ネットワーク検知がキルチェーンの特定のフェーズに焦点を当てるのと同様に、システム検知も次の領域に分けることができます。

- 攻撃フェーズ
- インストールフェーズ
- 目的の実行フェーズ

システム検知は、常にOS（オペレーティングシステム）に依存します。例外的な場合を除き、オープンソース製品、商用製品のいずれも、特定のOSに特化しています。なぜなら、セキュリティ検知の大半は、OSの低レイヤーから発生するため、プロセス管理、メモリ管理、ファイルシステムへのアクセスなどOSの挙動と検知メカニズムを統合する必要があるためです。

そのため、対象OSと使用するツールの両方の側面から、システム検知とインテリジェンスを統合する方法を十分に検討する必要があります。例えば、文字列ベースのインジケータの中には、環境によらず役立つものもありますが、レジストリキーはWindows上でのみ有効なインジケータです。また、商用のウイルス対策製品などについては、コンテンツの統合をあまり考える必要はありませんが、osquery※2などのオープンソース製品はコンテンツ統合なくしてはほとんど機能しないでしょう。

※1 訳注：攻撃者目線でいえば、データ流出の方法は大きく2種類に分類されます。1つは、大量のデータを一気に持ち出すSmash & Grabと呼ばれるテクニックです。Smash & Grabはその性質上、検知されやすいという性質がありますが、防御側のチームが対応できる時間も限られているという課題が挙げられます。もう1つは、データを細かく分割して少しずつ持ち出すLow & Slowと呼ばれるテクニックです。こちらは、データを少しずつ持ち出すため、防御側に気付かれるリスクが低い一方、データ持出に時間がかかること、継続的に通信を行うためその点で気付かれる可能性があります。どちらの方法を利用するかは攻撃者の好みによりますが、両方を考慮する必要があります。

※2 訳注：Osquery（https://osquery.io/）は、Facebook社によって作成されたオープンソースツールで、SQLライクなクエリを発行することにより、エンドポイントの可視化を行うツールです。

5.1.2.1 攻撃フェーズの検知

各企業は、(あるいは、ウイルス対策のように業界全体を通じて)、攻撃を検知し、ブロックするという考え方に基づいて対策を構築します。しかし、攻撃フェーズは、防御側から攻撃側にコントロールを奪取するフェーズであるため、警戒すべきフェーズだといえます。また、攻撃者が攻撃フェーズに入ると、防御側のリソース管理に影響を与えてしまいます。

攻撃フェーズでは、2種類の方法により攻撃の発生を検知することができます。

- ユーザーのシステム上で、攻撃者が作成して、コントロールしているプロセスが実行されること
- 以前ユーザーがコントロールしていたプロセスが変更され、新しい挙動や以前と異なる挙動をするように変更されること

達成する方法は様々ですが、侵入されたシステムは攻撃者の制御下にあるという点において、結果は同じです。攻撃フェーズを検知する主なアプローチは、こうしたアクティビティをほぼリアルタイムで追跡し、異なる時間軸においてシステムのプロセス稼働状況を比較し、変化を特定することです。特に問題ない場合もあれば、侵入を示す予期しない活動のインジケータが見つかる可能性もあります。発見される例として、デフォルトでインストールされているバイナリの改ざん、不正なディレクトリで実行されるアプリケーション、アナリストを混乱させるため正規のプロセスを装った不正なプロセス(例えば、小文字のLの代わりに1を使い、正規の「rundll32.exe」プロセスを装った悪意のあるプロセス「rund1l32.exe」)などが挙げられます。不明なプロセスや以前は確認されていないプロセスは、システム上で検知をするうえで適しており、様々なツールを活用できます。

5.1.2.2 インストールフェーズの検知

インストールフェーズは、システム検知を考えるうえで欠かせない観点です。侵入したシステムで攻撃者独自のコードを実行できても、攻撃者はそれだけで満足しません。なぜなら、悪用されたプロセスはいつかは終了し、その時点で攻撃者は足場を失うためです。これは、通常のユーザープロセスから改ざんされた場合も、実行後に新しく生成された場合でも変わりません。

その結果、攻撃フェーズが成功した後、ほとんどの攻撃者は次のフェーズとして、侵入したシステムへのアクセスを確実に維持できるよう追加機能を導入します。フィッシング攻撃で単一のシステムへ侵入する場合、持続性を維持し、攻撃者が目的を実行するために必要な機能を追加します。これらの機能は多くの場合、RAT(リモートアクセス型トロイの木馬)やルートキットと呼ばれるモジュールに取り込んであります。そのため調査フェーズでは、攻撃グループが一般的に使用するツールにおいて情報を把握しておく必要があります。これは、決定フェーズで何を探すかを知るのに役立ちます。

5.1.2.3 目的の実行フェーズの検知

攻撃者は目的を達成するため、特定のリソースにアクセスする必要があります。ほとんどの場合、ターゲットに対するアクションはCRUD属性で表現できます。

Create（作成）

ディスクに新しいファイルとしてデータを書き込みます。

Read（読み取り）

現在システム上にあるファイルを読み取ります。

Update（更新）

既にシステム上にあるファイルの内容を変更します。

Delete（削除）

システム上のファイルを削除します。後で回復されないようにするためには、追加の手順が必要です。

場合によっては、攻撃者は一度に複数のアクションを実行し、より複雑な結果を得るために同時に実行します。Cryptolocker型の攻撃は、これらの3つを迅速に実行します。

Read（読み取り）

Cryptolockerマルウェアは、マシン上の全ての個人ファイルを読み取ります。

Create（作成）

その後、読み取ったファイル群全てから新しいファイルを作成し、攻撃者の鍵で暗号化します。

Delete（削除）

最後に、暗号化されていない元のファイル群を削除します。元のファイルにアクセスするためには、ユーザーは身代金を支払う必要があります。

シンプルで、簡単で、とても効果的です。Cryptolocker型の攻撃は一例ですが、攻撃対象へのアクションは攻撃手口によって大きく異なります。例えば攻撃者は、ネットワーク経由でデータを流出させ知的財産を盗むため、データを読み取ることがあります。これは、最も一般的なAPT攻撃のパターンの1つです。別のケースとして、システムのリソースを使用できなくするため、全てのファイル（またはキーファイル）を単に削除することもできます。最後に、攻撃者はネットワーク内を動き回ったりDDoS攻撃を開始するなど、システムを別の攻撃へ再利用するために、別の新しいツールを導入することもあります。

これらのアクションに関する検知は、ファイルの作成、読み取り、更新、および削除が一般的な操作であるため、複雑です。コンピュータで行われた全てのアクションは、基本的にこの4つで構成されています。そのため、検知は、攻撃者が取るべき行動をいかに理解しているかという点にかかっています。銀行でお金を盗まれる懸念がある場合、元帳（主要帳簿）へアクセスする行動を監視することが重要です。攻撃者が知的財産を狙っている場合、ネットワーク経由でファイルの大量アップロードが行われたり、ディスク上で大きな圧縮ファイルを作成するアクションを特定する必要があります。こうした観点を得るためには、攻撃者と同じ目線を持ち、創造力、経験を組み合わせることが必要です。

調査フェーズにおいて見つけた攻撃グループに関する情報と、自分のネットワーク上で悪意のある行動を検知できる方法を組み合わせることで、自分たちの環境で攻撃者の兆候をどのように見極めるかを計画することが可能になります。

5.1.3 GLASS WIZARDへの応用

4章では、GLASS WIZARDという攻撃グループのキルチェーンを作成しました。この情報を使用して、攻撃者のどんなツールと活動を調査すればよいか、理解を深めていきましょう。GLASS WIZARDは、スピアフィッシング攻撃、水飲み場型攻撃を使って攻撃ツールを配送し、ホストマシンへのアクセスを維持し、やり取りをするためのツール（Hikit、Derusbi、ZOXなど）をインストールすることが既に判明しています。また、GLASS WIZARDは経済、環境、エネルギー政策に関する情報を探していることもわかっています。そのため、ネットワーク内の多数のホストマシンに侵入し、情報を探し出していることも確認できています。この情報を利用して、検索すべきアクティビティの種類について計画を立てることができます。次のセクションでは、調査するアクティビティの種類について説明します。

5.1.3.1 ネットワーク上の活動

以下は、GLASS WIZARDの活動を検知する際に、探すべきネットワーク活動の種類です。

スピアフィッシングメール

GLASS WIZARDに関連する送信者、件名、添付ファイル名をメールログから検索します。さらに、こうしたスピアフィッシングの攻撃キャンペーンの詳細について、ユーザーに警告します。これにより、セキュリティチームは、過去に似た電子メールを受け取ったかどうか、あるいは将来こうしたメールが来たときに連絡をもらうことができます。

水飲み場型攻撃

GLASS WIZARDによって侵害されたウェブサイトへ、誰がアクセスを試みたかウェブサーバのログを調査します。この段階では、スコープを絞ることが重要です。ウェブサイトへの侵入が発見され、修復されるまでの期間が短かった場合、そのサイトが侵害されていた時間帯前後のアクティビティについて絞り込んで調査を行えばよいことになります。

C2活動

GLASS WIZARDがC2活動のためによく使用するツールを特定することで、どのような活動を探すべきか知ることができます。攻撃グループのツールと機能を完全に理解するため、この時点で追加の調査を行う必要があります。例えば、ZOX系マルウェアは、PNGイメージを使用してC2通信をすることが知られています。

5.1.3.2 システムの活動

私たちはネットワーク上で探すべき指針を得たので、次のような疑わしいアクティビティを調査するプロセスを開始します。

攻撃フェーズ

一部の攻撃グループは、特定の脆弱性を悪用する頻度が高いことで知られているため、どの脆弱性が悪用されているか理解し、当該脆弱性がネットワーク上で確認できた場合、攻撃者の活動を探し始める良い調査ポイントを得たことになります。GLASS WIZARDは、Internet Explorerの脆弱性であるCVE-2013-3893を利用していたことで知られるため、この脆弱性が存在するシステムを把握し、本フェーズで脆弱性が悪用された兆候を探すことは有用だといえます。

インストールフェーズ

攻撃グループによってどのツールがよく使用されているか、当該ツールがどのように機能しているかを知ることで、どのツールを使えば効果的にネットワークを調査できるか、より良い観点を得ることができます。GLASS WIZARDは、被害者のネットワーク構成に応じて、32ビット版と64ビット版の両方のHikitを使用します。したがって、自分たちが管理するネットワークを理解することで、このフェーズで何を探すべきか理解することができます。インストール時にどんなファイルが生成され、どのディレクトリに格納されているかを特定していきます。

目的の実行フェーズ

GLASS WIZARDは経済、環境、エネルギーに関する情報を探していることがわかっています。したがって、どのシステムがどんなタイプの情報を持っているか把握できれば、防御側はファイルへのアクセス、収集、システムからの持ち出しの兆候を検知することができます。ただし、攻撃グループはファイルを探しながらネットワーク全体を自由に動き回りたいと考えているため、より多くの端末やサーバへのアクセスを望んでいることについても頭の片隅に置いておくべきでしょう。そのため、ネットワーク上では横断的侵害の兆候を探すことも1つのオプションです。そして、ターゲットにはなり得ないと考えるようなシステムについても、監視対象に加えるべきでしょう。

調査フェーズで判明した情報のうち、どの情報が私たちのネットワークと環境に適用可能か把握できたため、自分たちの環境におけるGLASS WIZARDの活動特定へと移行します。これには、トラフィック分析、メモリ分析、マルウェア解析などの分析活動が含まれます。これらの分析活動は、次に深く掘り下げます。

5.2 侵入調査

検知と調査のワークフローを分離することは、紙一重のバランスを必要とします。なぜなら、彼らは同じツールを異なる方法で利用しているだけだからです。検知の数が減少すれば（悪意のあるアクティビティにつながる可能性を持つ、最小限のデータに絞り込めば）、調査ではできるだけ多くのデータを収集してコンテキスト情報を取得し、その後データを再度分析して説得力のある分析にする必要があります。拡張（収集と処理）して、削減（分析と配布）するワークフローは、セキュリティ分析とインテリジェンス分析の両方で一般的な話です。

さて、侵入調査技術とツールについて検討する必要がありますが、これ自体で1冊の本が書ける内容です。そのため、ここでは概要に触れるとともに、より深く勉強されたい読者には、Jason Luttgens氏らが書いた『インシデント・レスポンス 第3版——コンピュータフォレンジックの基礎と実践』(日経BP社刊、2016年)※3を読むことを推奨します。

5.2.1 ネットワーク分析

侵入調査を始める最初の起点として、ネットワーク上でのハンティングが挙げられます。残念ながら、ほとんどのインシデントは社内で発見されていません。多くのインシデントは、第三者が報告してくれたC2通信先のIPアドレスをきっかけに開始します。

ネットワーク分析は、ツールとトラフィック量の組み合わせに基づき、複数のテクニックに分類することができます。

トラフィック分析（Traffic Analysis）
　メタデータを使用して攻撃者の活動を理解します。

シグニチャ分析（Signature Analysis）
　既知の悪性パターンを探し出します。

フルコンテンツ分析（Full Contents Analysis）
　全てのパケットを1つずつ分析し、攻撃を理解します。

今後のセクションで、上記の分析手法をより詳しく見ていきます。まずは、トラフィック分析から始めましょう。

5.2.1.1 トラフィック分析

トラフィック分析は、コンピュータネットワーク特有のものではありません。実際には、トラフィック分析は無線通信の分析から大きく発展しており、多くのテクニックは第一次世界大戦に遡ることができます（http://bit.ly/2uNdTcF）。トラフィック分析では、通信の内容よりもメタデータや攻撃グループの通信方法、パターンをもとに攻撃者の活動を特定していきます。その結果、この手法では最小のデータセット（全アクティビティが記録された数メガバイトのデータの場合、100バイトほどのメタデータを抽出できます）を使用して、次のような情報を追跡します。

- エンドポイント（IPアドレスもしくはドメイン）
- ポート
- データの出入り
- 通信データの長さと通信開始／終了時刻

※3 訳注：原題は『Incident Response & Computer Forensics, Third Edition』(McGraw-Hill Education刊、2014年)。邦訳は『インシデント・レスポンス 第3版——コンピュータフォレンジックの基礎と実践』(Jason T. Luttgens & Matthew Pepe & Kevin Mandia著、日経BP社刊、2016年)。

これらのメタデータ群は、**ネットワークフロー**と呼ばれます。これらの少量のデータでも、熟練したアナリストは膨大な洞察を得ることができます。アナリストは、以下の活動を探す必要があります。

- 既知の悪性IPアドレスへの接続は、C2通信を意味している
- 短期間、頻繁かつ規則的に小さいデータ通信がある場合、マルウェアのビーコンを意味し、新しい命令の有無をチェックしている
- 接続先が過去見たことがないドメインで、大きなデータのアウトバウンド通信と小さいデータのインバウンド通信が長時間かけて行われている場合、データ漏洩を意味する
- 既知の侵害されたホストから他の内部ホストへのポート445接続は、データ収集を示す可能性がある（445/TCPはMicrosoft SMBファイル共有で使うプロトコル）

限られたネットワークトラフィックのメタデータだけでも、上記で示した情報やそれ以上の洞察を得ることができます。

トラフィック分析用のデータを収集するため、様々な方法が利用されています。ネットワークフローデータ（Netflowは、Cisco独自の機能を意味し、一般的な意味ではないため注意が必要です）は、多くの場合、様々なネットワーク機器から入手できます。このデータは、セキュリティチームとネットワークチームの両方にとって利用価値が高いため、同じデータを両チームが活用できる一方、収集のコストは2つの部署で分割できるため、収集しやすいといえます。ネットワークフローデータを取得するためのセキュリティ固有の手法として、ネットワークセキュリティ監視ツールであるBro（https://www.bro.org/）を使うという方法があります。このツールについては、後で詳しく説明しますが、プロトコル情報やシグニチャによる検知など、基本的なネットフローよりも深いメタデータに焦点を当てることができます。CERT/CCが開発したSiLK（https://tools.netsa.cert.org/silk/）、QoSientが開発したArgus（https://qosient.com/argus/）は、従来のフロー情報をキャプチャするためのオープンソースツールです。フロー情報を生成できる他のシステムとして、ネットワークプロキシやファイアウォールなどがあります。

フロー情報を分析するためのツールは、非常に一般的なものから非常に特定の用途に特化したものまで多数存在します。Splunkのようなロギングやフルテキスト検索ツールは、しばしば大きな効果を発揮します。Flowbat（http://www.flowbat.com/）のような特定の用途で使われる専用ツールは、フロー固有の演算子を追加します。Neo4j（https://neo4j.com/product/）、Titan（http://titan.thinkaurelius.com/）、NetworkX（https://networkx.github.io/）などグラフデータベースを使用してカスタムツールを構築することも可能です。

シグニチャ分析、あるいはフルコンテンツ分析に対するネットワークフローデータのもう1つの利点は、フロー内の情報密度を分析できる点です。メタデータのみが保持されるため、フロー情報の1レコードあたりのデータ量が低く、格納にかかるコストも低くなり、処理がより迅速になります。シグニチャに基づくネットワークデータを数か月以上保持し、検索できる状態を維持することはコストがかかります。しかし、ネットワークフローデータは、長い間保持することが可能です。フルコンテンツデータでは答えられる質問に、フローデータだけでは回答できない可能性があります。しかし、この情報密度と長期間保

存できることは、価値ある特徴です。収集と分析の容易さを考慮すると、トラフィック分析が高価値のデータである理由は納得できるでしょう。

トラフィック分析に対するインテリジェンスの適用：トラフィック分析にインテリジェンスを適用する最も一般的な方法は、トラフィックデータを使用して既知の悪性リソース（IP、ドメインなど）への接続を探す、すなわち、信頼できるシステムによる異常な挙動パターン（スキャン、横断的侵害、ビーコンなど）を特定することです。これらは単純なテクニックですが効果的であり、また簡単に自動化できます。トラフィック分析へインテリジェンスを応用する危険性としては、複数の目的で利用されているIPや寿命の短い悪性ドメインなど、インテリジェンスへの理解が乏しく、誤検知を招く可能性があることです。

トラフィック分析にインテリジェンスを適用するもう1つの方法は、悪意のある活動を示すトラフィックパターンを探すことです。例えば、短期間に繰り返される通信、業務時間外に行われる通信、最近アクティブになったばかりのドメインに対する通信などが挙げられます。ほとんどのユーザーは、ドメインが作成されてからわずか数時間後に当該ドメインにアクセスすることはありません。そのため、こうした通信はC2通信の兆候であると考えるべきでしょう。PassiveDNSとネットワークフロー分析を組み合わせることで、これらのドメインの検知を自動化できるでしょう。

トラフィック分析からのデータ収集：直観には反するかもしれませんが、トラフィック分析はしばしばリードを生成する大きな情報源となります。最上位トーカー（最高頻度で、あるいは最大のトラフィックを送受信する通信先）、あるいは最下位トーカー（最小頻度で、あるいは最小のトラフィック量を送受信する通信先）を探すことによって、重要なリードを特定することがよくあります。攻撃者は、悪いレピュテーション（風評）を持つ環境の利用を避け、新しい攻撃基盤を使用することが一般的です。そのため、ネットワーク通信がほとんどない珍しい通信先を検知することは非常に意味があります。これは、大量のトラフィック（最上位トーカー）を見落とさないためにも役立つといえるでしょう。日曜日の午前中に、数ギガバイトのトラフィックを送信するシステムがオフサイトバックアップを行っているのか、データを流出しているのかを理解することは重要です。

5.2.1.2 シグニチャ分析

メタデータに着目するトラフィック分析と包括的なフルコンテンツ分析との間には、シグニチャ分析があります。トラフィック分析は接続のメタデータに焦点を当てていますが、シグニチャ分析は特定のコンテンツを監視しています。様々な情報源やツールから得られるトラフィック分析とは異なり、シグニチャ分析は、IDS（侵入検知システム：Intrusion Detection System）と呼ばれる専用システムで行われます。

IDSは、ネットワークキャプチャ、ルールエンジン、およびロギングを組み合わせています。ルールはネットワークトラフィックに適用され、一致するとログが生成されます。商用でもオープンソースでも、様々な種類のIDS製品が利用可能で、幅広い選択肢があるといえます。また、シグニチャを記述するための汎用的な標準が存在し、Snortシグニチャと呼ばれます。Snort IDSシグニチャの例（https://github.com/mjruffin/snort_signatures）を次に示します。

```
alert tcp any any -> any any (msg:"Sundown EK - Landing";
flow:established,to_server;
content:"GET";
http_method;
pcre:"\/[a-zA-Z0-9]{39}\/[a-zA-Z0-9]{6,7}\.(swf|php)$";
http_uri;
reference:http://malware.dontneedcoffee.com/2015/06/\fast-look-at-sundown-ek.html;
class-type: trojan-activity;
rev:1;)
```

Snortシグニチャを作るため、キーワードとアクションのサブセットを確認していきましょう（Snortにはたくさんのオプションがあり、snort.org（https://snort.org/）で詳細を調べてください）。このシグニチャは次のように分類されます。

```
alert
```

最初のルールヘッダは、シグニチャが一致した場合に実行するアクションを指定します。Snortには様々なアクションがあります（Snortのシグニチャ形式［http://bit.ly/2tL59im］を使用する他のIDSは、これらのサブセットのみを実装しています）。

`alert`
: 選択したアラート方式を使用してアラートを生成し、パケットを記録します。

`log`
: パケットを記録します。

`pass`
: パケットを無視します。

`activate`
: アラートを作成し、別の動的ルールをオンにします。

`dynamic`
: activateルールで有効になるまでアイドル状態を維持し、その後ログルールとして動作します。

`drop`
: パケットをブロックして、記録します。

`reject`
: パケットをブロックしてログに記録し、TCPプロトコルの場合はTCP Resetパケットを、UDPプロトコルの場合はICMP Port Unreachableを送信します。

`sdrop`
: パケットをブロックしますが、ログに記録しません。

これまでのところ、最も一般的なアクションは`alert`ですが、他のアクションも状況を選べば非常に強力です。

```
tcp any any -> any any
```

次に、トラフィック分析と同じ特徴を指定し、検知する条件を加えていきます。最初のルールヘッダは、プロトコル（TCPまたはUDPの可能性が高い）を指定します。次の部分は重要で、一般的には次の形式をとります。

```
SOURCE_LOCATION SOURCE_PORT -> DESTINATION_LOCATION DESTINATION_PORT
```

Locationヘッダ（`SOURCE_LOCATION`・`DESTINATION_LOCATION`）は、いくつか言及すべき点があります。この部分には、IPアドレスやドメイン名を指定します。また、Snortでは複数のIPアドレスやドメイン名のリストを適用することもできます。

括弧の内側（この例では、`msg`という文字列から始まっています）はルールの残り部分です。様々なオプションがあり、その全てをカバーすることは不可能ですが、知っておくべき重要なオプションは次の通りです。

```
msg:"Sundown EK - Landing";
```

`msg`はアラート名です。ダブルクォート内で囲まれている文字列は、（他のコンテンツと一緒に）ログ内に書き込まれる内容です。

```
content:"GET";
```

`content`フィールドは、パケットコンテンツ内にある指定されたASCII文字列を検索します。

```
pcre:"\/[a-zA-Z0-9]{39}\/[a-zA-Z0-9]{6,7}\.(swf|php)$";
```

Snortシグニチャは、Perlと互換性がある正規表現ライブラリ、`pcre`を採用しています。この形式を使うことで、特定のコンテンツを指定する代わりに、パターンを指定することができます。

```
reference:http://malware.dontneedcoffee.com/2015/06/fast-\look-at-sundown-ek.html;
```

最後に、`reference`フィールドは、シグニチャが探すべき脅威の詳細情報へのリンクが含まれています。

シグニチャによる検知を実装して使用するためには、シグニチャを理解して作業することが重要です。

シグニチャ分析に対するインテリジェンスの適用：IDSが設置されると、インテリジェンスを適用するポイントは2つあります。最初はシグニチャ作成です。インテリジェンスを適用するわかりやすい方法は、第三者から共有されたインテリジェンス、あるいは作成したインテリジェンスを活用して、新しいシグニチャを作成することです。インテリジェンスをうまく適用するには、IDSの機能を理解し、シグニチャの作成とチューニングを経験する必要があります。

第二に、シグニチャ分析にインテリジェンスを効果的に適用するには、シグニチャの作成だけでなく、変更と削除も必要です。不正確、あるいは機能しないシグニチャであれば、インシデント対応が遅くなり、無駄な調査や分析に時間を浪費することになります。シグニチャが有用性を失っているタイミング、およびシグニチャを修正したり削除すべきタイミングを理解するため、経験は重要な要素になります。

シグニチャ分析からのデータ収集：シグニチャは既知の悪性パターンに基づいて作成されているため、シグニチャ分析が有効な範囲は限られています。しかし、重要なテクニックです。言い換えれば、純粋な仮説検証を行うためにシグニチャを書くのは難しいでしょう。シグニチャ分析の重要な機能は、不正な送信元や送信先を含む過去の攻撃パターンや内容を検証することができることです。シグニチャが特定のエンドポイントに対して検知を行った場合、そのエンドポイントで調査を開始すべきかもしれません。トラフィック分析やフルコンテンツ分析のデータセットを活用する場合もあるかもしれませんが、一方で多すぎる情報の取り扱いに困る可能性も想定しておきましょう。

5.2.1.3 フルコンテンツ分析

フルコンテンツ分析は、トラフィック分析とは最も対照的なアプローチです。この分析は、文字通り、ネットワークを介して送受信される全てのデータをビット単位で完全に取得する手法です。そこから、様々な方法で情報を検索、再構成、分析することができます。リアルタイムの分析以外では（元データが必要な）再解析が難しいトラフィック分析やシグニチャ分析とは異なり、フルコンテンツ分析の最大の利点は、トラフィックが保存されている限り、再分析や異なる観点から分析が可能である点です。一方、フルコンテンツ分析の欠点はストレージ要件です。フルコンテンツ分析は文字通り、あらゆる種類のネットワークトラフィックを保存し、保持する必要があります。言い換えれば、多くの組織は、大量のデータを格納しなければいけないことを意味します。

最も基本的なフルコンテンツ分析では、ネットワークトラフィックの全ての要素を、他の方法では実施できないテクニックを活用して分析することができます。Wiresharkなどのパケット解析ツールを使用すると、OSI参照モデルのあらゆるレイヤーについて、掘り下げて分析できます。これはIDSシグニチャを作成するための基礎になります。これにより、他のツールが検知できない、特徴あるアイテムを探すこともできます。

フルコンテンツ分析により、アナリストは新しい情報を作成した後、トラフィック分析とシグニチャ分析に立ち戻ることもできます。例えば、調査後にC2通信に関する新しいシグニチャを作成した場合、フルコンテンツ分析用のデータがあれば、新しいシグニチャを以前のネットワークトラフィックに再実行して分析することができます。このように、フルコンテンツ分析用のデータは、ネットワーク上のタイムマシンとして機能し、古いネットワークトラフィックに対して新しいインテリジェンスを適用することができます。最後に、フルコンテンツデータを使用することは、ユーザーの振る舞いを再構成するための唯一の方法です。例えば、ある端末からFTP経由のデータの持ち出しを行って検知に引っかかった場合、その時点で当該端末が行っていた全ての振る舞いを調べると調査がはかどる場合があります。こうした情報は2次情報とはなりますが、重要な事実を明らかにする可能性があります。このタイプのフルコンテンツ分析には、NetWitness（RSA社）やMoloch（https://github.com/aol/moloch）などの特殊なツールが必要となり、多くのレベルのネットワークパケットを再作成する必要があります。

フルコンテンツ分析に対するインテリジェンスの適用：ご想像の通り、フルコンテンツ分析において、インテリジェンスの適用は非常に柔軟性があります。トラフィック分析とシグニチャ分析で利用できた全てのテクニックは、フルコンテンツ分析でも応用できます。また、フルコンテンツ分析独自の分析テクニックも存在します。

- パケットレベルでは、Wiresharkなどのパケット分析ツールで、IPアドレス、あるいはインテリジェンスや他のネットワーク監視ツールから得られる特徴情報など、様々な特性に基づいたフィルタリングが可能
- 古いデータに対し、新しいインテリジェンスを再実行することも可能
- フルコンテンツデータをもとに再構成を行い、インテリジェンスを使用することで、別のアクティビティの検索が可能になり、2次情報を作成することができる

フルコンテンツ分析からのデータ収集：フルコンテンツが本当に役立つときは、データを収集するときでしょう。フルコンテンツ分析は、データを収集し、インテリジェンスを作成するために利用できる、簡単かつ包括的な情報源です。実際のパケットデータを使用すると、侵入されたエンドポイントに関する情報から、様々な悪性データまで取得できます。

5.2.1.4 さらに学ぶための指針

ネットワーク分析をより深く学ぶためには、数多くの素晴らしい方法があります。書籍であれば、Richard Bejtlich氏による『Practice of Network Security Monitoring』(No Starch Press刊、2013年、邦訳未出版)、あるいはChris Sander氏による『実践 パケット解析 第3版――Wiresharkを使ったトラブルシューティング』(オライリー・ジャパン刊、2018年)※4をご覧ください。より実践的な教材をご希望の方は、SANS Instituteが実施しているコース「SANS SEC 503：Intrusion Detection in Depth」(https://www.sans.org/course/intrusion-detection-in-depth) や「FOR 572：Advanced Network Forensics and Analysis」(https://www.sans.org/course/advanced-network-forensics-analysis) の受講を検討してみてください。

5.2.2 ライブレスポンス

それほど高く評価されていませんが、効果的な分析方法の1つとして、**ライブレスポンス**(Live Response) が挙げられます。ライブレスポンスは、潜在的に侵害されたシステムをオフラインにすることなく分析します。ほとんどのフォレンジック分析では、システムをオフラインにしてしまうため、アクティブなプロセスなどのシステム状態を示す情報を失ってしまいます。一方、攻撃者からの脅威にさら

※4 訳注：原題は『Practical Packet Analysis: Using Wireshark to Solve Real-World Network Problems』(No Starch Press刊、2017年)。邦訳は『実践 パケット解析 第3版――Wiresharkを使ったトラブルシューティング』(Chris Sanders著、髙橋基信／宮本久仁男監訳、岡真由美訳、オライリー・ジャパン刊、2018年)。https://www.oreilly.co.jp/books/9784873118444/

される危険性もあり、ユーザーにも影響を与えてしまう可能性があります。
ライブレスポンスでは、次の情報が取得できます。

- 設定情報
- システム状態
- 重要なファイルとディレクトリの情報
- 共通の持続性メカニズム
- インストールされたアプリケーションとバージョン

システムを調査するために必要な情報が必ずしも提供されるとは限りません。しかし、少なくともライブレスポンスは、より詳細な分析が必要かどうかを判断するのに十分な情報を提供します。

ライブレスポンスツールは、Perl、Python、最近ではPowerShellなどのスクリプトで作成されていることが一般的で、その多くはオープンソースです。YelpのOSXCollector（https://yelp.github.io/osxcollector/）は、MacOS上でセキュリティ情報を収集するために構築されたPythonベースのスクリプト群で、オープンソースとして公開されています。またWindows環境の場合、多くの人がPowerShellベースのインシデント対応時の情報収集フレームワークで、Dave Hull氏によって作成されたKansa（https://github.com/davehull/Kansa）の名前を挙げるでしょう。

それでは、どのようにライブレスポンスにインテリジェンスを適用していくのでしょうか？ ライブレスポンスツールは、設定なしに一連の情報を収集し、繰り返しかつ迅速に使えることを目標に作成されています。インテリジェンスの活用は、一般的にバックエンドに焦点を当てています。

例えば、OSXCollectorはシステム情報を含むJSON BLOB（Binary Large Object）を出力します。これは、別のYelpプロジェクトとして作成されたosxcollector_output_filters（https://github.com/Yelp/osxcollector_output_filters）を使用して分析することを意図しています。そして、OpenDNSのようなカスタムインジケータやインテリジェンス提供サービスを含む、複数のインテリジェンスと統合可能であることを意味します。こうした事後処理プロセスは、複雑な収集プロセスでは一般的です。

5.2.3 メモリ分析

ライブレスポンスと同様に、**メモリ分析**（Memory Analysis）はメモリ内に存在する揮発性のシステム情報を収集することに重点を置いています。特に、一部のツールはステルス性を持ち、限られた情報しかシステム上に残さない事実があり、システム上の全てのプロセスがメモリを必要としている事実を踏まえると、この技術は情報を収集するうえで、優位性を提供してくれるといえるでしょう。

ライブレスポンスと同様、メモリ分析も収集フェーズと分析フェーズに大きな溝があります。最初に、全てを収集し、その後結果を分析し、インテリジェンスを応用するという流れで進めていきます。FireEye社作成のメモリ分析ツールRedline（実際には、合併前のMandiant社作成）は、システムメモリ情報の収集を最初に行い、その後OpenIOCを使って分析を行うというワークフローとなっています。

Redline（https://www.fireeye.jp/services/freeware/redline.html）はメモリ解析ツールの1つで、収集と分析を一緒に行うことができるオールインワン型の優れたツールとして知られています。しかし、収集と分析を分割することが望ましい理由の1つは、収集と分析のユーティリティを組み合わせて使えることです。非常に良い例として、Volatilityというツールが挙げられます。

Volatility（https://www.volatilityfoundation.org/）は、Pythonで作られたオープンソースのメモリ解析フレームワークです。※5 VolatilityはRedlineのようにメモリの収集は行いません。代わりに、様々なOSで実行される様々なメモリ情報収集ツールに対応し、メモリ情報を読み込みます。Volatilityは、メモリを分析するためのフレームワークとスクリプト群です。例えば、メモリ内で実行されているマルウェアを検知したり、暗号鍵を抽出するなど、目的に応じたプラグインを利用すれば、自分が探し出したいものを見つけることができるでしょう。

メモリ分析にインテリジェンスを活用することは、ツールに大きく依存しています。Volatilityは、この活用をより簡単に実現してくれます。具体的には、YARAシグニチャを利用して、メモリ内の特定の痕跡の有無を簡単にスキャンできます。さらに、Volatilityは独自スクリプトへの対応が柔軟であり、特定のプロセス、メモリ上にできた痕跡（Artifact）、暗号化プリミティブの抽出を自動化するなどを可能にします。文字列から証明書のような非常に高度な情報に至るまで、全てを解析するVolatilityの能力があれば、他のフェーズで収集したIOCをメモリ分析に応用できることになります。代わりにRedlineでも同じことをできますか？ とよく聞かれます。RedlineはOpenIOC形式でIOCを受け取り、それを個々のメモリキャプチャに直接適用することができます。

メモリ解析をさらに勉強されたい読者は、Michael Hale Ligh氏らの著書『The Art of Memory Forensics: Detecting Malware and Threats in Windows, Linux, and Mac Memory』（Wiley刊、2014年、邦訳未出版）をお勧めします。

5.2.4 ディスク分析

従来のディスクフォレンジックでは、特殊なツールを使用して、ハードドライブ上のバイナリ情報からファイルシステム情報を抽出します。一見すると、ハードドライブの情報は理解できません。これは、OSIモデルと同様に、ハードウェア、ファイルシステム、OS、およびデータフォーマットのレベルで気が遠くなるようなネスト化された構造で管理されているためです。これらのレイヤーを分析していくプロセスを、**ファイルカービング**（File Carving）と呼んでいます。

カービングは、ファイル、データストリーム、およびOSの痕跡が利用可能になるまで、様々なデータ構造を構築し、非常に低いレベルから作業します。これは手作業ではなく、EnCase、FTK、またはAutopsyなどの特殊なツールを利用して行います。データを抽出できたら、分析を開始できます。上記のツールを使用することで、システム自体を閲覧することができるようになります。アナリストは、特定のファイルをエクスポートしたり、ログやOS固有の構成情報（Windowsの場合であれば、ADS：Alternate Data Streamsやレジストリなど）を調査したりします。フォレンジックツールは非常に強力な検索機能を備え、電子メールなどの特定の種類のファイルを検索することも可能にしてくれます。

※5 訳注：Google社が開発したメモリ解析フレームワークRekall（http://www.rekall-forensic.com/）もVolatilityと並ぶ分析ツールとして知られています。

経験豊富なフォレンジックアナリストは、発見すべき目標に基づいてどの部分を調査すべきか、正確に理解しています。例えば不正侵入されたマシンがある場合、フォレンジックアナリストは、共通の持続性メカニズムを調べ、実行中のマルウェアを特定し、マルウェアが生成した痕跡を取得することができます。さらにアナリストは、マルウェアのインストールやアクティビティが行われた時間帯を特定し、当該時間帯周辺のログなど、2次データを取得します。これは暫定的なステップであり、フォレンジックアナリストは収集したデータを他の専門家に渡し、さらに深い分析を依頼します（例えば、マルウェアはマルウェア解析を得意とするリバースエンジニアに渡します）。

ディスク分析に対するインテリジェンスの適用：ディスク分析にインテリジェンスを適用することはあまり一般的ではありません。特定の文字列やIOCの検索を可能にするツールも存在しますが、ほとんどの場合、IDS（侵入検知システム）やエンドポイント上の検知システムなどのネットワークツールやログツールのほうがより簡単に実行できます。一般的に、ディスク分析の目標は、他のアナリストが詳細分析を行うために有用な痕跡を探し出すことだといえるでしょう。

ディスク分析からのデータ収集：システムディスク（特に、侵入されたマシンの場合）は、アナリストにとって宝の山だといえます。多くの場合、他の手段で発見することが難しい情報を保持しています。情報の利用価値に加えて、ディスク分析は他の方法よりも揮発性が低く、様々なコンテキスト情報やシステムの状態を保持しているという利点もあります。一方、メモリ分析やライブレスポンスでは、ある時点の状態における分析が行われるため、重要な痕跡を見つけられない可能性があり、（断片的情報から調査の方針を立てるため）アナリストは本来進むべき方向とずれた調査方針を立ててしまう可能性があります。

アナリストは、最初に調査を開始すべき痕跡（例えばマルウェア）を収集します。さらに分析を続けていくと、重要な設定ファイルが見つからないことが判明します。ディスク分析は時間に依存するため、そのファイルはディスク上に残っている可能性が高く、フォレンジック調査担当者はそれを後で収集することができます。

調査とインテリジェンスの観点から、ディスク情報の最も有用な情報源は次の通りです。

- 持続性メカニズム
- テンポラリファイル
- 隠しファイルとデータストリーム
- 未割当領域（Unallocated Space）に置かれたファイル
- マルウェアと設定ファイル
- ターゲットに対する攻撃のインジケータ

5.2.5 マルウェア解析

ほとんどのインシデントにおいて最も高度な技術的分析は、マルウェア解析でしょう。こうした分析の難易度は様々で、シェルスクリプトのように非常な簡単なマルウェアもの場合もあれば、ときには解析を妨害する様々な機能（Anti-Analysis Capability）を備えた何千行のコードを持つマルウェアもあります。マルウェア解析はセキュリティ分野における幅広い理解が必要となります。多くの場合、チーム内にマルウェア解析を専門とするリバースエンジニアを持つべきですが、マルウェア解析を専門としていなくてもやれることはたくさんあります。

マルウェアを理解するためには、静的解析（Static Analysis）と動的解析（Dynamic Analysis）と呼ばれる2つの基本的手法を理解する必要があります。基本的な静的解析と動的解析は、インシデント対応やインテリジェンス分析を行うスタッフは身に着けるべきスキルといえるでしょう。※6

5.2.5.1 簡易静的解析

マルウェア解析の最も簡単な方法は、**静的解析**（＝表層解析）と呼ばれ、未知のバイナリファイルに関するメタデータを収集することです。これには、次のような情報の収集が含まれます。

ファイルハッシュ

- SHA1やSHA256などの一般的なハッシュ値は、ファイルを比較したり、VirusTotalなど他のマルウェアリソースで情報を探したりするときに役に立ちます。
- SSDeep（https://ssdeep-project.github.io/ssdeep/index.html）などのソフトハッシュにより、後でサンプルを比較することができます。ファイルを少し編集するだけでSHA256などのハッシュ値は変わってしまいますが、SSDeepが大幅に変更されることはないため、キャンペーンの追跡に特に便利です。※7

ファイルタイプ

拡張子を確認するだけでは不十分です。※8

ファイルサイズ

他のデータと突き合わせて類似ファイルを特定するために有益です。

文字列（Strings）

一部のバイナリファイルは、IPアドレスや認証トークンを平文で保存しているため、有益です。また、ソフトハッシュと同様にソフトグルーピングを行うためにも有益です。

究極的な目標は、幅広い検知とシステムの分析に使用できる情報を作成し、キャンペーンの進化を追跡することです。簡易静的解析（表層解析）は、ベンダーが作成したレポートなど、組織外から提供される情報をインテリジェンスとして役立てるためにも有益です。

※6 訳注：本書では、マルウェアを実行せずに行う分析を静的解析、実行して行う分析を動的解析と位置付けて説明しています。これ以降、マルウェアのメタデータを分析する簡易静的解析（Basic Static Analysis）、実際にマルウェアを実行して情報を取得する簡易動的解析（Basic Dynamic Analysis）、リバースエンジニアリングを行う高度静的解析（Advanced Static Analysis）と説明が続きますが、日本で利用されている用語と定義が異なる可能性があります。日本語の文献では、マルウェアのメタデータを分析する簡易静的解析（Basic Static Analysis）のことを表層解析と呼んでいるケースが一般的です。

※7 訳注：ファジーハッシュ（Fuzzy Hashing）を使った類似度解析と呼ばれる技術で、様々な研究が行われています。

※8 訳注：拡張子が偽装されている可能性などもあるため、fileコマンドなどを使ってファイルの種類を特定していくことが必要となります。

5.2.5.2 簡易動的解析

簡易静的解析（表層解析）の次のステップは、簡易動的解析です。**動的解析**では、監視されている統制環境を利用して、マルウェアを実行し、その挙動を監視します。動的解析の鍵は、情報の収集能力に優れ、安全にマルウェアを実行できる環境です。動的解析の最も一般的な手法は、サンドボックスの使用です。サンドボックスとは、インターネットから隔離された仮想マシン内などの専用システムのことで、この環境内でサンプルとなるマルウェアを実行して、管理します。サンドボックス環境は、サンプルを仮想マシンにインポートして実行し、システムの動作を監視することでマルウェアの動作を確認します。通常、新しいプロセス、新しいファイル、持続性メカニズムの変更、ネットワーク通信など、システムの変更に焦点を当てています。静的解析の場合と同様に、目標は、自分の環境内のマルウェアを特定するのに役立つインジケータを収集することです。

動的解析には、特にサンドボックスの場合、いくつかの欠点があります。適切な情報を収集できる安全な環境を構築することは困難であり、いくつかのリスクを伴います※9。また、（Microsoft OfficeやAdobe PDF Readerなど）共通のソフトウェアを含む一般的な環境を反映した構成を作る必要があります。さらにマルウェアの中には、仮想マシンの証拠を探したり、ネットワークサービスに到達しようと試みたりするなど、サンドボックス内で起動されたことを検知する機能を備えたマルウェアも存在します。動的解析下でマルウェアを欺く方法はありますが、それは考慮すべき内容がより複雑になります。こうした場合には、INetSim（http://www.inetsim.org/）やFakeNet（https://practicalmalwareanalysis.com/fakenet/）などのツールが役に立つでしょう。

5.2.5.3 高度静的解析

最後に、アナリストがマルウェアを完全に理解しようとした場合、徹底的なリバースエンジニアリング（Reverse Engineering）を行います。（マルウェアを実行せずに分析する）静的解析の別手法である**高度静的解析**は、複数のツール（多くの場合は**逆アセンブラ**）を使い、コードレベルでマルウェアを理解しようとします。

逆アセンブラは、コンパイルされたバイナリアプリケーションを、被害ホストで実行されるマシンコード命令に変換してくれます。これは非常に低いレイヤーの命令セットであり、その内容を理解するためには経験が必要です。逆アセンブリが強力である理由は、マシンコード命令を読めるアナリストの手にかかればバイナリアプリケーションが持つ能力や挙動を全て丸裸にできるという点です。全てのコードを1つずつ丹念に追っていくことで、たとえマルウェアの一部が動的解析中に起動しない場合で

※9 訳注：サンドボックス環境を構築する意味では、Cuckoo Sandboxというオープンソースのツールなどが有名です。また、動的解析を行ってくれるオンラインサービスも存在します。例えば、CrowdStrike社のFalcon Sandboxを利用したHybrid Analysisなどが挙げられます。ただし、こうしたオンラインサービスを利用する際は、アップロードされた情報がどのように取り扱われるか利用規約や運営元組織を確認し、ファイルアップロードに伴うリスクなどを踏まえたうえで利用されることをお勧めします。類似の例として、マルウェア情報のデータベースとして有名なVirusTotalも、有償サービス（VirusTotal Intelligence）に契約すればアップロードしたファイル情報を取得できるため、意図しない社外秘情報が流出してしまう可能性があると指摘する記事が2016年のマクニカネットワークス社の研究（http://blog.macnica.net/blog/2016/03/virustotal-7ab2.html）で指摘されています。

も、全ての機能を理解できるようになります。

リバースエンジニアリングの欠点は、必要な努力が非常に多いことです。サンプルのサイズ、複雑さ、妨害対策の内容次第では、数時間から数日かかることがあります。そのため、包括的なリバースエンジニアリングは、IOCが十分でなく新しいマルウェア、あるいは新規または有名なサンプルのために取っておくべき最終手段です。しかし、マルウェアの全ての機能を理解するニーズがあることも事実です。こうしたリバースエンジニアリングは、遠隔制御機能やデータ漏洩手法など攻撃対象に対する重要な機能を明らかにしてくれる可能性があります。

マルウェア解析に対するインテリジェンスの適用：インテリジェンスと分析は、リバースエンジニアに適切な調査方針を示してくれます。事前分析で暗号化されたHTTPに基づいてC2通信が行われることが判明している場合、リバースエンジニアは暗号化キーを探すことに集中することができます。コンピュータに保存されてないが、コンピュータ付近で議論された情報が盗まれた場合、マイクロフォンやカメラを使用するなどの代替情報収集機能の分析に集中することができます。

マルウェア解析からのデータ収集：マルウェア解析は、最も難しい分析の1つではありますが、チームが実行可能な、最も豊富なデータを扱う分析方法の1つでもあります。マルウェア解析レポートは、攻撃者のアクションを示すインジケータ、戦術、能力など、様々な方法で利用可能なデータ群をもたらします。さらに、攻撃者が誰であるかを示す場合さえあります。マルウェア解析は、ネットワークとホストの両方の検知に役立つ情報を得ることができます。

5.2.5.6　マルウェア解析をより学ぶためには

マルウェア解析は、情報セキュリティの中でも最も学ぶことが難しいスキルの1つといえるでしょう。一般的なプログラミング技術に対して深く理解し、OSや一般的なマルウェアの動作についても深く理解している必要があります。Michael Ligh氏らによって書かれた『The Malware Analyst's Cookbook and DVD: Tools and Techniques for Fighting Malicious Code』（Wiley刊、2010年、邦訳未出版）は、ほとんどのインシデント対応担当者にとって必要な基本的な静的解析、動的解析手法の技術を教えてくれます。また、アセンブリの理解を含む、包括的なリバースエンジニアリング技術を学びたい場合は、Michael Sikorski氏とAndrew Honig氏による『Practical Malware Analysis: The Hands-On Guide to Dissecting Malicious Software』（No Starch Press刊、2012年、邦訳未出版）をお勧めします。

5.3　スコーピング

検知と調査を通じて、結論を出そうとしている最も重要な情報の1つが、インシデントの**スコープ**です。別の言い方をすれば、どのリソース（システム、サービス、認証情報、データ、ユーザーなど）が影響を受けたのか？　という質問に答えることだといえます。後に、影響の判定や対応方法の決定など、多数のワークフローに直接つながります。

例えば、あるコンピュータにマルウェアが見つかったとします。スコープを確認した後で、1台のコンピュータのみでマルウェアが発見された場合と、ネットワーク上の数十のシステムでマルウェアが発見された場合では、取るべき反応は異なるでしょう。

スコープを決定するもう1つの重要なポイントは、影響を受けるリソースのパターンを判断することです。感染したシステムは全て、特定の種類のユーザー、あるいは特定の部門が利用しているのでしょうか？ こうしたデータは、より深いレベルの攻撃を理解するうえで重要なものになる可能性があります（F3EADの分析フェーズで何かを得ることができるはずです）。この種の理解には、優れたインベントリ管理とIT管理チームとのコラボレーションが必要です。インシデント対応において、最も重要ですがイライラする点の1つに、特定のシステムについて、「このシステムは何をしていますか？」と尋ねまわる必要があることですから。

5.4 ハンティング

これまでのところ、インシデント対応に関する全ての議論は、受動的なインシデント対応に焦点を当てています。つまり、「セキュリティ対策が破られたことを理解した後、何をすべきか？」という考え方です。しかし、**ハンティング**（Hunting）は異なります。ハンティングは、アラート、もしくはセキュリティ対策が破られたことを知る前に、能動的にIOCを探すことです。検知メカニズム、特にシグニチャによる検知は完璧とはほど遠いメカニズムです。ただし、セキュリティ対策は特にアラートを挙げることなく失敗することも多々あります。様々な理由により、攻撃の兆候なく、攻撃が進行している可能性があります。

セキュリティチーム外の人には、ハンティングは当てずっぽうがうまく当たったようにしか見えませんが、実際はまったく異なります。ハンティングは、直感、経験、良いインテリジェンスの組み合わせに基づいて実行します。伝統的な狩猟と同じように、自分の持っているツールが結果に大きく影響します。ネットワークのセンサーが限定されていれば、ネットワーク上でのハンティング能力が制限されてしまいます。ネットワークとホストのセンサーのうち、最も幅広く、詳細にできるリソースをハンティングに集中させ、そこからあまり強力ではないセンサーにピボットすることが最善のやり方でしょう。たくさんのアプリケーションログがある場合はそこから始めることもできますし、リード情報を取得した後、ネットワークまたはホストとの通信に対しておかしな振る舞いを探し出す方法もあります。ハンティングは、リード（理論）を開発し、それをテストする（理論の確認または否定）活動です。

5.4.1 リードの開発

4章で、リードについて簡単に説明しました。ほとんどのチームにとって、ハンティングを始める際に最も難しい点は、どこから始めるべきか知ることです。開始すべきポイントを考えるうえで最も簡単な方法は、昔からある探偵小説のように、一連のリード（手がかり）の調査から始めることだといえるでしょう。では、これらのリードはどこから持ってくればよいのでしょうか？ インテリジェンス、直感、想像力を組み合わせて、以下のように探します。

- 過去のインシデントを見て、パターンや傾向を見つけます。過去の攻撃者は、C2通信に対して特定のISPをよく使用していたでしょうか？ ベンダーなどが公開しているホワイトペーパーを研究して、攻撃グループに関する言及はあったでしょうか？ 組織の外見上の活動を中心にリードを作成します。巨大な組織を除いて、特定の国や時間帯に対して（特に、大量のデータを伴う）接続がある場合は、注意深く検証する必要があります。

- 脆弱性診断やレッドチームによる侵入テストの結果に基づき、リードを作成します。レッドチームは特定のホストを攻撃したのでしょうか？ もし答えがYESの場合、本当の攻撃者が同じことをしたかどうか、確認するために時間を割くべきでしょう。

リストはまだまだ続きます。リードを作成する練習は、どんなにおかしな考えも書き留めて、「どんなアイデアも価値がある」というコンセプトを持つ、ブレーンストーミングの練習によく似ています。

5.4.2　リードのテスト

アラートと同様、攻撃者の兆候を探すためにハンティング活動を行う際には、大量のノイズや誤検知を生成する可能性があります。このため、ハンティング用のリードを環境全体に展開する前に、テストすることをお勧めします。このテストは複数の方法で行うことができます。1つの方法は、通常の操作に関連する大量かつ無関係なデータを取り出してこないように、既知の安全性が担保されているホストに対してリード情報のクエリを実行して、検知がほとんどないことを確認する方法です。もう1つの選択肢は、1日分のプロキシログなどのサンプルデータセットに対してクエリを実行して、クエリが膨大な数のデータを返さないよう確認することです。結果の数が多いと、システムが大規模に侵害されていることが示されます（そうでないことを希望しますが……）。もしくは、リードの中身が適切でないため、改善したり、再評価する必要があることを意味しています。ハンティングのための良いリードを開発するためには時間がかかるかもしれません。練習を繰り返して習得すれば、特定の兆候がなくても潜在的な悪さを特定することができます。

5.5　まとめ

検知、調査、ハンティングにインテリジェンスを統合することは、プロセスの改善やツールの導入と変更、そして最も重要なこととして、全てがどのように関連するか理解を向上するためのスタッフのトレーニング、この3つを組み合わせることです。アラートとは、「最も重要な側面に興味を持つこと」でしょう。重要なアラートを特定すると、そのプロセスはより広い収集活動に移行し、コンテキスト情報を収集します。調査とは、様々な情報を収集し、それを徹底的に理解することです。調査における受動的なタスクを習得した後は、検知されていない悪意あるアクティビティを探すため、アラートと調査の教訓とテクニックを積極的に適用して、ハンティングに進むことができます。

この段階における分析の目標は、事件の範囲を理解し、対応策を立てることです。その計画を立てたら、それを実行して脅威を取り除くときが来ます。この次のフェーズを完了フェーズと呼び、次の章でそれを達成する方法について説明します。

6章
完了フェーズ

"Change is the end result of all true learning."
変化とは、真の学習の最終結果なのです。
—Leo Buscaglia（米教育学者　レオ・ブスカーリア）

直面している脅威を特定し、その脅威がどのようにネットワークにアクセスし、どのように内部ネットワークを動き回ったか調査を行ったら、脅威を取り除くときです。この段階は、完了フェーズ（Finish）と呼ばれ、悪意のある攻撃者がネットワークに侵入した足場を根絶するだけでなく、そもそも不正に侵入できるポイントも是正していきます。

完了フェーズは、システムからマルウェアを削除する以上のことを含んでいます。そのため、調査フェーズと決定フェーズで多くの時間を費やしたのです。攻撃者の活動を停止させるためには、攻撃グループがどのように攻撃を行っているか理解し、攻撃によって残されたマルウェアや痕跡だけでなく、通信チャネル、足場、冗長化されたバックドア、決定フェーズで明らかになった他の攻撃ポイントについて、すべて排除する必要があります。攻撃者を適切に排除するためには、攻撃グループ、彼らの動機、および攻撃手法について深く理解する必要があります。こうした理解に基づいて、システムを保護し、ネットワークのコントロールを取り戻す際に、自信を持って対応できるわけです。

6.1　完了フェーズ≠ハックバック

完了フェーズは、ハックバック（Hack Back）を意味するものではありません。なぜなら、適切な権限を持つ政府機関や部署でない限り、ハックバックはとてもとてもよくない考えだからです！ なぜでしょうか？ それにはいくつかの理由があります。

- 属性情報の特定（Attribution）は完璧であることはまれであり、誰がハッキングを行っているか結局わからないことも多々あります。また、攻撃者は攻撃基盤から直接攻撃を行うことはほとんどありません。彼らは、他の被害者のマシンを踏み台にして攻撃してきます。つまり、攻撃しているマシンに対して反撃を試みた場合、この対象は病院、知人のコンピュータ、あるいは別の国にあるコンピュータなど本来無害なマシンに反撃していることになり、その国の法律に違反するだけでなく、自国の法律にも違反してしまうため、新たに複雑な問題を持ち込むことになります。
- 反撃を行った際に、何が起きるかはわかりません。セッションを終了したり、ファイルを削除したりするだけだと思うかもしれません。しかし、攻撃対象システムがどのように設定されているか、ネットワーク運用の複雑さを正確に把握していなければ、反撃した際に何が起こるかを正確に知ることは困難です（この議論とは別に、自分の組織のシステムとネットワークについては、きちんと把握すべきでしょう。自分が所有しているシステムについてすら、よく把握できていないこともざらにあるわけですから）。伝統的なF3EADサイクルを含む軍事作戦では、自分が取っている行動と付随的な損害の可能性を正確に理解するためには、調査フェーズの情報を使い、実験環境で作戦をシミュレーションし、練習する必要があります。インテリジェンス駆動型インシデント対応では、調査フェーズのアクティビティは全て自分のネットワーク内で行われるため、攻撃者のネットワークの全体像を把握することはできません。攻撃作戦を成功させるために必要な全体像を把握することは、おそらく法律違反の可能性が高いでしょう。
- 正直、自分が誰に対して反撃しているかわからないはずです。また、自分の環境内にいる攻撃者について広範な研究を行い、彼らの動機や意図を知り、攻撃を止める方法を知っていると思っても、あなたの反撃作戦を快く受け入れる攻撃グループがあることを知っておくべきでしょう。彼らは、結果として（それを口実に）追加の攻撃を仕掛けてくる可能性があります。極端な場合には、反撃の相手が、国家レベルの攻撃グループである可能性があります。その場合、反撃行動は国家安全保障上の問題として解釈され、自分の組織だけでなく、もともとの攻撃とは何の関係もない他の組織や機関に対しても影響を与えてしまう可能性があります。
- ハックバックは、そもそも違法と判断されるでしょう。合衆国法典第18編第1030条「コンピュータ詐欺および濫用罪と詐欺および関連する活動」（18 U.S. Code § 1030）（https://www.law.cornell.edu/uscode/text/18/1030）、および他の多くの国で制定されている同様の法律により、システムを保護するための不正アクセスは違法とされています。これらのシステムを使用している人が攻撃グループであっても、米国の法律で保護しているコンピュータと見なされ、アクセスすることすら法律に違反する可能性があります。

繰り返しますが、私たちから反撃行為は絶対に行わないでください。完了フェーズは、自分のネットワーク外ではなく、自分のネットワーク内で実行されるべきアクティビティです。

6.2 完了フェーズのステップ

ネットワーク内の攻撃者を排除するには、様々な方法があります。調査フェーズで特定されたアクティビティの性質、組織の成熟度とリスク許容度、持っている法的な権限に基づいて、攻撃者を排除し、二度と戻れないようにする最良の方法を決定します。完了フェーズには、緩和策（Mitigate）、修復策（Remediate）、および再構築（Rearchitect）の3つの段階があります。これらを、全て一度に行うことはできないことを認識しておきましょう。包括的な調査の後、戦術的対応が迅速に行われることがありますが、再構築などの戦略的対応には時間がかかります。次に3つのフェーズについて説明します。

6.2.1　緩和策（Mitigate）

インシデントの間、防御側チームは問題を緩和する必要があります。緩和策は、長期的な修正が行われている間、侵入が悪化するのを防ぐため一時的な措置を講じるプロセスです。

理想的には、防御側チームがアクセスを切断する前に攻撃者が対抗する機会を与えないように、緩和策は協調的かつ迅速に行われるのが理想的です。配送フェーズ、C2フェーズ、目的の実行フェーズなど、キルチェーンのいくつかの段階で緩和策は実行されます。

攻撃者に対する不要な警告

インシデント対応チームが完了フェーズを実施する際には、完了アクションについて攻撃者の潜在的な反応を考慮することが重要です。調査プロセスは主に受動的ですが（情報収集と分析）、必要に応じて能動的であるべきです。完了フェーズのアクションは攻撃者に警告を与えてしまい、戦術を変えられたり、新しいアクションを起こされたりしてしまう危険性があります。この敵対的な対応を避けるためには、行動を計画し、できるだけ早く計画を実行し、攻撃者が環境にとどまることができないようにする必要があります。

6.2.1.1　配送フェーズにおける緩和策

攻撃グループが環境へ再度入り込むことを制限することが重要です。攻撃者を阻止するためには、調査フェーズで収集した情報を利用します。このフェーズでは、決定フェーズと同様に、攻撃者がどのように動作するかを教えてくれるだけでなく、攻撃者がネットワークに侵入した方法も教えてくれます。配送フェーズを緩和するためには、配送フェーズに使用される電子メールアドレスや添付ファイルをブロックするか、自組織の環境へログインするために使用される奪取された認証情報を無効化する必要があります。配送フェーズの緩和は、通常アクティブなセッションに影響を与えず、アクセスを奪取する将来の試みのみをブロックするため、攻撃者に気付かれる可能性が最も低い種類の緩和策です。

6.2.1.2　C2フェーズにおける緩和策

攻撃者が何らかの形でC2通信を使用している場合、修復策に移行する前に、このアクセスを切断することは最も重要なアクションの1つです。緩和策を行う際の注意点として、防御チームがコントロールを取り戻そうとしているときに、攻撃者が環境を変更できないようにすることです。攻撃者がこうした対応に対して行う最も簡単な対抗策は、既に確立している接続を使用して、システムにアクセスする代替手段を設定することです。一例として、プライマリRATに加えて異なるシグニチャを持つセカンダリRATをインストールする攻撃者が挙げられます。通信間隔が非常に長くなり、容易に検知されない可能性があります。そのような状況では、攻撃者は後から戻ってくることができるため、プライマリRATを放棄する可能性が考えられます。

セッションの無効化

残念ながら、電子メールなどの多くのオンラインシステムは、侵害されたユーザーのパスワードが変更されたときに自動的にセッションを無効化する機能はありません。アクセスを削除したと思っていても、攻撃者はログインしたままである可能性があります。これは、緩和策と修復策の観点から見ると最悪の状態です。なぜなら、インシデント対応チームが対応済と考えているリソースを攻撃者はまだ制御可能であり、インシデント対応担当者が行う追加のアクションを監視し、適応するチャンスを与えてしまうためです。修正されたと思われる攻撃手法により再度侵入を許してしまえば、防御側の面目は丸つぶれです。アカウントのパスワードを変更する場合は、セッションを無効化することが重要です。

さらに、アプリケーション固有のパスワードも忘れないでください。多くのサービスでは、デスクトップクライアントやサードパーティのサービスにワンタイムパスワードを使用しています。これらはめったに変更されず、犠牲者が定期的にパスワードを変更した場合でも、攻撃者が長期間アクセスするために悪用されている可能性があります。

6.2.1.3 目的の実行フェーズにおける緩和策

ステークホルダーは、目的の実行フェーズにおける緩和策を直ちに行いたいと考えるでしょう。機密情報へアクセスし盗み出そうとしている攻撃者が、自分の環境にいることを快く思う人は誰もいないはずです。ネットワークの安全性を確保するプロセスを行う一方、攻撃者の行動に対する結果や重要性を減らすことは、攻撃者が戦術を変え、目標を達成する別の方法を見つける機会を与えずに、情報を保護することができるバランスのとれた行為といえるでしょう。

目的の実行フェーズに対する緩和策は、機密情報へのアクセスを制限し、ネットワーク転送オプションを減らしてデータ持ち出しを防止し、影響を受けたリソースを完全にシャットダウンすることに重点を置いています。情報を盗むことは必ずしも攻撃者の目標ではないことに注意してください。他の環境へ侵入するための踏み台として読者のネットワークへ侵入している場合もあれば、他の環境へDoS攻撃を行っている可能性があります。こうしたアクションは、必要に応じてネットワークアクセス制御やアウトバウンド通信を制限することで修復できます。

6.2.1.4　GLASS WIZARDへの緩和策

4章と5章では、「攻撃グループGLASS WIZARDがどのように活動しているか？」という疑問に答えることに注力してきました。具体的には、活動に関する外部情報を見つけ、具体的にどのようにシステムに侵入し、侵入後にどのような行動を取ったのか、こうした情報を収集してきました。今、GLASS WIZARDについて十分理解をしたので、完了フェーズを開始することができます。

GLASS WIZARDは、スピアフィッシングメールで攻撃を仕掛け、ネットワークへアクセスしてきました。決定フェーズでは、電子メールの件名、添付ファイル（人事部を攻撃対象とした、レジュメを装った添付ファイル）、および送信者を識別できました。同様の手法、あるいは類似の方法を使用して攻撃者がアクセスを再確立しようとするリスクを軽減するため、類似した電子メールを分析用サンドボックスに転送し、攻撃者がアクセスを再度奪取する兆候を探そうとしています。また、人事部門と話し合い、意識を高めてもらうため、脅威について説明する予定です。

C2活動を軽減するため、特定されたC2サーバへの通信をブロックします。また、GLASS WIZARDが他の攻撃で使用したと判断した他のC2通信についてもブロックまたは監視を開始しています。攻撃者が活動を検知されたことを知った段階で戦術を切り替える可能性があるため、彼らの足場を維持したり再構築するための対抗策に備えたいと考えています。

最後に、攻撃者がユーザーとシステムの両方の認証情報を奪取したと考えられます。そのため、環境全体に対して、サービスアカウントを含むパスワードを強制的にリセットし、環境内で使用されているオンラインシステムやアプリケーションへの全てのセッションを無効化します。GLASS WIZARDがネットワーク上で探している情報の種類を知っていますが、こうした情報がユーザーのシステムや電子メールを含め、ネットワーク上のありとあらゆる場所に存在していると考えています。そのため、大量の情報が格納されているデータベースやその他の場所への監視を強化し、完了フェーズの再構築で、機密情報をより正確に追跡し保護する方法に焦点を当てる予定です。

攻撃者の被害を停止、制限するための緩和策が講じられたら、修復策に移行します。そして、攻撃者が再度侵入できないような恒久的な対策を検討します。

6.2.2　修復策（Remediate）

修復とは、全ての敵対的な機能を削除し、侵入されたリソースを無効にし、攻撃者が攻撃を継続できないようにするプロセスです。修復策は、緩和策のときとは異なるキルチェーン・フェーズに焦点を当てています。具体的には、攻撃フェーズ、インストールフェーズ、および目的の実行フェーズについてより詳細に検討を行います。

6.2.2.1　攻撃フェーズにおける修復策

多くの場合、攻撃フェーズへの修復とはパッチ適用を意味します。全ての悪用は脆弱性に依存しているので、将来にわたり悪意のある攻撃によってシステムへ侵入されないようにする第一の方法は、攻撃対象へ到達できないようにするか、脆弱性を修正することです（システムへ到達できないようにするためには、システムをファイアウォールの背後に置くか、別のアクセス制御を行う仕組みを利用するなどが考えられます)。パッチが既に利用可能である場合、脆弱なシステムへのパッチ適用について優先順位を付けたうえで、以前パッチが適用していない理由を特定する必要があります。ただし、場合によってはパッチが入手できないこともあります。そのような状況では、修復策としては、ソフトウェア作成者と一緒に作業することも想定しておく必要があります。ソフトウェア作成者は、問題を認識している場合としていない場合があります。ときには恒久的な修正プログラムを作成するには膨大な時間がかかるため、脆弱なシステムを隔離したり、厳密なアクセス制御を実施し監視したりするなど、他の緩和策を講じることも必要です。

多くの組織ではカスタムコードが豊富に存在します。場合によっては、ベンダーに連絡する代わりに、担当チームに連絡すればよいケースもあります。組織がカスタムツールに依存している場合、セキュリティ上の問題が発生した場合に備え、内部のアプリケーション開発チームと連携するプロセスを整備する必要があります。

ソーシャルエンジニアリング攻撃へパッチを適用する

セキュリティの世界では、「人間のためのパッチはない」という面白い皮肉があります。確かに、ユーザーは攻撃の警告や兆候を見分けたり、理解しなかったりすることも多々あります。成功した攻撃の多くはこの事実に依存し、技術的な攻撃を完全に回避し、偽のアプリケーションやドキュメントマクロなどをずる賢いソーシャルエンジニアリング攻撃と合わせて利用し、攻撃を行います。技術的対策は、これらの攻撃に対抗するために役立ちますが、本質的な脆弱性は技術的な部分ではありません。唯一の根本的な解決策は、これらの種類の攻撃を認識し、回避するようにユーザーをトレーニングすること、およびユーザーが人事評価への影響など、報復や非難を恐れないように、不審な活動を報告するプロセスを確立することが重要です。

6.2.2.2　インストールフェーズにおける修復策

一見すると、インストールフェーズの修復は簡単に見えるでしょう。攻撃時に作成され、インストールされたものを削除すればよいのです。このコンセプトは単純ですが、インストールされたマルウェアを修復するのは困難で、時間がかかる作業です。多くの場合、たくさんの時間と労力を投入しなければなりません。マルウェアとは、そもそも何でしょうか？　通常は、1つまたは複数の実行ファイルで、場合によってはいくつかのライブラリを含んでいます。また、再起動やエラーが発生した場合に備えて、最初にシステム上で実行したファイルが、再度実行されるようにする持続性メカニズムを持っています。攻撃時には、攻撃者はシステムを制御し、様々なアクションをとることができます。こうしたマルウェアの挙動を完全に理解するには、システムへの深い理解と相当な調査が必要です。

その複雑さを考えると、マルウェアがインストールされた後、どのようにすればマルウェアを完全に削除することができるのでしょうか？ ファイルを削除するだけで済むほど、単純ではない場合もあります。これは以前議論した通り、マルウェアを削除すべきか、システムを再フォーマットして完全に再構築すべきか、インシデント対応担当者の間でも根深い議論となるテーマにつながります。ウイルス対策ソフトに対しては、マルウェアを完全に削除することを期待しています。しかし、多くのインシデント対応担当者は、ウイルス対策ソフトが想定通り動かないケースがあることも知っています。マルウェアの排除を行う際に、どのように処理するかは各インシデント対応チームに任されています。

著者の意見：マルウェアの削除か？ システムの再フォーマットか？

通常は、面白い経験談やユーモアをもって、各自で判断を下す必要があると示唆することが多いのですが、今回は標準的なアドバイスを提供します。再フォーマットしなさい！ 以上！ もちろん、様々な要因があり、異なる決定が必要な場合もありますが、筆者は常に再フォーマットすることをお勧めします。これは、マルウェアが確実になくなり、攻撃者によるシステムの攻撃を完全に緩和する唯一かつ確実な方法です。もちろん、制御システムのような特殊なシステムでは、これは不可能かもしれません。しかし、再フォーマットは、一切を見逃さずマルウェアへ対応できる最善の方法なのです。

6.2.2.3 目的の実行フェーズにおける修復策

目的の実行フェーズにおけるアクション全てを修復することは難しいですが、常に検討する価値があります。ただし、攻撃者の取った行動と取得しているデータによっては修復できる余地は限られるかもしれません。

データ盗難の場合、データの種類には大きく依存しますが、どんな情報が取られたのか、攻撃によってどんな被害を受けたのか、評価を行う以上に何かすることは非常に難しいといえるでしょう。例えば、セキュリティ企業のBit9は、2013年に侵害を受け、攻撃者によってコードサイニング証明書を盗まれてしまいました。これらの証明書で署名されたソフトウェアは、Windows OSは一切の疑いを持たず信用します。その結果、攻撃を修復する最善の方法は、証明書失効要求を発行することでした。証明書失効要求により、証明書が無効化され、それによって署名された全てのソフトウェアは信用性を失いました。

目的の実行フェーズにおける修復の他の事例として、以下が挙げられます。

- 分散型DoS攻撃用のボットのアウトバウンドネットワーク通信をブロックする
- 盗まれたクレジットカード番号をクレジットカード会社に報告して無効化を依頼する
- パスワードやその他の認証情報を変更して無効化する
- 盗まれたソフトウェアのソースコードレビューを実施する

状況がはっきりするまでは、できること全てを予測することはほとんど不可能ですが、目的の実行フェーズの修復を行う際には、問題の根本原因と攻撃者の目標、侵害されたリソースへ対応するチームとのコラボレーション、そして少しのクリエイティブさを持って、より深い調査が必要になることも考慮しておかなければいけません。

6.2.2.4 GLASS WIZARDへの修復策

GLASS WIZARDは優れた能力を持つ攻撃グループであり、システムから発見されたHikitやZOXファミリーを含む様々なマルウェアを活用しています。侵入されたシステムを修復するためには、可能な限り、それらのマシンを再構築する必要があります。しかし、実際にはうまく再構築ができないケースも存在します。私たちの最終的な目標は侵害された全てのホストを再構築することですが、侵害されたサーバの一部は特別な対応を行わなければいけないケースも存在します。

ドメインコントローラの場合、多くのシステムが依存しているため、サーバの再構築に伴うダウンタイムは受け入れられないでしょう。そのため、異なるアプローチをとる必要があります。このような状況では、盗まれた認証情報やC2通信を使用してシステムへアクセスする攻撃者の能力を軽減するための適切な措置を講じた後、新しいシステムを構築する方法をとりました。同時に、既知の活動へのホワイトリストを作成し、よくわからない振る舞いについては警告を挙げるように設定します。GLASS WIZARDがネットワークに再度侵入を試みるだろうという報告に基づいて、適切に対応を行い、同じように侵入されないように工夫しなければなりません。彼らがどのように再度攻撃を達成するかはわかりませんが、正常でない活動に対しては警戒を続けています。新しいシステムが適切に構築され、追加のセキュリティ対策が実装されたら、侵害されたシステムを新しいシステムと置き換えます。

GLASS WIZARDはCVE-2013-3893という脆弱性を一部のホストに対して利用していることも確認しました。そのため、Internet Explorerの古いバージョンを使用しているシステムを特定し、修正するために情報セキュリティチームと連携する必要があります。軽減プロセスの一環として、既に認証情報の変更を実施していますが、以前のアカウントに対するログイン試行を監視し、資格情報を使用して再度アクセスを取り戻そうとする攻撃者の試みを特定する監視メカニズムを実装しました。

6.2.3 再構築（Rearchitect）

インテリジェンス駆動型インシデント対応のデータを最も効果的に活用する方法の1つとして、再構築は高度な修正方法です。インシデント対応チームは過去のインシデント傾向を見て、共通のパターンを特定し、戦略的なレベルでこれらを軽減するように働きます。これらの緩和は一般的に非常に幅広く、システム設定の調整やユーザートレーニングの追加など小さい変更から、新しいセキュリティツールの開発や完全なネットワークの再構築など、大幅な変更にまで及ぶ可能性があります。

多くの場合、これらの大規模な変更は大きな情報漏洩が発生した後に行われます。しかし、小規模な侵入や失敗した侵入に基づく傾向を過小評価せず、変化の牽引役となる脆弱性や弱点に関する情報を適切に活用すべきでしょう。

6.2.3.1　GLASS WIZARDへの再構築

セキュリティチームは、GLASS WIZARDが侵入するきっかけを与えてしまったアーキテクチャ上の問題とプロセス上の問題を特定することができました。1つは、2013年からの脆弱性がいくつかのシステム群で対応されていなかったという事実です。パッチは通常、いくつかの脆弱性に対処するより大きなパッケージの一部としてインストールされるため、当該システム群には他の脆弱性も存在していることがわかります。この場合、プロセスが機能しなかった理由をよりよく理解し、必要な変更を加える必要があります。

また、自分たちの環境において認証とアクセスを制御する方法にいくつか問題があることを発見しました。GLASS WIZARDは正当なアカウントを使用してネットワーク内を移動することができましたが、これらのアカウントが疑わしい活動をしていることを特定する術がありませんでした。

この問題に対処するには、すぐにはできませんが、追加の投資が必要です。私たちが取る緩和策と修復策の手順は、ネットワークを保護する一方、より持続的なアーキテクチャの変更を計画し、実施することを可能にします。

6.3　行動を起こせ!

攻撃者の攻撃を終わらせるためには、戦術的な行動だけでなく、戦略的かつ運用的な計画が必要です。一貫した計画が策定され、全ての責任ある当事者がどのような行動を取る必要があるかきちんと理解したとき、それは行動するときです。

3章では、攻撃者の活動に関連する5Dについて議論しました。攻撃者が、対象となるシステムとネットワークへとる5種類の行動、拒絶（Deny）、低下（Degrade）、妨害（Disrupt）、欺瞞（Deceive）、破壊（Destroy）を記述したモデルです。完了フェーズでは、この5Dを利用して攻撃者をネットワークから排除するためのアクションを決定できます。念のため、もう一度触れておきますが、これら全てのオプションを使用した際に、実行されているアクションは全て制御可能なシステムやネットワーク内で完結し、制御が難しい外部のシステムへ絶対に影響を与えないように注意することが重要です。

6.3.1　拒絶（Deny）

拒否（Deny）は最も基本的な対応アクションの1つであり、ほとんど全てのケースで攻撃者のアクティビティに対する最初の応答になります。攻撃者は、攻撃対象となるネットワークへのアクセスと、関連する情報にアクセスすることを望んでいます。攻撃者はシステム間を自由に移動し、自分が望むものを見つけ、持ち出したいと考えています。拒絶の目標は、こうした行為をする能力を取り除くことです。

攻撃者はネットワークに何らかの形で侵入して成功した後、バックドアをインストールし、ユーザーの認証情報をダンプし、アクセス経路を確保できるかどうかを確認しています。理想的には、調査フェーズでこれらのアクティビティを特定したので、完了フェーズでは、攻撃者がネットワークへアクセスすることを完全に締め出す方法をとることに集中できます。攻撃者のアクセスを排除する方法は次の通りです。

認証情報に基づくアクセス

攻撃者がネットワークにアクセスするために、奪取した認証情報、あるいはデフォルトの認証情報を使用した場合、最善の方法はこれらの認証情報を変更するか、古いアカウントを削除し、攻撃者にアクセス権を与えないようにすることです。また、盗まれたアクセス権を利用し、攻撃者が作成したアカウントを探すことも重要です。

バックドアとインプラント

2章では、バックドアやインプラントについて説明しました。こういったプログラムがどのように動作し、攻撃者がどのように使用するのかを理解したため、これらのツールを活用し、ネットワークにアクセスする能力を効率的かつ完全に排除できるようになります。アクセスを排除するプロセスにおいて、バックドアがそもそもインストールされた方法を理解する必要があります。多くの場合、攻撃ツールを削除するだけでなく、認証情報も変更する必要があります。なぜなら、認証情報の奪取と攻撃ツールのインストールは同時に発生する可能性が高いためです。攻撃者は、認証情報を使用してアクセス権を取得しバックドアをインストールしたか、アクセスした後に認証情報をダンプしたかのいずれかです。

横断的侵害

「アクセスを排除すること」は、外部からネットワーク内部へ侵入することだけを意味するわけではありません。攻撃者が、ネットワーク内で横断的侵害を行う能力を持っていないことを確認することも意味します。前述したように、完了フェーズは、ネットワークから1人の攻撃者を追い出すだけでは不十分です。このフェーズでは、最初にアクセスを許した経路を防ぐ必要があります。言い換えれば、ネットワーク全体を移動する能力を奪い取る必要があります。調査フェーズと決定フェーズでは、攻撃者がネットワーク経由で移動した方法（一般的な方法の場合もあれば、インシデントや環境に固有の手法の場合もあります）を特定できたはずです。これらの方法を踏まえ、問題に対処することが重要です。

完了フェーズにおいて収集した全ての情報は、アクセスを完全に排除できるよう、計画を立てるために役立ちます。しかし、アクセスを排除するだけでは不十分です。攻撃者がアクセスをすぐに取り戻そうとする可能性があるためです。ネットワークへのアクセスを再度奪取したり、情報へアクセスしたり、ネットワークからその情報を盗み取る能力を妨害する措置を講じることも重要です。

6.3.2 妨害（Disrupt）

従来の方法では、攻撃者の行動を拒絶することは不可能な場合があります。**妨害**は、攻撃者に無駄な行動を取らせ、攻撃を行う能力を低下させることになります。妨害と低下は、単にアクセスを排除するアプローチでは効果的でない、高い能力を持つ攻撃者に直面した場合にとるアプローチです。

アクセスを恒久的に排除することは難しいため、多くの組織ではときどき同じ攻撃者によって繰り返し情報漏洩が発生してしまいます。ネットワークに侵入できたと判断した攻撃者は、技術的セキュリティ対策を回避できるユーザーが見つけられれば、うまく活用するでしょう。

しかし、攻撃者がネットワークに戻ってきたからといって、再び情報を奪取できるとは限りません。攻撃者が探している情報へのアクセスを拒否するためには、（調査フェーズと完了フェーズで決定されている）ターゲットを特定し、その情報へのアクセスを制限するため、追加的な措置を取ることが重要です。これは、重要な情報周辺に追加のアクセス制御手段を設定し、誰かがその情報を見つけてアクセスしようとしている場合はアラートを挙げる追加設定を行うこと、あるいは共有リソースにアクセスする際に追加的な認証が必要であることを意味します。これらの手順は、攻撃者が狙っている情報を理解し、この情報がネットワーク上のどこにあるかを知っている場合にのみ取ることができます。

6.3.3 低下（Degrade）

低下は、より効果的に対抗できるように、攻撃者が手の内を見せるように誘導することを目的としています。しかし、目標は攻撃者の戦術についてより多くの情報を収集することではなく、以前に特定された活動の効果を低下させるために行います。

6.3.4 欺瞞（Deceive）

欺瞞は、誤った情報や、誤解を招く情報を提供し、攻撃者を混乱させようとするアクションです。多くの場合、これは目的の実行フェーズに焦点を当てています。例えば、知的財産権に重点を置いている攻撃者に、間違った種類の金属を使った製品計画を入手させ、失敗を引き起こすなどが考えられます。背後にある考え方は、攻撃者の収集努力の成果を低下させ、他のことに集中させるよう誘導することです。

他の一般的な欺瞞技法はハニーポットです。ハニーポットは環境内の一般的なシステムのように設定されていますが、データ取得を強化するための仕掛けが秘密裏にセットアップされています。例えば、適切なポート上で、適切なリスニングサービスを持つデータベースサーバのように見えるシステムのように振る舞うハニーポットが考えられます。また、ma-contracts-dbのようなホスト名を意図的に設定している場合もあります（この場合maはM&Aを示唆しています）。環境内の攻撃者はホストを調査し、有益なデータが存在する可能性のある魅力的なターゲットを探し、アクセスしようと試みます。環境内にいるべき人は、当該システムが何も役立たないということを知っているので、アクセスを行うのは攻撃者しかないといえます。ハニーポットへアクセスしようとする試みを検知することによって、防御チームはアラートを受け取ることができます。ハニーポットは単にシステムである必要はありません。この技術は、ソーシャルネットワークやユーザーペルソナなどの他のコンテキストでも使用できます。

理論上、この試みは素晴らしく見えます。実際、欺瞞テクニックは役に立ちますが、効果的に実行するのは難しいといわれています。ほとんどの欺瞞は、攻撃者をそそのかすことができる十分な誘惑を用意できるかどうかにかかっています。ぶら下げるべき餌は、本物と紙一重の内容を用意する必要があります。そそのかすだけでは十分ではなく、攻撃者がアクセスすることを邪魔しないようにする必要があります。しかしあまりにも魅力的な餌だと、攻撃者はおとりであることをかぎつけ、そもそもアクセスを避けてしまうかもしれません。たとえあなたが完璧で魅力的なおとりを選んだとしても、欺瞞は依然として課題であり、信憑性は重要です。ソーシャルネットワーク上で偽のペルソナを使用してフィッシングを特定したいとします。プロファイルの設定が完全であっても、攻撃者もアクセス可能な情報源から画像を取得したりユーザーの接続が少なすぎたりすると、信憑性はあっという間に落ちてしまいます。

欺瞞は難しく、全てを正しく、かつ有益な内容にするにはとても多くの課題があります。多くの場合、誤検知率も高くなることがあります。欺瞞は有用な情報を提供してくれますが、効果的に利用するためにうまく使いこなすことができるだけの時間と努力を払うことができる、成熟度の高い組織で行うべきです。

6.3.5 破壊（Destroy）

破壊とは、システムに何らかの物理的なダメージを与えることを意味し、通常は適切な対応ではありません。なぜなら、今は自分のネットワークに対して取るべき行動について議論しているためです。古いシステムが侵害されたことを発見し、それをネットワークから削除することは良い選択かもしれませんが、それでもそのシステムを破壊する必要はありません。

念のためですが、このセクションでは攻撃者が所有、あるいは運用しているシステムの破壊についても言及していません。前述したように、これらのアクションは全てネットワーク内で行われるべきアクションです。

6.4 インシデントデータの整理

もう1つ焦点を当てるべき重要なテーマとして、インシデント対応修了後、調査中に取った措置の詳細を記録することが挙げられます。整理を行う場合、次の事項に焦点を当てるべきです。

- 最初のリード、ソース、および結果
- TTPsの記述とインジケータ両方を含んだ攻撃者が利用するキルチェーンの詳細
- 脆弱性、設定、所有者、目的など、侵害されたホストに関する情報
- ターゲットに対するアクション、侵入がユーザーにどのように影響を与えたのか、漏洩した情報の詳細（これは、法執行と連携して動く場合、特に重要になります）
- どのインシデント対応者が、どのホストへどんなアクションを取ったか（どのような問題が発生したかを追跡する必要がある場合に重要となります）
- 長期的行動に対するフォローアップリード、あるいはアイデア

また、個々の組織のニーズに基づいて追加情報を得ることもできます。最終的な目標は、全ての対応者が見つけた発見事項を分かち合い、全員を調整し続けることができる、信頼できる統合された情報源を持つことです。これには多くの方法がありますが、最終的に重要なことは、情報がどのように格納されているかでなく、誰もが一緒に作業し、プロセスに沿って作業を完了できる環境を整備することです。

6.4.1 インシデント管理ツール

インシデントデータ、および実行されたアクションを追跡するための様々なツールが用意されています。ここでは、公に利用可能なツールと専用ツールの両方を使用してデータを整理する方法について説明します。インシデント対応を始めたばかりで、情報やアクションを管理するための既存のシステムがない場合、少しずつでも能力と機能を向上させることが望ましいといえます。必須入力項目をたくさん備えた複雑なインシデント管理システムを追加してしまうと、担当者は圧倒されてしまい、実際の調査に割り当てる時間はほとんどなくなります。最悪のシナリオは、アナリストが使用したがらないインシデント管理システムを構築してしまうことです。これにより、インシデントに関する情報を追跡することがより困難になります。幸いにも、インシデント情報の管理を開始するには、いくつかの簡単な方法があります。

6.4.1.1 個人的メモ

ほとんどの場合、インシデント管理はアナリストの個人的メモから始まります。優れたアナリストは、正式な調査と簡易的な監視の両方に注意を払い、メモを残す必要性を認識し、必要に応じてメモを取ります。その結果、多くのアナリストはSOCのシフトやハンティングを実行する日を通じて、自分がつまずいたり、気付いたことを書き留める習慣を身につけていきます。

こうした個人的メモは、アナリストにとって非常に重要なものであり、正式なレポートを作成する際に頻繁に使用されます。しかし、セキュリティチームとして考えた場合、こうした個人的なメモは有益ではないことがあります。これは主にフォーマットによるものです。個人的なメモを書くアナリストは、通常、自分が使いやすいように個人的なスタイルとフォーマットを開発します。これは、紙のノートブックやテキストファイルを利用することが一般的です。そこからアナリストは、異なる日付フォーマット（12-1-18や20181201）を使い、日記風に記録したり、箇条書きを使用したり、描画されたグラフを作成するなど、様々な活動を行います。

個人的メモの難しい点は、これらのメモを活用する難しさです。手書きであれば、基本的には読みづらいですし、タイプされていれば、活用する機会はありますが、コンテキスト情報が多数失われてしまいます。

その結果、個人的なメモは個人的なものであり、アナリストは自分のためにメモしたものだと捉え、チームとしては情報を管理する共有フォーマットを使ってやり取りをしていくべきです。

6.4.1.2 悪魔のスプレッドシート

ほとんどの場合、チームとして情報の追跡を開始すると、最初にスプレッドシート（Microsoft ExcelやGoogleスプレッドシートなどの表計算ソフト）を利用し始めます。アナリストは、これを「悪魔のスプレッドシート」と呼んでいます。なぜなら、情報量が増え、無計画にコピーが作成され、どれが最新版なのかわからなくなり、情報量が増えていくにつれ取り扱いが非常に面倒かつ困難になるためです。

スプレッドシートの利点は、データを簡単に構造化できる点です。典型的には、複数のスプレッドシート、あるいは1つのファイルのタブ機能を利用して、以下の情報を記載します。

- IOC
- 侵害されたリソース（システム、サービス、データなど）
- 対応アクション（計画されたアクション、既に実施済みのアクションなど）

図6-1にて、悪魔のスプレッドシートの例を示します。

Spreadsheet of Doom: Example

	A	B	C	D	E	F	G	H	I	
1	Indicator	Type	Found By	Found At (Date Time)	Source	Retro Hunted	Enriched	Detection Created	Detetion Deployed	N
2	10.34.78.6	Network	sroberts	11/30/2016 20:34:00	3rd Party	Yes	Yes	Yes	No	R
3	10.15.2.199	Network	sroberts	12/01/2016 12:03:00	Internal Hunting	No	No	No	No	F
4	example.com	Network	rbrown	12/01/2016 12:05:00	PassiveTotal	Yes	Yes	Yes	Yes	1
5	10.34.22.6	Network	rbrown	12/01/2016 12:05:00	PassiveTotal	Yes	Yes	Yes	No	e
6	10.34.125.6	Network	rbrown	12/01/2016 12:05:00	PassiveTotal	Yes	Yes	Yes	No	e
7	/a2b3?=<hostname>	Network	rbrown	12/01/2016 12:05:00	Full Content Monitoring	Yes	No	Yes	Yes	S
8	6d5f5f00872e7d6f72b4f28395f287092684a82b	Host	sroberts	12/01/2016 14:17:00	GRR	No	No	No	No	G
9	/tmp/usr/local/bin/f	Host	sroberts	12/01/2016 14:17:00	GRR	No	No	No	No	G

IOCS　Compromised Hosts　Response Timeline

図6-1. Googleスプレッドシートを利用した「悪魔のスプレッドシート」

「悪魔のスプレッドシート」がどのように設定され、どんなフィールドを持ち、どのように保存され、人々がどのように活用しているかについては、各組織に依存しており、時間とともに進化します。重要なのは、合意された形式、および名前、日付、カテゴリについて記載に関する入力規則とその一貫性です。この一貫性が非常に重要となります。なぜなら、個人的メモと違い、スプレッドシートの大きな利点は、表計算ソフトが持つ機能を簡単に活用できるからです。

スプレッドシートはCSVファイルとして出力することもできます。CSVを利用すれば、多くのツールや様々なスクリプト言語で簡単に読み書きでき、他のテキストベースの文書よりも簡単に、多くのことを行うことができます。例えば、全てのIPについてリバースDNSを使って自動的に名前解決をしたり、Virus Totalでハッシュ値を自動的にチェックしたりするなどの活用が考えられます。こうした自動化は非常に重要です。

スプレッドシートの弱点は、言わずもがなでしょう。つまり、効果的に利用し、入力規則に従う規律に大きく依存しています。残念ながら、スプレッドシートは十分な入力値検証機能がありませんし、悪いデータが正常データを汚染することを止める機能もありません。この部分が崩壊すると、スプレッドシート自体が機能しなくなります。

6.4.1.3 サードパーティ製の汎用ソリューション

一般に公開されていたり、市販されているツールを使用したりする代わりに、インシデント対応管理やインシデント情報の収集に利用する独自ツールを採用しているチームもあります。これはチームの決定であり、短期的、あるいは長期的な解決策として採用されていることでしょう。かんばんボード、Markdownやwikiなどの一部構造化したフラットファイル形式、一般的なITチケット管理システムなど、サードパーティ製の汎用ツールを使用して評価する場合、次のニーズを考慮してください。

自動化への対応能力
データ構造を持つ大きな利点は、一般的なタスクを自動化するツールを構築できることです。

一般的なチームワークフローツールとの統合
新しいツールやテクノロジーに慣れることは大変です。特にストレスの多い状況で、これらのツールをいきなり使いこなすことを期待することは無理があります。

ツールの導入が決定された後、インシデント対応でその新しいツールに頼ることに不安がある場合、最良の方法は練習です。机上訓練やインシデント対応練習を繰り返し行うことで、新しいツールへ慣れてもらうことを強く推奨します。当然練習時にもいろいろと問題にぶつかるはずですが、インシデント対応時に遭遇するよりもずっと良いといえるでしょう。

6.4.2 専用ツール

個人的メモや、後々管理が大変になるスプレッドシートを使うのも良いですが、著者の経験と勘では、インシデント対応チームやインテリジェンスチームは目的に合った専用ツールの導入を希望するでしょう。誤ったIPアドレスの調査を行い、多くの時間を浪費した後、あるいは新しい検知が適用されたかどうかで不明瞭な状態が続いた後には、こうした専用ツール導入の転機が訪れることがよくあります。その結果、ほとんどのチームはインシデント対応プラットフォームを導入または構築することができるでしょう。

目的に合わせて設計されたインシデント対応システムは、これまでに説明したような重要な特性を備えています。こうしたツールは、しばしば簡単に統合することができます。多くの場合、電子メール機能や、他のツールと連携するためのAPIなど、様々な統合ポイントが用意されています。

私たちがよく目指すのは、図6-2にあるようなFIR（Fast Incident Response：https://github.com/certsocietegenerale/FIR）といった専用ツールです。フランスで3番目に大きい銀行であるソシエテ・ジェネラル銀行（Société Générale）のコンピュータ緊急対応チームによって構築されたFIRは、インテリジェンス駆動型インシデント対応を支援するためのオープンソース型のチケット管理システムです。

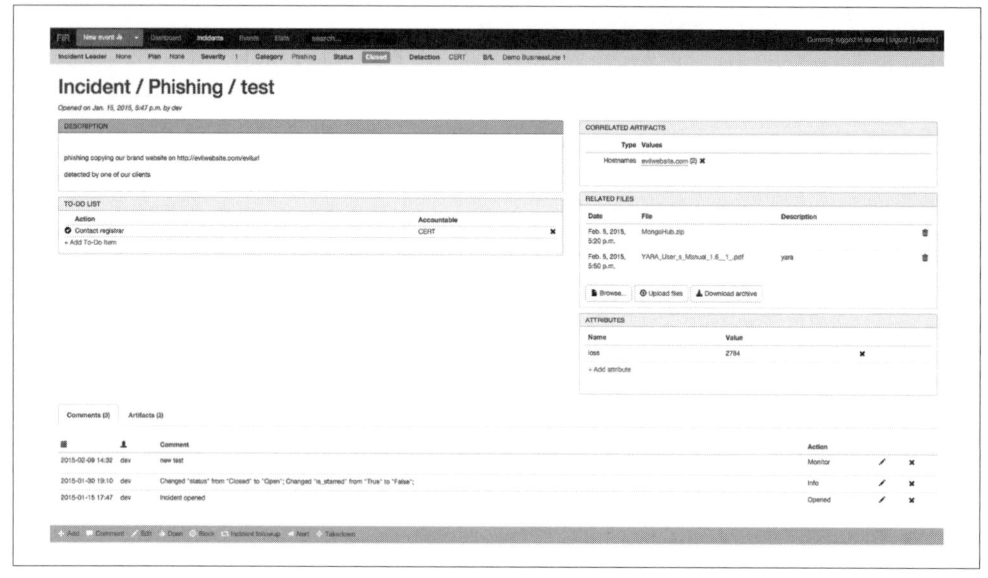

図6-2. FIRのスクリーンショット

FIRは、インシデント対応と脅威インテリジェンスの運用を支援するための専用プラットフォームを探しているチームにとって理想的なスタートツールです。専用システムの1つの課題は、カスタマイズ性のバランスです。オプションが少ない場合、システムが非常に一般的なものになり、ダウンロード版「悪魔のスプレッドシート」になってしまう可能性があります。あまりにも多くのカスタマイズ性があると、アナリストは分析麻痺症候群（Analysis Paralysis）に悩まされるでしょう。FIRは、提案されたワークフローとデフォルトのセットを持つことでバランスを取っていますが、かなりのカスタマイズを可能としています。

6.5　損害の評価

全てのインシデント終了時に発生する重要な議論の1つは、被害の評価です。場合によっては、直接的な金銭的な被害につながる可能性があります（例えば、小売業務へ被害を与えたイベントや、物理ハードウェアなど有形資産の破壊、インシデント対応サービスの費用や内部のインシデント対応時間などが挙げられます）。多くの場合、損害を決定するには、影響を受けたビジネス部門、IT、およびセールスとの作業が必要となります。また、保険チームと協力する場合は、特別な注意を払う必要があります。彼らは影響と費用について特別な知見を持っているかもしれません。

インシデントに金額を結びつけることは、法執行機関への関与を期待するケースにおいて、非常に重要です。多くの場合、組織に影響を与えるインシデント費用が最低限の閾値に達した場合に限り、法執行機関の関与を期待することができます。正確な数字は、あなたの管轄によって異なります。

6.6　ライフサイクルの監視

完了サイクルの最後の大きなステップは、ライフサイクルの監視をマネジメントすることです。インシデント中では、幅広いシグニチャを生成することは簡単です。これらのシグニチャはライフサイクルを意識して運用する必要があり、完了フェーズの終了は、そのレビューに理想的なタイミングです。ライフサイクルの監視には、通常、次のステップが含まれます。

作成

最初の段階は、シグニチャの作成です。アナリストが観察可能な情報を取得し、それを使用して内部システム上の観察可能な兆候を監視する方法（シグニチャ）を作成します。

テスト

テストは、最も頻繁にスキップされてしまいます。スキップした場合は、改善フェーズでツケを払う羽目になります。テストが明確に行われるケースは、事前準備と作成ステップ中で、既知の不審なアクション、あるいは既知の様々な悪性の観察事項に対して検知可能か、検証されます。しかし、テストは偽陽性（False Positive）を特定することに注力し、既知の良いことを検知しないよう焦点を当てるべきです。これを実現する1つの方法は、統計を生成し、アラートを生成しないように検知を設定することです（通常のアラートの代わりにSnortのログアクションを使用するなど）。この方法はしばしば効果的で非常に現実的ですが、（チューニングに）時間がかかります。

もう1つの方法は、テストするための既知の良好なデータセットを持つことです。この手法は、偽陽性よりもアラートを早く設置することが重要である状況において特に役立ちます。テスト結果ははるかに早くできる反面、不十分な部分も出てきてしまうという欠点もあります。多くの場合理想的な解決策は、状況に応じて両方の手法を組み合わせることです。

配備

検知の準備ができたら（理想的には、テストの後になりますが）、シグニチャが配備されます。このステップが完了した時点で責任を果たしたと捉えているチームもありますが、SOCアナリストや侵入検知チームのメンバーを怒らせたければ、この考え方が非常に効果的です。この段階では、運用チームと協力してフィードバックを得ることが重要です。なぜなら、次のステップでそのフィードバックを利用するからです。

改善

フィードバックに基づき、このステップを実行するためには、考えを整理するために使用したホワイトボードの前に再度立ち戻る必要があります。ここでは、様々な改善を行うことができます。

- 検知できる内容を拡張することができます。これは、新しい関連サンプルが登場してきた場合に特に有用です。
- 過度に広い検知範囲を狭めることができます。検知ロジックを構築するために時間を使った人は、共通のネットワークサービスでよく使われる文字列も検知ロジックに組み込んでおり、不要な検知が多数発生していました。多くの場合、こうした不要な検知は、実際に配置した後にのみ気付くことができます。

- 改善は、パフォーマンスにも及びます。取得されたデータに基づき、特定のシグニチャ（特に侵入検知システムの場合）はゆっくり実行されるだけでなく、システム全体に大きな影響を与えます。多くの場合、シグニチャは、スピードまたはメモリのいずれかの性能に基づき、見直され、最適化される必要もあるでしょう。

廃止

最終的には、シグニチャは有益ではなくなります。その理由は、脅威が緩和された可能性（脆弱性が修正された後、脆弱性を検知するシグニチャはこれに該当します）もあれば、攻撃が流行しなくなった可能性も考えられます。場合によっては、パフォーマンスへの影響が許容できるのであれば、シグニチャをロギング専用モードに戻し、継続して統計を収集できるようにすると便利です。

フォード社に勤めるジェレミー・ジョンソン氏（Jeremy Johnson）が、SANS CTIサミット2017で行ったプレゼンテーションでは、一見あまり役に立たない（高い偽陽性を持つ）IOCをより効果的に活用するという興味深いテーマを取り上げました。彼は、「Using Intelligence to Heighten Defense」という講演（https://www.youtube.com/watch?v=NRY5fKZDGVU）で、（すぐアラートをあげる）騒々しいIOCを改善する方法を説明しました。その方法は、IOCそのものを改善するだけでなく、リスクの高いグループにのみこうしたIOCを計画的に適用することで改善を行いました。例えば、検知チームが特定の攻撃グループ用のC2通信について一般的なIOCを持っており、ネットワーク全体では誤検知が多すぎる場合、IDSの設定を変更し、研究開発チームや経営幹部のネットワークでのみ当該IOCを適用することで改善を行うことができると述べています。

6.7　まとめ

インシデント対応のアクティブな段階として、完了フェーズは、注目すべき最重要フェーズの1つです。このフェーズを効果的に実行できれば、インシデント対応チームは攻撃者を外に放り出し、攻撃者の行動から学び、より安全なネットワークを確保することができます。不十分に実行された場合、攻撃者にインシデント対応していることを知らせてしまい、システムをより深く調査したり、システムから完全に排除されることを回避する時間を与えてしまいます。緩和策と修復策の選択肢を理解する時間を取り、あなたの対応計画にどのように適合するかにより、チームは長期的にはより効果的な対応を行うことができます。最後に、全ての出力を管理する方法を見つけることで、チームは次のフェーズに進むことができます。活用フェーズ、F3EADのインテリジェンス部分の第一段階では、攻撃者の行動から学び、より安全なネットワークが確実に進むようにすることが大切です。

7章
活用フェーズ

"If you focus solely on the enemy, you will ignore the threat."
単に敵に関心を持っていたら、脅威に気付かないだろう
—Colonel Walter Piatt（ウォルター・ピアット大佐）

インシデント対応プロセスのこの時点では、最終的なインシデント対応レポートを共有し、担当者は次の問題に注意を向けるのが一般的です。しかし、この本ではさらに先に進みます。調査中、私たちは攻撃者に関する多くのデータを収集し、ネットワーク内の追加情報を探し、攻撃の影響を低減・排除する対策を講じました。現在そのデータを全て収集し、インテリジェンスとしての価値を分析し、検知と予防の方法だけでなく、リスクアセスメント、取り組みの優先順位付け、将来のセキュリティ投資などの戦略レベルのイニシアチブへ統合する必要があります。これら全てのことを行うことができるようになるためには、F3EADサイクルのインテリジェンス部分（活用、分析、および配布）を実行する必要があります。

ほとんどの人がF3EADサイクルを完了することができない理由は明白です。情報を生成するのも難しいですが、それを管理することはさらに悩ましい問題だからです。タイミング、経年変化、アクセス制御、およびフォーマットについて取り扱うだけでも、誰もが頭を悩ませることになります。こうした問題は明らかに複雑ですが、正面から向き合う必要があります。陽の目を見ない素晴らしいインテリジェンスを持つことは、スター選手をベンチに座らせて失望させることと同じです。インシデント対応プロセスで生成されたインテリジェンスを活用することで、インシデントの特定、理解、修復に費やされた全ての時間と労力が、ネットワーク全体の防御と対応プロセスに活用されます。この章では、F3EADの活用フェーズで実行する必要がある様々なタスクについて説明します。

本書では、軍事用語と一般的な情報セキュリティ用語が持つ意味の違いの難しさについて何度も触れてきました。そして、**活用**（Exploit）はその典型的な事例の1つです。情報セキュリティの分野において、**エクスプロイト**（Exploit）は、アクセスや情報を不必要に与えてしまう技術的な脆弱性の悪用を指すことが一般的です。一方、軍事用語では、**エクスプロイト**は脆弱性についてのみ使う単語ではなく、**利点を活用する**という意味でも利用します。その

ためF3EADの文脈では、活動の過程で収集されたインテリジェンスを利用し、そこから得た恩恵をうまく活用することを意味します。伝統的なインテリジェンスサイクルと見比べてみると、活用フェーズは収集（内部で収集された情報の集約の意味）と、その情報を分析できるように使用可能なフォーマットにする処理の組み合わせと考えることができます。

7.1 何を活用するのか？

F3EADが適切に実装されていない、あるいは正しく実行されていない場合、同じ侵入や同じ種類のインシデントを何度も経験するでしょう。サイクルの調査・決定・完了フェーズの各段階では、特定の攻撃、特定の攻撃者、特定のインシデントに対処するために必要な個別のアクションに焦点を当ててきました。GLASS WIZARDに関する侵入調査では、完了フェーズが終了した段階で、侵入やその背後にある攻撃者、そして彼らがどのような攻撃を行ったのか、といった大量の情報を得ることができました。しかし、インシデント対応を促進するように情報を整えても、フォローアップを行うインテリジェンス分析において、正しいフォーマットであるとは限りません。

活用フェーズでは、インシデントから学習するプロセスを開始します。私たちは、攻撃者だけでなく、脅威にも焦点を当てています。このため、特定の攻撃に関連する（マルウェアのサンプルやC2通信IPアドレスなど）技術的インジケータを抽出するだけでなく、侵入につながり、攻撃者にある程度成功をもたらした包括的な観点も抽出していきます。これには、攻撃対象となった脆弱性や弱点、狙われた情報やシステムに関する情報が含まれます。私たちはまったく同じ攻撃からのみネットワークを保護しようとするのではなく、侵入の成功を許したポリシー、技術的な脆弱性、可視化されたギャップなどの様々な要因を理解し、こうした要因を予防し、検知する手法を開発していきます。活用・分析されるべき情報はたくさんあると信じていますが、こうした性質により、複雑な情報管理を行う必要があります。

どの情報を活用するか決定した後、インシデントデータから情報を抽出し、標準化し、将来の分析と参照のために保管する必要があります。

7.2 情報の収集

活用フェーズの最も難しい部分は、調査において重要なインテリジェンスを見つけ出すことです。そして、見つけ出せる可能性はインシデントデータをどのように管理するかに大きく依存します。インシデントデータを収集する際には、精巧なシステムからExcelスプレッドシート、ホワイトボードに貼り付けられたポストイットのIPアドレスまであらゆる方法が使われます。データを収集する方法としてこうすればよいという正解はありませんが、分析して将来利用できるようにすることを踏まえるならば、プロセスを簡単にしておく必要があります。

以前のインシデントデータを活用しようとしている場合、利用可能なデータが限られていることがよくあります。インテリジェンス駆動型インシデント対応の目標の1つは、インシデント対応プロセスでインテリジェンス分析に必要な情報を確実に取得することです。しかし、もし運用とインテリジェンスを統合するプロセスを開始したばかりの場合、どの情報を集めるべきか理解できていないかもしれません。活用フェーズの出発点は、利用可能な情報を正確に理解することです。現在利用可能な情報は、俯瞰的な**戦略的情報**と、マルウェア解析などの**技術的情報**の2つのカテゴリのいずれかに分類されます。

インシデントに関して俯瞰的な情報しか持っていない場合、詳細なマルウェア解析結果を入手できる場合とは異なり、戦略レベルの詳細を抽出することを検討します。そこから、マルウェアの機能などに関する戦術レベルの詳細を抽出することができるからです。当初は、1つのレベルの情報にしかアクセスできない場合がありますが、理想的には、このプロセスを組織に導入すると、インシデントの技術的情報のみならず、攻撃対象に関する情報とその影響など戦略的情報も収集することができます。インテリジェンスを最も強力にする1つの方法は、全てのレベルの情報を組み合わせることだといえます。

以前のインシデントを分析する

インシデント対応とインテリジェンスの統合を開始する方法を理解するために本書を読んでいる場合、次のインシデントが起こるまで待つ必要はないという点について触れておく必要があります。むしろ、以前のインシデントに戻り、その情報を活用することができます。実際、この種のアクティビティは、組織内の人々にF3EADプロセスを習得させ、脅威プロファイルを構築する際にF3EADのプロセスに慣れ親しんでもらうのに役立ちます。以前のインシデントデータを引っ張り出し、分析することで、ネットワークが直面している脅威の種類を把握し、今後の対応に必要な可視性や情報のギャップを特定することができます。

7.3 脅威インテリジェンスの保存

インシデントの直後でも6か月後でも、調査終了時にはあまりある情報を持っている可能性が高いでしょう。活用フェーズにおけるタスクは、種類を問わず情報を取得し、分析して使用できる形式にそろえてあげる必要があります。

7.3.1 技術的情報のデータ標準とフォーマット

様々なデータ標準について議論せずして、脅威インテリジェンスを理解したとはいえないでしょう。本書では様々なデータの詳細について詳しく説明しています。読者の中には、そうした議論に興味がない方もいらっしゃるかもしれませんが、ぜひ読み飛ばさないでください。自分に適切なデータ標準を見つければ、仕事はより楽になると断言できるからです。

データ標準の一部は、一般的な脅威データの保存や共有に活用されています。しかし、保存や共有を完全にカバーした魔法のような基準は存在しません。そのため最良の方法は、どんな標準があるか理解し、そのうちのどの標準が取り扱いやすいか、判断することです。例えば、データ共有のためSTIX/TAXIIを利用する情報共有コミュニティに属していれば、そのままSTIX/TAXIIを利用することが良い選択になるでしょう。OpenIOCなどの特定のフォーマットを使用するセキュリティツールを組織内で既に利用している場合は、それを使うのが最も効果的です。（意外とよく見る光景ですが）利用すべきデータ標準が2つ以上ある場合、様々な標準の基礎を理解し、データ項目のマッピングを行うことができないか、確認してください。なぜなら、ある時点でこれらのデータ形式のいずれかに統合して、情報を処理できる可能性があるためです。

7.3.1.1　OASIS Suite - CybOX/STIX/TAXII

OASIS（Organization for the Advancement of Structured Information Standards）は、MITRE社よりCybOX、STIX、TAXIIのデータ形式をサポートする役割を引き継いだ、オープン標準規格の策定団体です。米国政府がこの情報共有スキームを採用したことにより、これらの標準はより知られるようになりました。この章では、OASIS Suiteの中でも、CybOX、STIX、TAXIIという3つのコンポーネントについて取り扱います。※1

CybOX（Cyber Observable eXpression）は、脅威インテリジェンスを保存し、共有するための構成要素として見ることができます。CybOXは観察データで構成されており、データの状態や測定可能なプロパティなどのオブジェクトが定義されています。CybOXには、イベント管理からマルウェア解析や情報共有まで、様々な用途があります。観察データ取得するためのCybOXオブジェクトが多数存在しますが、それら全てがインシデント対応に直接関係しているわけではありません。そのため、全てを使用する必要はありません。

図7-1は、GLASS WIZARDの侵入に関連し、調査で見つかった悪性の実行可能ファイルをCybOXオブジェクトで表現した例を示しています。名前、サイズ、ファイルの種類など、実行可能ファイルに関する重要な情報が複数含まれています。

```
<cybox:Object id="example:Object-35e86e7h-d3e6-4138-891b-337376dc6f47">
  <cybox:Properties xsi:type="FileObj:FileObjectType">
    <FileObj:File_Name>setup_sx.exe</FileObj:File_Name>
    <FileObj:File_Extension>.exe</FileObj:File_Extension>
    <FileObj:Size_In_Bytes> 268832</FileObj:Size_In_Bytes>
    <FileObj:Hashes>
      <cyboxCommon:Hash>
        <cyboxCommon:Type xsi:type="cyboxVocabs:HashNameVocab-1.0">MD5</cyboxCommon:Type>
<cyboxCommon:Simple_Hash_Value>8fde69744886d6828165b1f12eb5a35c</cyboxCommon:Simple_Hash_Value>
      </cyboxCommon:Hash>
    </FileObj:Hashes>
  </cybox:Properties>
</cybox:Object>
```

図7-1. CybOXファイルオブジェクト

※1　訳注：IPAより、各仕様に関する日本語の解説記事が公開されています。
・サイバー攻撃観測記述形式CybOX概説　(https://www.ipa.go.jp/security/vuln/CybOX.html)
・脅威情報構造化記述形式STIX概説（https://www.ipa.go.jp/security/vuln/STIX.html）
・検知指標情報自動交換手順TAXII概説（https://www.ipa.go.jp/security/vuln/TAXII.html）

STIX（Structured Threat Information eXpression）は、脅威データを処理したり受け渡したりするために利用される最も一般的なフォーマットです。しかし、残念なことに、多くの人がSTIXのコンセプトに共感する一方、STIXを活用したり、インシデント対応プロセスに紐付けたりするためのベストプラクティスは、現在でも思うように知られていません。これこそが、Excelでインシデントデータを管理する人が多数存在する理由の1つだと考えています。

STIXは、CybOXが提供する基本的な構成要素から構築されていますが、CybOXオブジェクトにコンテキスト情報の詳細を追加することができます。これにより詳細な分析が可能になり、脅威データを共有する際に大きなメリットがあります。追加できる項目には、攻撃者（Threat Actor）、キャンペーン（Campaigns）、犠牲となるターゲット（Victim Targets）、およびTTPs（Tactics, Techniques and Procedures）が含まれます。これにより、CybOXで取得された個々の観察データを取得し、それらを鎖のようにつなげることにより、コンテキスト情報を追加することができます。ここまで情報がそろうと、脅威データが本当の意味で脅威インテリジェンスに変化した瞬間だといえるでしょう。特定のファイルが悪性とわかるだけでなく、ファイルが特定の業界を狙った特定の攻撃キャンペーンで利用され、ファイル実行後に攻撃者が知的財産の持ち出しを試みたことを知れば、分析の観点からより有益だといえます。STIXや他の標準を完璧に使いこなしている場合、素晴らしい分析ツールになることができます。しかし、取得された全ての情報に対して作業を行う必要があるため注意が必要です。この作業は、F3EADモデルにおける活用フェーズと分析フェーズで実行されます。したがって、現時点では全ての観察データとその周辺のコンテキスト情報を取得し、次のフェーズで一緒につなぎ合わせることが可能となります。

TAXII（Trusted Automated eXchanged of Indicator Information）は、データ標準ではありません。しかし、STIXと一緒に議論されることが多いので、まったく別の概念にもかかわらず多くの人がSTIX/TAXIIが正しい標準名称であると考えているようです。

TAXIIは情報の伝達と共有の枠組みであり、Discovery、Poll、Inbox、Collection Managementの4つのサービスで構成されています。TAXIIは、STIXを組織間で共有する方法です。TAXIIには、3つの主要な共有モデルがあります。

サブスクライバー（Subscriber）

このモデルでは、1つの中央組織がパートナーとなる組織に情報を共有し、パートナー企業は情報を何も送り返しません。このモデルは、脅威インテリジェンスサービスを提供している（商用・オープンソースを問わず）ベンダーや組織においてよく見られます。

ハブとスポーク（Hub & Spoke）

情報源である組織が、情報共有の中心的役割を果たします。情報源である組織が、他の組織に情報を配信します。情報を受けた組織が何か追加で情報を共有する場合、まず情報源に情報を共有し、当該情報を再度グループに配信します。

ピアツーピア（Peer to Peer）

このモデルは、情報を一元的に配信・管理する中央組織を経由せずに、情報を直接共有したい2つ以上の組織で直接情報をやり取りする方法です。いくつかの網目状に構成されたグループでも、このモデルを利用しています。

7.3.1.2 MILE Working Group

OASISスイートに加え、MILE Working Group（MILE-WG：Managed Incident Lightweight Exchange Working Group）という組織により、別のデータ標準が積極的にメンテナンスされ、更新されています。その概要は、以下の通りです。

IODEF（Incident Object Definition and Exchange Format）

2007年に最初に公開されたRFC 5070（https://www.ietf.org/rfc/rfc5070.txt）は、IODEFを「CSIRTが、コンピュータのセキュリティインシデント情報について交換し、共有するための共通フレームワークを提供するデータ記述形式」と定義しています。IODEFはXMLベースの標準で、フィッシング対策ワーキンググループやArcSiteで使用されています。これには、感度（Sensitivity）と信頼度（Confidence Levels）のタグが含まれています。図7-2に、元のRFCからのスキャンに関する情報をキャプチャするIODEF形式の例を示します。

```
            <Description>Source of numerous attacks</Description>
          </System>
        </Flow>
        <!-- Expectation class indicating that sender of list would like
             to be notified if activity from the host is seen -->
        <Expectation action="contact-sender" />
      </EventData>
      <EventData>
        <Flow>
          <System category="source">
            <Node>
              <Address category="ipv4-net">192.0.2.16/28</Address>
            </Node>
            <Description>
              Source of heavy scanning over past 1-month
            </Description>
          </System>
        </Flow>
        <Flow>
          <System category="source">
            <Node>
              <Address category="ipv4-addr">192.0.2.241</Address>
            </Node>
            <Description>C2 IRC server</Description>
          </System>
        </Flow>
        <!-- Expectation class recommends that these networks
             be filtered -->
        <Expectation action="block-host" />
      </EventData>
    </Incident>
  </IODEF-Document>
```

図7-2. IODEFスキャニングイベント

RID (Real-Time Inter-Network Defense)

STIXはSTIX形式の情報交換を促進する枠組みとしてTAXIIを持っていますが、同様にIODEFとIODEF-SCI（後述）はRIDという枠組みを持っています。RIDの目標は、インシデントデータを持つ様々な組織が安全かつ管理しやすい方法で情報を共有できる枠組みです。RIDはRFC 6545（https://tools.ietf.org/html/rfc6545）で定義されており、RID over HTTPSはRFC 6546（https://tools.ietf.org/html/rfc6546）で定義されています。TAXIIと同様に、様々な情報交換モデルを持っています。直接的なピアツーピア方式、メッシュ型のピアツーピア方式、サブスクライバー方式などです。

IODEF-SCI (IODEF-Structured Cybersecurity Information)

このIODEFの拡張により、インシデントデータについて追加のコンテキストを取得するためのフレームワークが提供されました。RFC 7203（https://tools.ietf.org/html/rfc7203）はIODEF-SCIの標準を定義し、2014年に最初に発行されました。IODEF-SCIは、MITRE社のCAPEC※2、CVE※3、CVSS※4そして他の標準を含め、IODEFに追加のコンテキスト情報を付与した枠組みを提供します。

7.3.1.3 OpenIOC

既に議論したように、IOC（Indicator of Compromise）という用語はMandiant社によって一般化されました。Mandiant社は、この造語を作るだけでなく、OpenIOCと呼ばれるIOCを取得するための標準を開発しました。**OpenIOC**は、悪意のある通信やその他の悪性のアクティビティに関連するネットワークインジケータだけでなく、侵害されたホストからのフォレンジック調査の痕跡を取得し、分類するように設計された、XMLベースのスキーマです。Mandiant社は、OpenIOCを使用して記述できる500以上の可能な痕跡を特定しました。ただし、このフレームワークでは、OpenIOCを使用している組織が必要に応じてカスタマイズや新しいフィールドを作成することもできます。OpenIOCはSTIXと相互運用可能であり、2つの標準間での変換方法に関する文書（https://github.com/STIXProject/openioc-to-stix）が公開されています。

※2 訳注：共通攻撃パターン一覧（Common Attack Pattern Enumeration and Classification）と呼ばれ、攻撃方法の種類を一意に識別するために攻撃方法タイプの一覧を体系化するフレームワークです。本章の後半も参照のこと。
http://capec.mitre.org/

※3 訳注：共通脆弱性識別子（Common Vulnerability and Exposures）と呼ばれ、プログラム自身に内在するプログラム上のセキュリティ問題に一意の番号を付与するフレームワークです。
http://cve.mitre.org/

※4 訳注：共通脆弱性評価システム（Common Vulnerability Scoring System）と呼ばれ、脆弱性自体の特性、パッチの提供状況、ユーザ環境などを考慮し影響度を評価するフレームワークです。
http://www.first.org/cvss

脅威データとインテリジェンスの両方を受信・共有している場合に、ある標準から別の標準へのデータ変換を考える必要があります。その際、それぞれの標準においてどんな項目と要素を持っているか、把握することが重要です。なぜなら、例えばSTIXからOpenIOCへ変換する場合、特定のデータ項目を失ったり付与されたりする可能性があるためです。標準間の違いを正しく理解していない場合、取得したはずのデータを探しているつもりでも、変換により失われてしまっている可能性があります。あるデータ標準から別のデータ標準に変換する際は、現行規格内の重要なフィールドを識別し、変換先の標準で、同等のフィールドがあることを確認するようにしてください。

7.3.2 戦略的情報のデータ標準とフォーマット

以前に述べたように、前述のフォーマットを使用して取得できるインジケータは、把握すべき全体像の半分に過ぎません。インジケータは検知と対応に非常に役立ちますが、戦略的な分析を支援するその他のコンテキスト情報を収集することも重要です。こうした情報はSTIXなどを利用して保存できますが、技術情報を記述するために作られた標準では最適ではないことも多々あります。必要な情報が全部取得できた場合、こうした情報はドキュメントやPowerPointスライドで保存されることがあります。技術的情報を保存する手法ほど、戦略的情報を保管するためのオプションは多くありません。しかし、重要なインシデント情報を失うことを避けるため、フレームワークを利用することもできます。戦略的情報を格納するための主要な基準の2つ、VERISとCAPECを検討します。

7.3.2.1 VERIS

VERIS（The Vocabulary for Event Recording and Incident Sharing）は、ベライゾンデータ漏洩／侵害調査報告書（DBIR：Verizon Data Breach Incident Report）をサポートしていることで知られているJSON形式の標準です。VERISフレームワーク（http://veriscommunity.net/）は、4Aとして知られる4つのカテゴリに分類される情報を取得します。4Aとは、攻撃者（Actor）、資産（Asset）、アクション（Action）、属性（Attribute）の4つの項目で、インシデントに関する質問に答えるための構成要素です。

攻撃者（Actor）

「攻撃者」フィールドとは、「誰のアクションが資産に影響を及ぼしたのか？」という質問に答えます。この項目には、インシデントの原因となる攻撃者に関するサマリー情報が取り込まれます。「攻撃者」のデータスキーマ一覧には、攻撃者が内部なのか外部なのか、協力者（Partner Actor）がいるか、そして攻撃者の動機などが記述できるようになっています。

アクション（Action）

「アクション」フィールドは、「どんなアクションが資産に影響を及ぼしたか？」という問いに答えるための項目です。アクションには、マルウェアの使用、ハッキング、ソーシャルエンジニアリングなど、攻撃者がどのようにアクセスできたのか記載されます。また、既知の脆弱性を悪用した攻撃、あるいはフィッシング攻撃メールを利用したなど、特定の攻撃手法も含まれています。

資産（Asset）

「資産」フィールドは、「どの資産が影響を受けたか？」という質問に答えるフィールドです。これは、戦略的な観点からすると、回答するうえで非常に重要な質問です。データ一覧には、影響を受けた資産の種類に関する情報、アクセシビリティと管理に関する情報が含まれています。

属性（Attribute）

「属性」フィールドは、「資産はどのように影響を受けたか？」という質問に答えるフィールドです。従来の情報セキュリティのCIA（機密性・完全性・可用性）を利用します。

VERISは、インシデントのタイムラインとインパクトに関する情報も取得します。これらの項目には、インシデントの特定、封じ込め、修復に要した時間と、組織がどれぐらい深刻な影響を受けたか記述する項目があります。

VERISの主な使用例は、ルールやアラートを生成するためでなく、企業が直面するリスクを理解するのを支援するための枠組みです。したがって記載される情報は、STIXで取得された情報や以前に議論した形式ほど詳細でも技術的でもありません。しかし、あるインシデントで何が起こったのか、より確実に伝えるために利用すべき枠組みです。

7.3.2.2　CAPEC

CAPEC（Common Attack Pattern Enumeration and Classification：共通攻撃パターン一覧）とは、本来は安全なソフトウェア開発を支援するために設計されたフレームワーク（http://capec.mitre.org/）です。CAPECの背後にあるコンセプトは、ソフトウェアを標的として悪用する一般的な方法をソフトウェア開発者が理解できれば、それらの攻撃の影響を受けないソフトウェアを設計・構築できるという考え方です。CAPECは、特定の技術的な詳細を取得するのではなく、攻撃の前提条件、関連する弱点、関連する脆弱性、および攻撃者の手順に関する情報など、攻撃パターン全体として攻撃の全体を把握しようとしています。

組織は、何が起きたのか明確な全体像がわかり、それがCAPEC形式で記述されたとき、攻撃情報から多大な恩恵を得ることができます。時間の経過とともに攻撃パターンを分析することで、攻撃者が扱う攻撃手口、セキュリティ対策に適応する方法、組織を保護するために必要な追加の手段を理解することができます。

7.3.3　情報の管理

情報の管理対象は、調査から得た個別のIOCや痕跡だけではありません。大量の追加情報も取り込む必要があるため、今後どのように情報を管理するかを知っておく必要があります。

情報管理の観点から、情報を取り込む際に注意すべきポイントを以下に示します。

日付

このデータや情報はいつ確認できたものでしょうか？ この問いは、分析に役立つだけでなく、データの賞味期限管理や削除を行う際にも役に立ちます。データがまだ有効で分析の対象となり得るか、そしていつデータが役に立たなくなるかの判断を支援してくれます。

ソース

ある情報がいつどこからきたのか把握しておかないと、（再度情報源を確認したいとき）苛立つ羽目になります。情報源を記録することで、詳細な情報を得るために立ち戻ったり、その情報の信頼性を割り当てる際に役立ちます。いずれにせよ、どちらも分析段階で有益です。

情報共有レベル

多くの場合、データは機密性と情報源に基づいて別々に扱われる必要があります。情報の共有方法を規定しているDHSのTLP（Traffic Light Protocol）の使用を推奨します。

- TLP White：あらゆる方法を使用して、誰とでも共有できる公開情報です。
- TLP Green：ピアやパートナーと共有できる情報。ブログに投稿したりジャーナリストへ話すなど、一般に公開されているチャネルへの共有はできません。絶対にやってはいけません。
- TLP Amber：この情報は組織内の人々と共有することができますが、組織外や公開チャネルへの共有はできません。MSSP（Managed Security Service Provider）の顧客に共有できるかどうかなど、TLP Amberの情報を誰と共有できるのか疑問がある場合は、情報源に必ずコンタクトして、許可を取ることが望ましいといえます。これは事前に許可を求めるべきであり、事後承諾をすべきではありません。そのようなことをすれば、情報共有の信頼関係が損なわれる可能性があります。
- TLP Red：これは非常に機密の情報で、通常は進行中のインシデントや調査に関連したものです。事前承諾なしに、受信者の組織内であっても、特定の外部の人間にも、共有すべきではありません。TLP Redの情報は、状況が終了した後、AmberもしくはGreenとして再分類されることが一般的です。

重複データ

誤って同じインシデントデータ、または脅威レポートを複数回収集して、データを複製しないようにすることは重要です。しかし、複数の情報源から同じ情報を受け取った場合、その意味を理解する必要があります。内部調査やFBIの脅威報告など、複数の場所から同じインジケータを受け取ることは深刻な意味を持つ可能性があります。しかし両方の情報源から詳細情報を取得できない場合は、次に進むべき分析プロセスにおいてうまくいかない可能性が多々あります。

データの保存と管理を始めるときにこれらのことを念頭に置くと、データの利用と保守がより簡単になります。

7.3.4　脅威インテリジェンスプラットフォーム

調査の際に活用した全ての情報を管理するための基準と多数の要求事項の範囲からもわかるように、全ての情報を取得して分析するのは簡単な作業ではありません。そのプロセスを単純化し、この情報の収集、保存、検索を容易にするために、脅威インテリジェンスプラットフォーム（TIP：Threat Intelligence Platform）がよく利用されます。

脅威インテリジェンスプラットフォームは、脅威インテリジェンスを処理するために特別に設計されたデータベースとユーザーインターフェースです。脅威インテリジェンスプラットフォームの種類は多数あり、情報共有に特化したタイプと、大量のIOCの保存と管理に焦点を当てたタイプがあります。ほとんどの脅威インテリジェンスプラットフォームは、この章で記述した戦術的形式の情報を取り込み、情報を管理するために必要な追加情報を取り込むこともできます。こうしたプラットフォームを使用すると、F3EADの活用フェーズで実行すべき作業量が大幅に削減されます。数多くの一般的なオープンソースプラットフォームが利用可能であり、様々な商用ソリューションも利用可能です。以下、これらのオプションについて説明します。

7.3.4.1　MISP

MISP（The Malware Information Sharing Platform）は、マルウェアの脅威データを管理するためのフリーツールです。MISPは、NCIRC（NATO Computer Incident Response Capability）と連携した開発者グループによって作成されました。MISPには、脅威に関する情報の関連付けと共有を容易にするために、組織が攻撃に関連する技術的／非技術的情報の両方を格納できるユーザーインターフェースを備えたデータベースシステムです。MISPは、OpenIOC、テキスト情報、CSV、MISP XML、およびJSON形式で情報をエクスポートできるため、侵入の検知と防止をサポートすることができます。またMISPは、他のMISPユーザーやグループと共有できるようにする強力な共有機能も備えています。GitHubリポジトリ（https://github.com/MISP/MISP）において、MISPに関するより多くの情報を得ることができます。

7.3.4.2　CRITs

CRITs（Collaborative Research into Threats）は、脅威データの管理と共有のための別のオープンソースツールです。CRITsはMITRE社によって開発されたため、STIXおよびTAXIIと連携するように設計されています。CRITsには脅威情報が格納されており、取得したインジケータに信頼度（Confidence）と重大度（Severity）を追加する機能が含まれています。TAXIIサービスと統合して共有を促進するため、STIX/TAXIIを使用して政府や他の組織と情報をやり取りする多くの組織にとっては良いオプションとなるでしょう。CRITsは、データをCSV、STIX、およびJSON形式にエクスポートできます。CRITsのインストールと使用に関する情報とドキュメントは、GitHub（https://github.com/crits/crits）で確認できます。

7.3.4.3　YETI

YETI（Your Everyday Threat Intelligence）プラットフォームは、2017年3月に一般向けにリリースされた新しい脅威インテリジェンス管理ツールです（図7-3）。YETIは、アナリストが脅威インテリジェンスの様々なコンポーネントを1か所で整理し分析できるように設計されています。それは、観察データ、IOC、TTPs、および脅威に関する一般的インテリジェンスをサポートします。YETIの優れた点の1つは、脅威について既に発見された情報を保存することに加えて、ドメイン解決やDNS Lookupなどのインジケータの改善や、設定したい追加的な統合を行えることです。また、YETIはMISPインスタンス、JSONフィード、XMLフィード、および様々なマルウェアサンドボックスからデータを取り込むことができます。YETIは、脅威インテリジェンスアナリストが近年特定した多くの課題をサポートし、柔軟性を持たせるために特別に設計されました。多くのアナリストは同じ情報を必要としますが、プロセスやワークフローは異なります。YETIはGitHubリポジトリ（https://github.com/yeti-platform/yeti）で管理されており、そこにはインストールに関する詳細とドキュメントがあります。

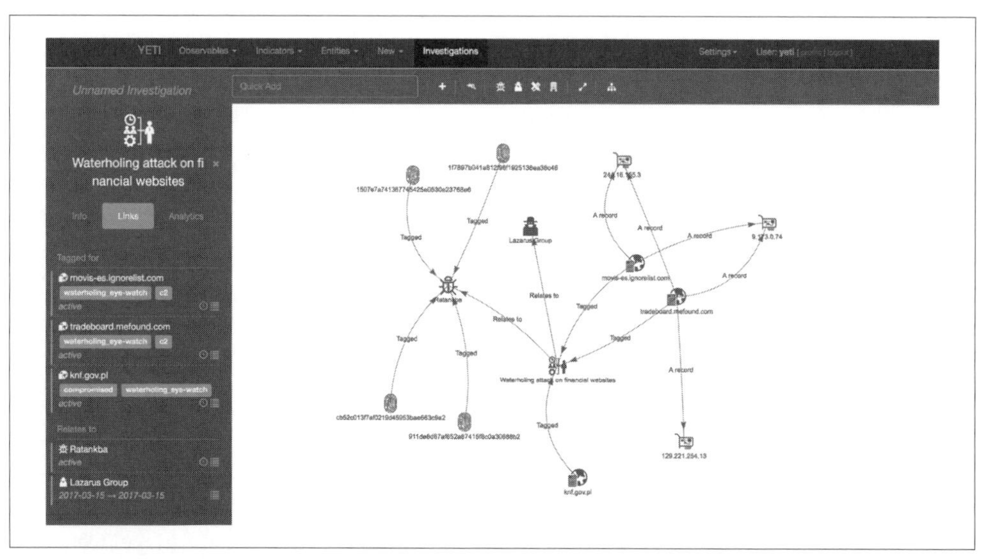

図7-3. YETIプラットフォーム

7.3.4.4　商用ソリューション

脅威インテリジェンス管理には、様々な商用ソリューションも用意されています。ほとんどの商用ソリューションは、MISP、CRIT、YETIと同様の機能を備えており、システム構成の管理、セットアップとハードウェアの管理責任、トラブルシューティングや機能要求のサポートも行っています。商用ソリューションは、開発リソースが限られており、設定や保守を簡単に行いたい組織にとって理想的です。

全ての脅威インテリジェンスプラットフォームは、オープンソースであろうと商業ソリューションであろうと、備えている大半の特性や機能は同じです。しかし、マルウェアベースの脅威情報、特定の情報共有手段、分析プロセスをサポートし活用するなど、特定のユースケースを考慮して設計されていることが一般的です。オープンソースの脅威インテリジェンスプラットフォームを開始することが良いとされる理由の1つに、組織にとって最適なものを見つけることができることです。ツールのインストールとサポートが組織にとって課題である場合、最適なプラットフォームの種類を特定した後で、商用ソリューションも検討できるようになるでしょう。

7.4 まとめ

調査が終了した後、調査が組織内で行われた場合でも、他組織で調査されたデータに運良くアクセスできた場合でも、得られた情報を忘れないようにする必要があります。組織が脅威を学び適応するためには、その情報を分析して配布する必要があります。しかしながら、情報を収集し、利用可能なフォーマットに処理し、分析のため保存する活用フェーズなくして、情報を分析・配布することは不可能です。この章で説明したように、情報をデータベースに保存する形式から、情報へアクセスするインターフェースまで、情報を処理・保存するためのオプションは多数あります。そのため、オプションの検討に時間をかけ、うまく機能するシステムや仕組みを考える必要があります。活用フェーズが完了すると、F3EADサイクルの次のフェーズ、分析フェーズへ移行することがずっと簡単になります。

8章
分析フェーズ

"If you do not know how to ask the right question, you will discover nothing."
「正しい質問をする方法を知らなければ、何も見つけることができないだろう」
—W. Edward Deming（統計学者　ウィリアム・エドワーズ・デミング）

データベースや脅威インテリジェンスプラットフォーム上に、収集した全ての情報を加工し、正規化した状態で用意しました。さて、次はどうしましょう？ そこにある情報は、分析されなければほとんど役に立たないでしょう。F3EADの分析フェーズ（Analysis）は正直最も難しいフェーズの1つですが、最も重要なフェーズの1つでもあります。分析フェーズでは、データと情報を収集し、インテリジェンスへ昇華させていきます。この章では、分析の基本原則、ターゲット中心型分析および構造化分析などの分析モデル、信頼度を割り当てる方法、認知的バイアスに対処する方法を説明します。

8.1　分析技法の基礎

持っている情報を適切に分析するには、インテリジェンスサイクルのミニバージョンを実施する必要があります。そのとき、「自分の分析に対する要求は何なのか？」、言い換えれば、「どのような質問に答えるべきなのか？」を決定しなければなりません。これらの質問に答えるために使う情報を収集する必要があります。必要な情報は、調査中に収集した情報から得られ、活用フェーズでまとめられ、標準化されます。しかし、分析できるように情報を充実・拡張することもあるため、その他の情報が必要になることもあります。したがって、分析フェーズに移行する際には、引き続きデータを収集する必要があります。F3EADの分析フェーズは、図8-1に示すインテリジェンスサイクル全体を実施します。

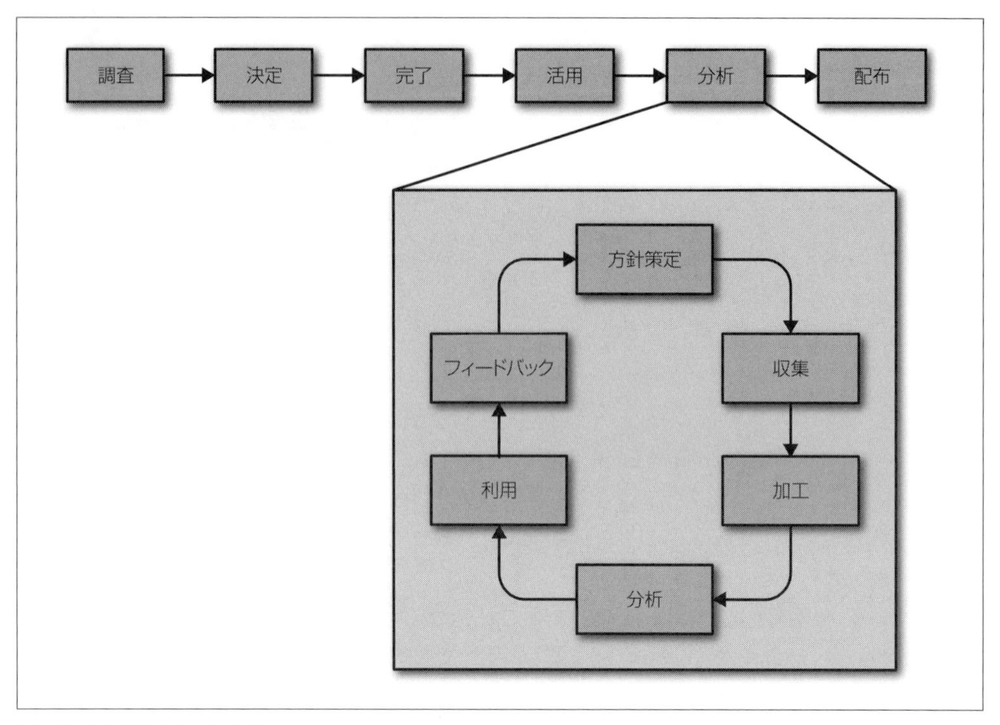

図8-1. F3EADにおける分析

GLASS WIZARDによる侵入へ対応する中で、C2通信に使用されたドメインとIPアドレスを特定しました。この情報は、決定フェーズと完了フェーズで私たちを助けてくれ、侵入分析を行ううえでは引き続き役に立つ情報です。しかし、今回は活用方法が少し異なります。侵入への対応・修復のために攻撃の技術的な詳細を特定するだけでなく、当該ドメインとIPアドレスを分析することで攻撃者の行動をよりよく理解し、パターンの特定を試みます。そして、特定されたパターンを利用して将来の行動を予測できるか否か判断するため、ドメインおよびIPアドレスに関する追加情報（登録情報や攻撃者の利用方法など）を収集します。この新しい情報が分析され、インテリジェンスギャップ（分析を行うために必要な重要な情報）が特定され、必要に応じてより多くの情報が収集されます。

ケーススタディ：OPMからの情報漏洩

最近の歴史上の最も深刻な情報漏洩の1つとして、アメリカ合衆国人事管理局（OPM：Office Personnel Management）における情報漏洩（http://bit.ly/2ul6oD1）が挙げられます。その結果、セキュリティクリアランス（Security Clearance）を確認するためバックグラウンドチェックを経験した2,000万人以上の個人について、非常に機密性の高い情報が失われました。盗まれた情報量と機密性に加えて、攻撃が特定され、防止される機会を何度も見逃していたため特に話題となった事例です。この侵入は、長年にわたる複雑な攻撃キャンペーンであり、OPMへの直接的な侵入だけではなく、ITマニュアルやネットワークマップの窃取、OPMの内部ネットワークへアクセス権を持つ2人の委託先業者への侵入なども含まれています。個々の侵入が特定されたときも、対処すべき大きな脅威を特定するために、誰も個々のインシデントの関連性の分析を行っていませんでした。

攻撃者がキャンペーンを開始する前であっても、攻撃者やその攻撃方法について知っていれば、高い機密性を持ち、すぐに活用できる個人情報（＝全てのアメリカ人に関するセキュリティクリアランス情報）へアクセスできる政府機関は、国家支援を受けた攻撃グループ（Nation-state Attackers）にとって、非常に価値の高い攻撃対象であると学ぶ機会はあったはずです。

分析が適切かつタイムリーに行われれば、情報漏洩に関する詳細なタイムラインは、成功したキャンペーンにおいて、壊滅的影響の防止や軽減に対して、分析がどのように寄与したか学ぶ教訓になります。また、インシデント対応担当者、マネージャー、および経営層が、個々のインシデントの関連性に注目せず、より俯瞰的な視野を持たない場合、どれだけ深刻な事態に陥るか教えてくれます。OPMの情報漏洩は、たとえ全ての情報が利用可能であったとしても、分析に失敗したといえる古典的かつ非常に残念な事例です。

多くの伝統的なインテリジェンス運用とは異なり、インテリジェンス駆動型インシデント対応では、多くのアナリストが情報収集、処理、分析、配布フェーズを同時に担当しています。このモデルを使用すると、こうしたプロセスは、インテリジェンスサイクル全体のサブセットとして行われ、要求定義フェーズで持ち出された質問が適切に対処され、分析が完了するまでプロセスを継続します。ターゲット中心型分析を使用する利点としては、プロセスに関わる様々なステークホルダー間で複数の状況報告が必要になる点が挙げられます。

CISO、SOCアナリストによらず、消費者に分析結果を報告し、その成果物の内容が、ステークホルダーのニーズを満たしていることを確認することが特に重要です。時間のかかる分析を実行し、インテリジェンスの消費者にとって必要ないものを生産してしまうほど残念なことはありません。

8.2　何を分析するのか?

何を分析しようとしているかわからなければ、分析は非常に困難になります。分析の思考プロセスというと、写真や新聞の切り抜きが手当たり次第張られた壁の前に立っている人物のイメージを思い浮かべ、雷に打たれたように全てがつながり、「謎は全て解けた！」と叫ぶ瞬間をイメージするかもしれません。あるいは、木の下に座っているニュートンの頭にリンゴが落ちてきて、突然視界が開けるような出来事に遭遇するという、わかりやすい（あるいは単純化された）イメージを持っているかもしれません。厄介な隣人をおびえさせるため、家中の壁一面に新聞の切り抜きを貼り付けたくなる気持ちもわかりますが、それらは私たちが頼りにできる方法ではありません。

「なぜ私たちは狙われたのか？」「どのように攻撃が防がれたのか？」などデータに対する具体的な質問をした場合と比べ、収集した全てのデータを目で見て、その意味を理解したいという曖昧なアイデアを持っていると、分析ははるかに困難となります。アナリストは情報について複数の質問をすることができるため、質問は、攻撃への理解とデータへの解釈を互いに作り上げていくプロセスとなります。しかし出発点がなければ、ほとんどのインシデント対応担当者はこのフェーズを完了するのが難しいと感じてしまうでしょう。

リーダーシップや他の内部チームのために分析している特定の要件がない場合、各インシデントの分析に役立つ標準的な質問を用意することができます。しかし、いくつかの質問はあなたの組織やインシデントにとって常に独自の内容になるはずです。そのため、以下の例を分析すべき唯一の質問とは捉えないでください。最初にすることができる質問は以下の通りです。

なぜ私たちは攻撃対象となったのでしょうか？

この質問は、今後の攻撃から組織を保護する方法と同様に、追加の侵入を特定するため、豊富な情報を提供してくれます。攻撃者が、データの完全性・機密性・可用性のうちどれをターゲットにしていたか、攻撃を利用して別の組織に接続されたネットワークへアクセスしたかどうか、また攻撃者が探していた情報を発見した後どんなアクションを取ったのかなど、攻撃の性質を知ることで、分析を進めるうえで必要な示唆を提供してくれます。戦術とテクニックは変わるかもしれませんが、攻撃者の目標はほとんど変化しないといえます。

誰が私たちを攻撃しましたか？

これは経営幹部がよく求める最初の質問です。しかし様々な理由から、積極的に言及すべき質問ではありません。理由が何であれ、あなたが特定の犯罪グループにとって狙われる対象となる理由は、その攻撃グループ固有の理由でない可能性があるためです。同様の目標を持つ別のグループが、同じ情報を対象とすることがあります。したがって、この特定の攻撃に関与したグループに焦点を当て、最も重要な脅威を見失うことはお勧めできません。しかし、その目標を理解したら、特定の攻撃者についてもっと理解することは有用です。攻撃者に関する情報分析には、使用する戦術、攻撃対象、どれぐらい慎重かつ注意深く活動するか、攻撃を行う時間帯、利用する攻撃基盤、個人の攻撃者なのか攻撃グループなのか、その他データを分析することによって特定できるパターンなどが含まれます。

どのように防ぐことができましたか？

分析の重要な目的の1つは、何が起こったのか、将来同じことが起こるのを防ぐべく、なぜ発生したのか理解することです。この質問に答えるときは、自分のネットワーク内における問題点へ焦点を当てます。パッチ適用がされていない脆弱性が攻撃者に悪用されたのでしょうか？ IDSによる検知メッセージはありましたが、誰も見ていなかったのでしょうか？ 無関係な不正アクセス時に漏洩していたパスワードを再度利用されてしまったのでしょうか？ 誰も自分が間違っていた点を掘り返すことを望まないため、あまり積極的に取り組みたくなるような分析ではありません。しかし、マルウェアがどのように内部に入り込んだか理解し、対処しないままマルウェアをシステムから排除してしまえば、根本的な原因が特定されず、問題は解決していません。きっとインシデント対応プロセス全体を再度実行する必要に迫られるでしょう。

どのように検知できますか？

これはあなたが収集した素晴らしいインジケータの全てが有効になる瞬間です。どのように攻撃を防止したのか分析する痛みを伴うプロセスを実行した後、将来の攻撃を予防・検知するために役立てるプロセスです。実際に検知できる内容は、設置しているセキュリティシステムに大きく依存します。この質問に答える際には、マルウェアのハッシュ値やC2通信のIPアドレスなど特定の攻撃における固有の側面だけでなく、標的とされたシステムや、攻撃者がネットワーク内を動き回るときに利用された戦術など、侵入の汎用的な側面にも焦点を当てることが重要です。

特定できたパターンや傾向はありますか？

この種の分析は、情報共有グループやオープンソースチャネルを通じて報告されたインシデントと社内インシデントを比較する場合に特に適しています。この質問に答えるときは、キャンペーンを実行したと推測される攻撃グループの対象選定パターン、再利用あるいは共有された攻撃基盤におけるパターン、攻撃者が使用するソーシャルエンジニアリングのパターンなど、様々なレベルにおいてパターンを特定できます。

このフェーズで実行された分析結果は、その後のアクションにつながる必要があります。想定されるアクションとしては、脅威プロファイルを更新しているか、システムにパッチを適用しているのか、検知のためのルールを作成しているのか、などが挙げられます。前述の質問やその他の質問、あるいは組織に固有の要求事項に焦点を当てることで、このフェーズで行う作業をF3EADの運用フェーズに戻すことができるようになります。

8.3　分析の実施

情報を収集するにつれて、答えようとしている質問が何であれ、分析の起点となるべき仮説を形成し始めるでしょう。分析には持っている全ての情報を使い、それを合成して解釈することにより、その意味を決定することが含まれます。より理想を言えば、解釈した意味をもとに何をすべきか決めることだといえます。分析的判断に完全、正確、再現性を持たせるためには、分析を行う際に構造化されたプロセスに従うことが最善の選択肢です。

8.3.1　データの充実化

インシデント対応およびフォローアップ分析プロセス全体を通じて、ホストベースかネットワークベースかを問わず、私たちは攻撃を特定・検知するために利用可能なインジケータを探すことに焦点を絞っていました。次に、分析を行うために必要な追加情報、すなわちエンリッチメント情報について触れておきましょう。

エンリッチメント情報には、通常は検知に利用されないインジケータに対する追加の詳細情報が含まれています。しかし、特定のインジケータ、およびそのインジケータが何であるかを理解するために必須の情報です。エンリッチメント情報には、WHOIS、ASN（Autonomous System Number）、ウェブサイトの内容、最近および過去のドメイン解決、関連するマルウェア、その他の多くの追加情報などが含まれます。エンリッチメント情報のポイントは、既に特定したインジケータの周辺に存在するコンテキスト情報をより集めて、その意味をよりよく理解できるようにすることです。データの充実化フェーズでは、ある特定の情報を過度に追跡するのではなく、データから出てくるパターンに焦点を当てる必要があります。多くの人々が偽陽性と数十万のインジケータをブロックリストに入れる主な理由の1つは、エンリッチメント情報を取り込んでそれをインジケータとして扱うためです。

8.3.1.1　充実化された情報源

使用されるエンリッチメント情報の種類は、調査しているインジケータと分析の目標によって異なります。充実化された情報源は、複数のユースケースにおいて有益な情報を提供しますが、いくつかは個別具体的な情報です。そのため、特定の情報源をより深掘りして多くの時間を費やす前に、探している内容について自分が正しく理解しているか確認してください。全ての充実化された情報源は、（将来変更される可能性があるため）データが特定された日付を記録することが重要です。あなたの分析の鍵となる情報を見つけた場合、変更が加えられてしまった後、いつ見つけたのか、どのように見つけたのかがわからないことほどイライラが募ることはありません。

エンリッチメント情報の種類と情報源のいくつかを次に示します。

WHOIS情報：攻撃に使用されたドメイン、IPアドレスについて追加のコンテキスト情報と情報を取得する最も基本的な方法の1つは、登録者や所有者に関する情報を集めることです。RFC 3912（https://tools.ietf.org/html/rfc3912）で定義されているWHOISプロトコルは、インターネットの原型であるARPANETユーザーについて追加情報を渡すことを意図していました。現在でも当該機能を利用してWHOIS情報をコマンドラインで取得することは可能ですが、履歴データを取得するためのウェブサイトやツールなど、今ではさらに追加の情報も取得することが可能です。

WHOISは、ユーザーベースが拡大しインターネットの範囲が大幅に拡大されるなど、いくつかの更新を経ています。現在のWHOISには、登録者の名前、電子メールアドレス、および追加の連絡先情報に関する情報が含まれています。WHOIS情報は、いくつかの方法を使うことで、より分析を充実させることができます。

攻撃者の攻撃基盤を追跡する

一部の攻撃者は、ドメインを登録するときの情報を再利用します。悪意のある攻撃者が使用する名前や偽名を特定することで、同じ攻撃者グループに関連する追加の悪性ドメインを特定することができます。

侵害されたドメインの特定

多くの場合、正当なドメインが侵害され、攻撃者によって使用されている可能性があります。WHOISの情報を知ることで、ドメインが攻撃者によって取得されたのか、侵害されたのかを特定するのに役立ちます。

研究者が運用する研究調査基盤とシンクホール※1の特定

インターネット上の多くの研究者は、攻撃者に似た活動をします。しかし、実際の攻撃者が行う前に脆弱性を特定・研究することが目的です。ほとんどの場合、こうした調査に使用されたIPアドレスはWHOIS情報によって特定され、アナリストが悪意のないIPアドレスを調査して時間を無駄にすることを防止します。

Passive DNS情報：インターネット上のホストを互いに識別し、通信することができた初期の方法は、全てのホスト名とIPアドレスを含む単一のテストファイルを使用する方法でした。このファイルはHOSTS.TXTと呼ばれ、インターネット上の全てのマシンにFTPで送信されました。これは、図8-2に示すように、限られた数のホストがインターネットに接続していた場合にのみ持続可能な解決策でした。しかし、現在ではそれを維持するのは難しく、ファイルが大きくなるにつれて転送により多くの帯域幅が必要となりました。

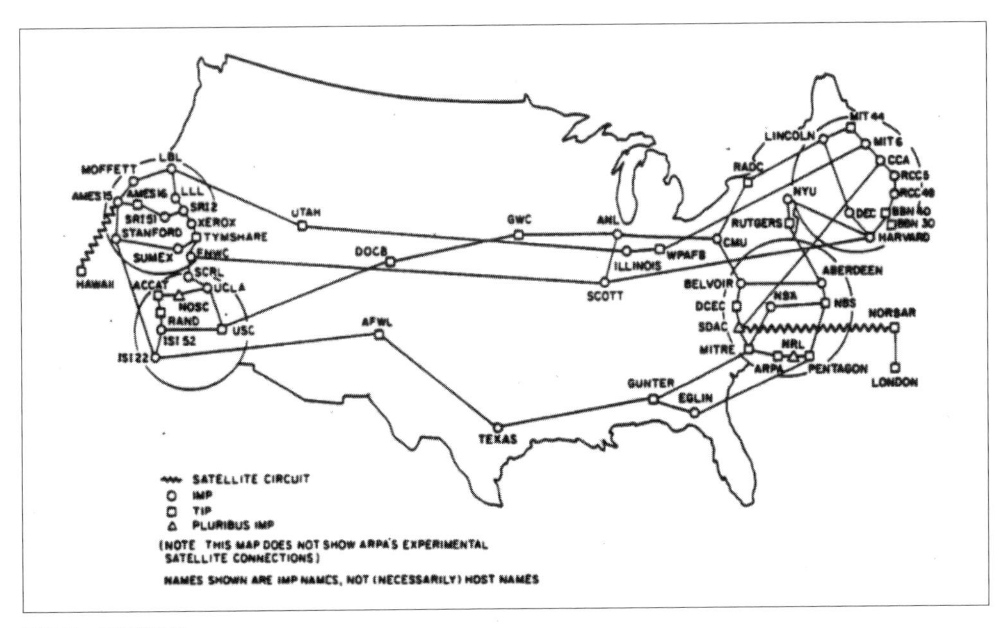

図8-2. ARPANET

※1 訳注：シンクホールとは、過去攻撃グループが攻撃に利用し、廃棄したドメイン／IPアドレスを研究目的で取得し、当該ドメインやIPアドレスへのリクエストを観測する手法のこと。シンクホールを特定することで、現在では有害ではないドメイン、IPアドレス情報を除外することが可能となる。

そこで、DNSと呼ばれるより持続可能なソリューションが開発されました。基本的には、ドメインとホストの対応表ですが、全てのユーザーと共有される単一のファイルではなく、適宜紹介を行い結果を受け取る仕組みです。DNSはRFC 1034（https://www.ietf.org/rfc/rfc1034.txt）とRFC 1035（https://www.ietf.org/rfc/rfc1035.txt）で定義されており、2015年にリリースされたRFC 7719（https://tools.ietf.org/html/rfc7719）では最新のDNS用語が定義されています。**Passive DNS**は、もともと**Passive DNS Replication**と呼ばれており、グローバルDNSから情報を収集して再構築する方法として、フロリアン・ワイマー氏（Florian Weimer）が2004年に発明した手法です。2004年に開かれたFIRSTのカンファレンスで発表された論文「Passive DNS Replication」（http://bit.ly/2tNacPc）において提唱された本来のユースケースでは、ボットネットがC2通信を行うIPアドレスに紐付くドメイン名を識別する手法として知られていました。ワイマー氏は、ボットネットのC2通信は、特定IPアドレスではなく、複数のドメイン名を使用するケースが多いこと、こうしたドメインは複数アドレスに名前解決できるためフィルタリングが難しいこと、などを指摘しています。ドメインが名前解決してIPアドレスを特定した時点で、あるいは逆を行った時点で、必要に応じて照会できるように情報を収集し、データベースに格納することが基本的な考え方です。

Passive DNSは、調査中に特定されたIPアドレスとドメインに関する情報をアナリストに提供します。また、活動の性質に関して情報を提供することもできます。Passive DNS情報は、WHOIS情報と合わせて活用すれば、IOCがより完全な形式となり、役立つでしょう。Passive DNS情報はWHOIS情報のように静的ではないので、時間軸にも注意を払う必要があります。

マルウェア情報：マルウェアに関する情報は、分析に非常に役立ちます。Passive DNS情報と同様に、時間の経過とともに多くの情報が発見されると、多くの詳細情報が変化する傾向があります。VirusTotalなどの情報源は生ものというべきで、新しいエントリが作成されるたび、新しい検知が記録されるたび、あるいはユーザーがマルウェアのサンプルに詳細を追加するたびに、情報が変更されます。マルウェアに関するエンリッチメント情報の例を次に示します。

検出率

この数字は、時間が経過するにつれて変化し、特定されたサンプルがどれぐらい攻撃対象用にカスタマイズされたマルウェアなのかという有用なインジケータとなり得ます。サンプルが最初に取得されて分析されたときは、検出数、あるいは当該サンプルを悪性のマルウェアとしてフラグを立てるウイルス対策ベンダーの数は非常に少ない状態ですが、時間の経過に伴い、増加するはずです。

ファイルの詳細

マルウェアに関する情報の中には、ファイルについて発見された情報が含まれます。この情報は、サンプルを分析する個人や組織が増えるにつれて更新されます。特定のマルウェアサンプルについて独自の分析を行ったとしても、他の分析がどのように行われているかを確認することで、ギャップを埋めることができます。また、どれぐらいマルウェアが拡散し、配布されていたかを示すことも可能です。何か悪いことが自身のネットワークに対してのみ行われたのか、あるいは複数の業界の多くのネットワークでも同じ事象が見られるのか把握することは非常に有益です。

マルウェアの挙動

マルウェアサンプルのハッシュ値など静的情報に加えて、インストール先、実行のため呼び出される他のファイル、実行するにあたり自動化されたアクションなど、マルウェアの動作に関する追加情報を特定することも可能です。これらの詳細は、ネットワーク上で発見される可能性がある他の悪性アクティビティを理解し、洗練されたマルウェアか否か、発見されたマルウェアが一般的なマルウェアファミリーの一種なのか、非常にユニークなマルウェアなのか、垣間見るのに役立ちます。

内部エンリッチメント情報：全てのエンリッチメント情報が外部から得られるわけではありません。内部エンリッチメント情報は、侵害されたホスト、ユーザー、またはアカウントなどの追加の詳細情報を提供します。認識すべき内部情報には、以下が含まれます。

ビジネスオペレーション

インシデント発生時にネットワーク内や組織内で何が起こっているのかを知ることで、攻撃対象となった理由、および攻撃が成功した理由について答えることができます。「最近新しいパートナーシップを発表したのか？」「新しい合併や買収に関わったのか？」といった質問は、攻撃の性質を理解するのに役立ち、組織内の人々と話すことによってのみ得られることが多い重要な情報です。

ユーザー情報

どのユーザーが標的にされ、侵入されているか特定できれば、何を盗んだのかまだわかっていない場合でも、攻撃者がどの情報を知っているか理解するのに役立ちます。また、攻撃者の戦術に関する情報を得ることもできます。例えば、最初に人事部の従業員を対象にしてから、システム管理者などより多くのアクセス権を持つユーザーに移動するなどの戦術を把握することもできます。

情報の共有：以前にインジケータが特定された時期、またはインジケータそのものを理解することで、特定のインシデントを視野に入れやすくなります。調査フェーズでこの情報の一部を特定しておく必要がありますが、分析で使用しているインジケータについて新しい情報や変更の有無があるか確認すると有益です。

この種の非公開情報をタイムリーに入手できる良い情報源は、他の組織と情報共有する関係を構築することです。公開情報も有用であり、分析する必要があります。しかし、情報共有グループはインジケータを発見できたか、どのように識別されたか、どの業界において確認できたかなど、一般公開されない多くの詳細を共有することができます。公開されることは望ましくありませんが、パートナー組織と共有しても構わない類の情報が存在します。特に他の組織がこうした機密情報を共有している場合は、共有できる場合があります。情報共有グループとして、ISAC（Information Sharing and Analysis

Centers)、ISAO（Information Sharing and Analysis Organizations)、パブリック・プライベートのパートナーシップ、インフォーマルグループなどが挙げられます。正式なグループの多くは、業界やその他の共益性を持つ団体を中心に立ち上げられています。場合によっては、共有グループから取得した情報から悪意のあるアクティビティを検知することもできます。一方、インシデントを分析する目的では、分析している侵入への理解を深めたり、データをより充実化したりするためにも利用できます。

全ての情報が評価され充実化したら、次のステップに移りましょう。それは、仮説構築です。

8.3.2 仮説構築

この段階では、あなたの仮説をはっきりと述べることから始め、実際の分析に入るようになります。前述したように、通常、収集プロセス中を通じて、質問に対する回答案を思いつくようになります。仮説構築フェーズでは、どれほど不確かな仮説であろうが、信じがたい仮説であろうが、まずは答えのアイデア全てを文書化します。残りの分析プロセスで、明らかに間違ったアイデアを除外していけばよいのです。アイデアを文書化するときは、できるだけ完全に書いてください。収集中に特定の情報が見つかった場合、それが何であったか必ず書き残してください。これは、さらに将来的な仮説を評価するのにも役立ちます。アイデアをはっきりと表現できない場合、あるいはあまりにも漠然としていたり、用意した質問に答えたりできない場合は、それは良い仮説ではなく、別の仮説検討に取り掛かるべきでしょう。

GLASS WIZARDの攻撃キャンペーンの場合、最初に知りたいことは、自分たちに対する標的型攻撃か否かという点です。この攻撃グループから把握できたことは、GLASS WIZARDという攻撃グループは高度な技術を備え、標的型攻撃を行う脅威グループとして知られています。ここでは、私たちが標的として狙われていることを確認するために必要なデータを分析したいと考えています。調査中に収集した情報と、「自社の誰がターゲットにされたか？」という内部エンリッチメント情報に基づいて構築した私たちの仮説は、この攻撃キャンペーンが、エネルギー技術に関する情報窃取を目的とした標的型攻撃であったという仮説です。この仮説は具体的であり、私たちの調査に基づいていますが、構造化された分析プロセスの残りの部分を経て検証する必要があります。

キャリアを重ねていけば、様々な理由で仮説を作成するのが簡単になります。第一に、多くのインシデントには類似点があり、特定の挙動と兆候を識別することがより容易になります。これは分析プロセスを実行するうえでかかる時間を短縮することができますが、答えが正しいと信じ込まないようにすることが重要です。まだまだ仮説です。答えがはっきりしている場合でも、分析プロセスの残りの部分を必ず実行してください。また、あなたが仮定している前提とバイアスについて誰に対しても説明できるようにしてください。このことについては、次のセクションで説明します。

仮説の発展がより簡単になる第二の理由は、多くの調査を進めるにつれ、このプロセスを何度も繰り返していくと、創造性が増し、現実的な解答を生み出すことへの抵抗が少なくなることです。アナリストは分析プロセスを経て、悪いアイデアを特定し、除外するプロセスを実施した後、可能性のある全てのアイデアを深掘りすることで、以前は思いつかなかった新しいアイデアを思いつくことにも慣れてくるでしょう。

仮説構築の難易度にかかわらず、仮説が構築できたら、根拠となる前提を評価し、バイアスを理解し、判断と結論を行うフェーズへ移行します。

8.3.3 主要な前提条件の評価

重要な仮定は、既存の判断や信念に依存する一要素です。分析を続ける前に、チームまたは個人はこれらの主要な前提条件を特定し、それらが正しいか否か、分析に貢献すべきかどうかを判断するのに十分な時間をかけてください。例えば、特定の攻撃がどのように防止されたか検討しているアナリストは、調査・決定・終了フェーズで特定された攻撃手口を前提に仮説を作成しています。その仮説が正しいかどうかを評価するのは比較的簡単ですが、全てのアナリストが仮説構築に寄与した情報について、同じ理解を持っていることを確実にするため、文書化し、話し合わなければなりません。

CIAが発行した教材『A Tradecraft Primer : Structured Analytic Techniques for Improving Intelligence Analysis』※2（http://bit.ly/2vrrGmm）によれば、主要な前提条件のチェック実施方法と、当該プロセスを利用することによる複数のメリットについて概説しています。これらの利点には、仮説に寄与する重要な問題の理解を促進すること、誤った論理の特定、アナリスト間の議論の促進などが含まれます。主要な前提条件を評価するプロセスは次の通りです。

1. 仮説について鍵となる前提を全て特定する
2. なぜ前提が作られたか特定する
3. 前提への確度を評価する
4. どのように確度を決めたか把握する
5. それぞれの前提を検証し、現在の状況において真実と考えられるか否か決定する
6. 確度が低い前提、真実ではない前提を取り除き、分析で使わないようにする

私たちは、いくつかの前提を元に、GLASS WIZARDの侵入は、私たちを特別に狙った標的型攻撃だという仮説を持っています。まず、私たちをターゲットにした攻撃グループがGLASS WIZARDだと仮定しています。これは重要な前提です。これは、攻撃グループに関して得た情報が、戦術、テクニック、技術的インジケータ、攻撃対象などネットワーク上で見つけた情報と一致したという事実に基づいています。技術的詳細とタイミングに基づいて、この前提の正確さを確信しています。追加情報、特に攻撃者の欺瞞作戦に関する情報は、この前提を変えなければいけない可能性があることを示しており、その種の新しい情報が発見された場合には分析を変更することも視野に入れています。

前提は必ずしも評価するのが簡単ではなく、アナリストの判断を簡単に曇らせてしまい、思考の論理的誤謬（ごびゅう）や欠陥を引き起こす認知的バイアスなどが含まれます。分析からバイアスを完全に取り除くことはできません。

※2 訳注：本資料は、本章でカバーしている内容に詳しく触れていますので、分析フェーズをより詳しく勉強する際には一読をお勧めします。

8.3.3.1 バイアスについて

インテリジェンスの父親であり、『The Psychology of Intelligence Analysis』(Military Bookshop刊、2010年)(https://www.cia.gov/library/center-for-the-study-of-intelligence/csi-publications/books-and-monographs/psychology-of-intelligence-analysis/PsychofIntelNew.pdf)の著者でもあるリチャード・ホイヤー氏(Richard Heuer)は、**認知的バイアス**(Cognitive Biases)について「情報を脳内で処理して判断を下す負担を減らすために利用される、単純化戦略と経験則である」と述べています。認知的バイアスは、日々の生活の中で毎回の決断を下すたびに分析プロセス全体を行わなくて済むよう、脳が発達させたショートカットのようなものだといえます。当たり前の例を挙げれば、子供が寒いと言ったとき、両親がすぐにセーターを着用するように言ったとしましょう。数年後、(既に成長した)子供は寒いと感じたときには、すぐにセーターを着ようとするでしょう。彼が大人になれば、おそらく自分の子供たちにセーターを着用するように言うでしょう。彼の頭の中に、帽子がいいだろうか? それとも靴下をもう1枚履くべきか? といった仮説が構築されることはほとんどありません。仮説を検証して、(明らかに靴下では不十分であるという)結論を出すといったことをせず、彼の脳はショートカットをして、その状況にあった適切な答えを出すはずです。

認知的バイアスは必ずしも悪くないとはいえず、時間を大幅に節約できる方法です。しかし、インテリジェンス分析では、アナリストに前提を持たせ、誤った判断に飛びつくことにより悪影響を及ぼすことがあります。認知バイアスの別の例は、GLASS WIZARDの侵入において、Poison Ivyのような以前から話題になったマルウェアを使った場合です。「洗練された攻撃者は、過去見つかったことがない洗練されたマルウェアを使う」と聞いたことがある、あるいはそういった経験を複数回しているアナリストは、このGLASS WIZARDの事例について、攻撃者が洗練されていないというバイアスの元で、仮説を構築してしまいます。この例は、アンカリングと呼ばれる認知バイアスの一種です。つまり、正当な分析的根拠なしに他の証拠よりも特定の証拠を過大評価してしまうという可能性が考えられます。

多くの種類のバイアスが存在します。ここでは、インテリジェンス分析とインシデント対応によく見られるものの概要を示します。※3

確証バイアス:確証バイアス(Confirmation Bias)がある場合、私たちは既存の判断や結論を裏付ける証拠ばかりを追いかけ、視野を絞る傾向があります。私たちの頭の中に特定の活動の証拠を見つけようと考えているのであれば、その結論を裏付けるような証拠は、当該判断を否定したり疑問を投げかけたりする証拠よりも、過大評価してしまうでしょう。GLASS WIZARDのシナリオでは、古いマル

※3 訳注:認知的バイアスとは少し外れますが、ベンダーなどが公表しているレポートを読み解く際にも論理的誤謬が存在するケースがあります。また、報告書を書く場合にもそうした誤謬に気を付ける必要があります。そのため、認知的バイアスのみならず、脅威インテリジェンスアナリストとしては、誤謬に関する知識も身につけておくべきだと考えられます。日本語にも誤謬を学ぶための良書が複数ありますので、興味がある方は読まれることをお勧めします。

- 『ウンコな議論』(H.G.フランクファート著、筑摩書房刊、2016年)
- 『反論の技術—その意義と訓練方法』(香西秀信著、明治図書出版刊、1995年)
- 『レトリックと詭弁 禁断の議論術講座』(香西秀信著、筑摩書房刊、2010年)
- 『論より詭弁 反論理的思考のすすめ』(香西秀信著、光文社刊、2007年)
- 『詭弁論理学 改版』(野崎昭弘著、中央公論新社刊、2017年)

ウェアを使用しているため、攻撃者が洗練された攻撃グループではないと考えるアナリストの問題に向き合う必要があります。当該アナリストはこの仮定を証明するために、洗練されていない攻撃グループが使用するパスワード推測手法を探し出してくるかも知れません。ここでアナリストは、「洗練された攻撃グループも同じようにパスワード推測を使用していた」という歴史的事実を無視するか、この歴史的事実を軽く扱うかのいずれかの行動を取ってしまいます。確定バイアスは、最終的な判断に至る前に主要な前提を評価する必要がある主な理由の1つです。

アンカリング・バイアス：アンカリング・バイアス（Anchoring Bias）の場合、アナリストは最初に聞いた情報を重要視したり、過度に依存する傾向があります。その後入手した新しい情報やエビデンスは、最初の情報を支持しているのか、それとも否定しているのか無意識に頭の中で比較してしまうことが一般的です。アナリストが侵入分析プロセスに入る際に「X国がやったんだ！」と言われた場合、各エビデンスがX国に関係しているかどうか解釈に影響を与えてしまい、アナリストは答えるべき質問に答えられない状況に陥ってしまいます。Robert M. Lee（http://www.robertmlee.org/tag/attribution/）のような専門家の中には、特定の政府や国家への帰属情報（Attribution）が判断を行う際のアンカーとなってしまうため、アナリストの仕事を難しくしていると指摘しています。もう一度言いますが、要件に焦点を当て、実際にどのような質問が行われているか仮説を立てて、主要な前提を評価するプロセスを経ることで、アナリストはアンカリング・バイアスを説明できるようになり、相殺するのに役立ちます。

可用性バイアス：可用性バイアス（Availability bias）では、その情報自体が分析されているかどうかにかかわらず、利用可能な情報が過度に強調されるというバイアスです。リチャード・ホイヤー氏は、このバイアスを「鮮明さの基準」（Vividness Criterion）と名づけています。別の言い方をすれば、個人的に経験したこと、あるいは最もよく知っている情報は慣れ親しんでいない情報よりも重要視されることを意味します。 別の言い方として、「私、そういう友人を知っている」バイアス（“I know a guy” bias）と呼ばれることもあります。つまり、「1日に1本のたばこを吸って100歳になった人を知っているよ。つまり、喫煙って思うほど健康に影響しないんだよ」という論法です。最近では、この論法の発展系で、「私、インターネット上でそういった記事を読んだ」というバイアスもよく見かけます。

インシデント対応担当者とインテリジェンスアナリストは、こうした過去の経験は分析を助けるよりも、むしろ悪い影響を与える可能性が高いので、このバイアスを正しく認識しておく必要があります。以前見かけたことがある理由で、最もよく知っている証拠の特定の部分に焦点を当てるようであれば、彼らはその当該証拠を過剰に重要視したり、あまり馴染みのない他の証拠を無視したりするかもしれません。

バンドワゴン効果：バンドワゴン効果（Bandwagon Effect）は、より多くの人々が同意することで、仮説があたかも真実のように見えてしまう現象です。証拠の一部を分析した後グループ内で合意を取るため何か言及すべきですが、分析が終了する前に判断が加わる場合、あるいは「他のみんなが仮説を支持している」という事実により仮説は正しいと信じる根拠となってしまう場合、バンドワゴン効果が発生します。バンドワゴン効果には興味深い心理学的理由がありますが、それを克服することは難しいかもしれません。しかし、「みんなが言っている」のは、前提が正しいとする正当な理由にはなり得ないということは心に刻んでおくべきでしょう。もしグループ内で支持する証拠がある場合は、みんなが同意しているという事実よりも証拠そのものに注目することが重要です。

ホイヤー氏はこの事象を、「一貫性に対する過敏性」（Oversensitivity to Consistency）と命名し、「情報が高い相関性を持っているか、重複しているがゆえに、情報が一貫性を保っている可能性があります。その場合、情報の数にあまり意味はありません」と評しています。この問題に打ち勝つためホイヤー氏は、以前の分析が基礎としている証拠一覧に精通すべきと推奨しています。つまり、あるサンプル量や利用可能な情報で結論が得られた場合、より多くのサンプル量と情報が得られた場合でも、同じかつ一貫性のある結論が出るか問うべきだという意味です。特に、攻撃者に関する報道記事に役に立ちます。ある攻撃者について複数の記事が言及している場合、全て1つのインシデントに基づいて記事を書いている可能性があり、必ずしも複数のインシデントをもとに分析がされているとは限りません。

ミラーリング：ミラーリング（Mirroring）とは、アナリストが「調査対象が自分と同じ考え方をする」という前提を持っているため、自分であればこう判断するだろうと結論付けてしまう場合に発生します。これは、調査対象がまったく異なるロジックで動いているにも関わらず、アナリストが個人的経験を前提に、攻撃者が何をするのか、しないのか判断してしまうケースです。このバイアスにとらわれているアナリストは、仮説が正しいか判断するため証拠ではなく、論理的ステップ、あるいは「自分であればこうするだろう」という自分の意見を使ってしまいます。ミラーリングは検討すべきアイデアを考える際にはよく使われますが、評価フェーズでは仮説の基礎になっているのが証拠ではなくミラーリングであるケースを見つけ出し、バイアスを分析から取り除くことが重要です。

8.3.4　判断と結論

仮説を支持する証拠と前提が評価されバイアスが説明された後、アナリストはその仮説についての判断と結論を出すことができます。アナリストは、いくつかの方法を用いて証拠を解釈し、仮説が真実であるか否か、または新しい仮説を検討する必要があるか否か判断することができます。

8.4　分析プロセスと方法論

キルチェーンモデルやダイヤモンドモデルなど、モデルを使って証拠を探し当てたように、適用可能なプロセスや方法があれば、データはよりうまく処理できることが多々あります。このセクションで説明するプロセスと方法論は一般的な分析方法であり、単独でも、組み合わせて使用することもできます。

8.4.1　構造化分析

構造化分析（Structured Analysis Techniques）とは、小学校の科学プロジェクトの基礎を形成する、科学的方法に似ています。質問をしたり、基本的な背景調査をしたり、仮説を立てたり、仮説が正確かどうかをテストし評価したり、元の仮説が正確でないと判明した場合は新しい仮説を再度構築します。基本的な科学的方法を図8-3に示します。

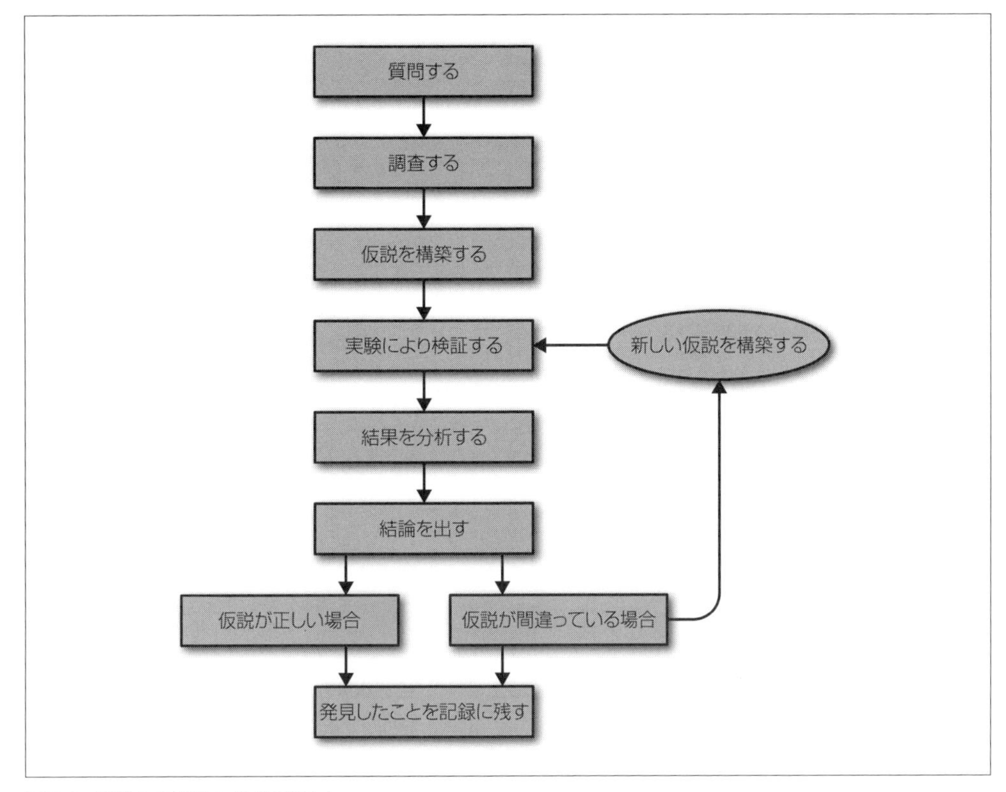

図8-3. 科学的方法論のダイアグラム

構造化分析はこれと同じアプローチを採用しています。しかし、仮説の検証・評価は、物理的な実験のようにわかりやすいものではありません。インテリジェンス分析を実行する場合は、そのトピックに関する主な仮定を特定し、その背後にある認知的バイアスを特定したうえで、仮説を評価することが重要になります。これらの主要な仮定が評価された後、複数の仮説が正確かどうかを判断するために、いくつかの方法を使用して、互いに異なる仮説の重み付けを行います。この手法を、ACH（競合仮説分析）と呼びます。

分析は明確なYES/NO形式ではなく、アナリストによる情報の解釈に基づいているため、可能性のある仮説に信頼度を割り当てるステップも重要となります。図8-4に、構造化分析の基本プロセスを示します。

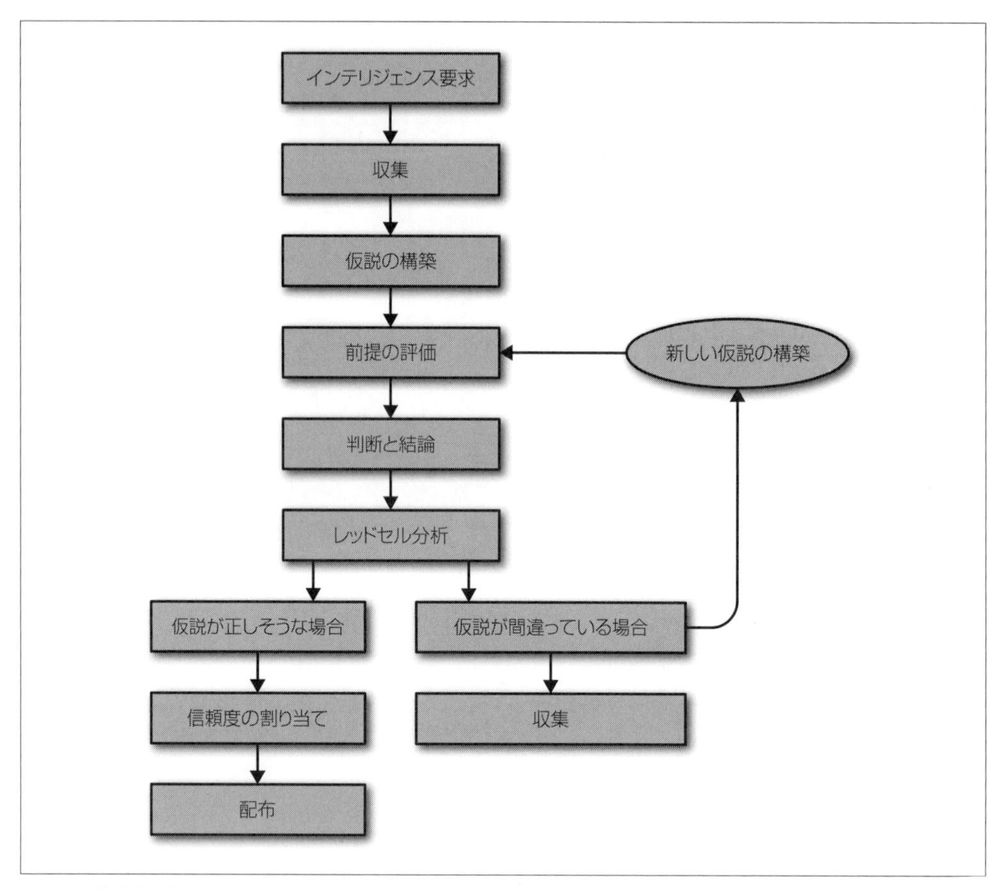

図8-4. 構造化分析

構造化分析プロセスの各ステップの概要は次の通りです。

1. （理想的には）上司からの提示された具体的な要求内容をもとに、あなたが答えようとしている質問を決定してください。要求を通じて複数の質問に答えるために、構造化分析を反復的に使うことができます。1つの実験で複数の変数をテストしないのと同様、同じ分析で複数の質問へ答えようとすることはお勧めしません。プロセスがほとんど同じ場合であっても、判断を曇らせたり、結論が汚染されたりすることを避けるために、プロセスを分けておくことが望ましいといえます。
2. 質問に答えるべき仮説を生成するために必要な情報を用意すべく、データ収集を行います。これには、調査から収集した情報の他、追加のエンリッチメント情報を収集し、必要なものが全て手元にあることを確認する必要があります。
3. 評価する仮説を構築します。仮説が明確な場合もありますが、「なぜあなたが標的にされたのか？」「キャンペーンの長期的な意味合いは何か？」などの質問に答えようとする場合、雲をつかむような仮説であることも考えられます。状況にかかわらず、あなたの考えを文書化し、それらの仮説を評価するプロセスを通して作業してください。

4. 主要な前提を評価します。このステップは伝統的な科学的方法からは外れています。今、私たちは容易に測定・評価できる要素を扱っていないため、様々な証拠に関するアナリストの考えや意見が分析にどのように影響するかを理解することが重要です。真実だと思う仮説を支持するために定性的証拠を見つけるのは簡単です。しかしこれは避けるべきであり、この追加ステップにてバイアスを見つけ出し、分析に関する重要な前提の信ぴょう性を確実にします。
5. 仮説を判断するのに十分な証拠がある状態です。仮説を評価する方法は様々ですが、この章の後で詳しく説明します。
6. 仮説が評価・判断されると、構造化分析プロセスの次のステップであるレッドセル分析（Red Cell Analysis）を行います。ウォー・シミュレーションゲーム（War Simulation Game）では、仮想敵チームをレッドチームと呼び、自分たちに友好的なチームをブルーチームと呼びます。レッドチームは、攻撃グループのように考え、ブルーチームへ挑戦する役割を担います。※4 レッドセル分析は、第三者の視点から評価・質問された場合に備え、分析結果について再度検討する機会を提供します。
7. レッドセル分析の後、仮説が適切でないと判断した場合、元の仮説を否定した証拠を利用し、仮説生成プロセスに戻り、新しい仮説を構築する必要があります。毎回初めからやり直す必要はありません。なぜなら、プロセスを進めるにつれてより多くのことを常に学んでいるためです。自身の仮説が正しいと判断しても、その評価にどれぐらい自信を持っているのかを判断し、その信頼度（Confidence Levels）を割り当てた理由を文書化する必要があります。それが終わったら、あなたは分析を完了し、次の質問に移ります。

8.4.2 ターゲット中心型分析

インテリジェンス分析の本として有名な『Intelligence Analysis: A Target-Centric Approach』（CQ Press刊、2003年、最新は第5版 2016年）で、著者のロバート・クラーク氏（Robert Clark）は、伝統的なインテリジェンスサイクルについて、「非線形なプロセスに対して線形構造を与える試みである」と定義し、代替的なアプローチとしてターゲット中心分析を紹介しています。ターゲット中心型分析（Target-Centric Analysis）の例は、図8-5の通りです。

※4 訳注：構造化分析におけるレッドセル分析とは、攻撃者の立場、あるいは仮説に反対する立場から仮説を批判的に検証することを意味する捉えればよいと考えられます。

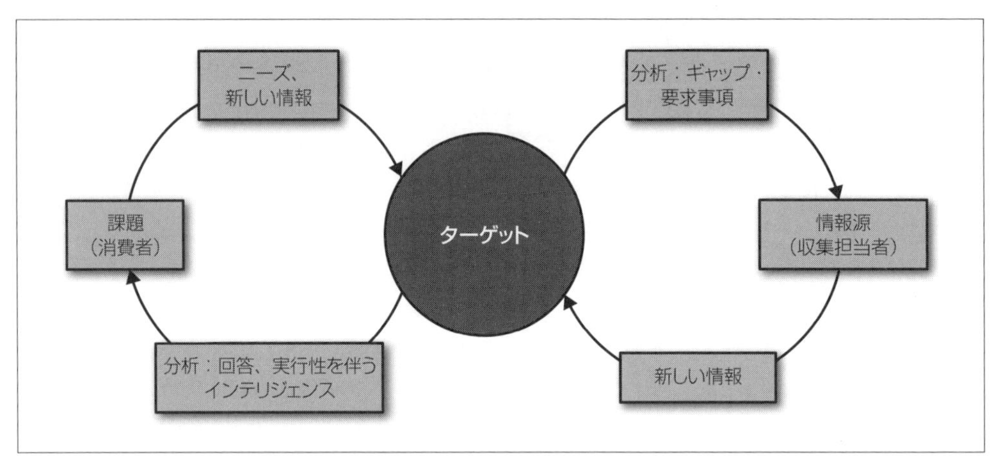

図8-5. ターゲット中心型分析

ターゲット中心分析のコア部分に、**概念モデル**とも呼ばれる対象モデルがあります。

概念モデルは、アナリストの思考プロセスを抽象化したもので、可能な限り細かく分析されているものを記述します。概念モデルは、犯罪組織の階層または構造を詳述することもあれば、ネットワーク侵入のタイムラインを記述することもできます。

概念モデルが開発されると、開発されたモデル、現時点での回答、探すべき回答に基づき理解を進めるプロセスを開始します。私たちが求めている答えは、**実行性のあるインテリジェンス**であり、質問に答えることのできる形式で用意する必要があります。そしてインテリジェンスは、消費者によって評価されます。さらに多くの情報や新しい情報が必要な場合は、モデルが更新され、収集と分析のプロセスに再び戻ります。

ターゲット中心型分析では、アナリストが一度限りの分析プロセスを実行する前提ではなく、情報が収集され、質問に答えるのに役立つかどうかを確認する反復プロセスを経て、ある日突然新たな要求が出なくなります。より多くの情報が必要な場合は、収集と処理の段階が再開され、必要な全ての情報がアナリストに提供されます。

8.4.3 ACH

ACH（競合仮説分析：Analysis of Competing Hypothesis）とは、リチャード・ホイヤー氏によって開発された方法であり、複数の代替仮説を評価し、証拠に基づいて最も可能性の高い仮説を特定するために使用される方法論です。ACHは、直感に基づいて仮説を特定し、その仮説を支持する証拠を探すのではなく、アナリストに全ての可能性を検討させることを目的とした、8段階のプロセスです。8つのステップは次の通りです。

1. 考えられる仮説を特定します。ホイヤー氏は、異なる背景と視点を持つアナリストのグループを活用して、ブレーンストーミングなどでできるだけ多くの可能性を突き止めることを推奨します。このステップでは、「**証明されていない仮説**」(Unproven Hypothesis) と「**反証された仮説**」(Disproven Hypothesis) を区別することも重要です。「証明されていない仮説」は仮説が正しいことを示す証拠がない一方、「反証された仮説」は、仮説が間違っていることを示す証拠があるケースを示します。ACHプロセスにおいて、「証明されていない仮説」は証明が不可能だと見えてもいったん含めますが、「反証された仮説」は含めないようにします。

2. 各仮説を支持・反証する証拠リストを作成します。重要な前提を評価するプロセスを既に完了している場合、この手順は比較的簡単に行うことができます。多分、この段階にある読者は既に様々な仮説を支える重要な証拠を持っているでしょう。
3. 横軸に仮説の一覧を並べ、縦軸に証拠一覧を並べた表(マトリックス)を作成します。そして、各証拠が仮説を支持するのか、それとも反論するのか1つ1つ評価していきます。この表のイメージについては、図8-6を参照してください。マトリックスを記入するにはいくつかの方法があります。ホイヤー氏は、証拠の各部分が仮説と一致しているか、一致している場合は「C」を記入しながら検証していくことを提案しています。一方、仮説と矛盾していたり仮説を反証していたりする場合は「I」を、どちらでもない、もしくは関連性が認められない場合には、「N/A」を記入します。別の方法として、証拠の一部が仮説を支持している場合はプラス記号(+)、証拠を強く支持する場合はプラス記号(++)など、重み付けを行いながら記号を付与する場合もあります。
   図8-7では、仮説3(H3)はどの証拠でもサポートされていないことがわかります。したがって、H3はこの表から削除されます。同様に、証拠3(E3)はいずれの仮説にも適用されず、証拠5(E5)は全ての仮説と矛盾しているため、アナリストはいったん立ち戻り、それらの証拠を再評価して、分析に関連性があり正確であることを確認する必要があります。欠陥がある、あるいは偏った証拠が評価段階に登場することは考えられますが、分析において何かを考慮すべきか検討する機会と捉えることができます。

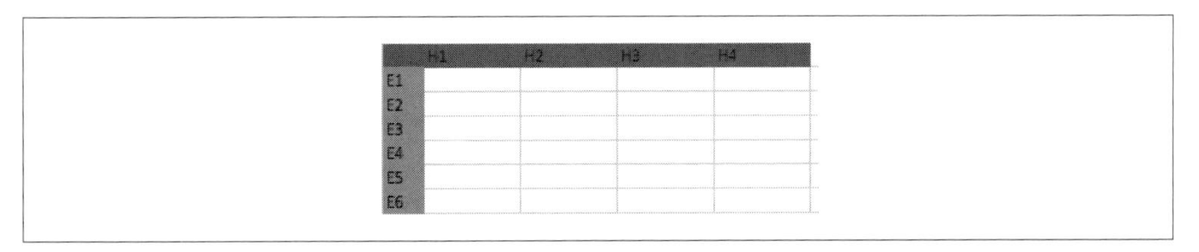

	H1	H2	H3	H4
E1				
E2				
E3				
E4				
E5				
E6				

図8-6. ACHマトリックステンプレート

	H1	H2	H3	H4
E1	C	I	I	C
E2	C	I	I	C
E3	N/A	N/A	N/A	N/A
E4	C	C	I	I
E5	I	I	I	I
E6	C	C	I	I

図8-7. 分析済みのACHマトリックス

4. マトリックスを強化するための初期分析を行います。ステップ3の後、マトリックスにはいくつかのことが表示されるはずです。いくつかの仮説は、全ての証拠について一貫性のない評価（Iまたは–）であるかもしれません。これは仮説を反証付けるわけではありませんが、特定の証拠に支持されているわけでもないため、当該仮説はマトリックスから除去すべきだと考えられます（図8-7参照）。同様に、仮説ごとにN/A評価がある場合、アナリストはそれをマトリックスから削除するか、真に重要な証拠である場合は、考慮する必要がある別の仮説があるかどうか再評価すべきだといえるでしょう。

インシデント対応担当者が随時実行する可能性のあるタスクの1つは、別の証拠とほぼ同じ時期に特定されたが、実際は分析が終わった無関係な侵入の証拠があった場合です。何か他の証拠と一致しないものがある場合、それを現在の分析から削除し、それを単独で分析することが最善の場合があります。

5. それぞれの仮説の可能性について、最初の結論を引き出します。仮説を正しく証明するよりも、仮説を検証することに重点を置いていきます。マトリックスが最初に強化された後、どれくらいの証拠がそれをサポートしているかに基づいて各仮説の可能性を評価することができます。図8-7の例では、H1が最も支持している証拠を有しており、アナリストによってE5が有効な情報ではないと見なされる場合、この仮説と矛盾する証拠はありません。したがって、H1は最も有力な仮説と考えられます。H2とH4の両方がそれらを支持する証拠を持っていますが、互いに矛盾しています。したがって、この2つの仮説が真実である可能性は低くなると考えられます。矛盾していると示された証拠（「I」のマークが付けられた証拠）のいずれかにより、仮説が正しくないと証明されれば、それは反証された仮説と見なさます。仮説が絶対的に真実であることを証明するより、仮説を反証するほうが簡単です。
6. あなたの結論のどれくらいが1つの証拠に依存しているかを分析します。最も可能性が高いと判断した仮説、あるいは、反証されていると判断した仮説の根拠を再分析します。最も重く重視された証拠が1つでも存在したでしょうか？ もしそうなら、その証拠にどれくらいの信頼性があるでしょうか？ これは、判断の全体的な信頼性を判断するのに役立ちます。様々な情報源からの複数の証拠が仮説を強く支持している場合、単一の情報源から得た1つの重要な情報に基づいて判断するより、評価の信頼性が高くなります。

7. 最も可能性の高い仮説だけでなく、全ての仮説の可能性についてあなたの結論を報告します。考慮された全ての仮説と、最終的な判断に至った証拠を記録し報告することが重要なポイントです。特にレッドセル分析が別途実施される場合、この章の後半で説明しますが、このステップは特に重要となります。また、どんな根拠に基づいて判断したのか記載された情報は、新しい情報が提供された場合に分析を再評価する必要があるかどうかを特定するのに役立ち、ACHプロセスの最終段階まで活用することができるでしょう。
8. 分析を再評価する必要がある状況を特定します。ホイヤー氏は、全ての分析が暫定的であると捉えるべきであり、新しい分析が必要な新しい証拠を追加することはいつでも可能であるべきと述べています。インテリジェンスのギャップが特定された場合、あるいは現在確認されていないが判断を変更する可能性がある情報が出てきた場合、将来の分析を支援するために文書化する必要があります。GLASS WIZARDにおける侵入事例では、同様の侵入を経験した別組織からの情報、あるいは追加のセキュリティ対策を行ったため、攻撃者の活動が検知されたという情報を追加することです。そのような状況では、新しいログ情報へアクセスできるようになるでしょう。これらの事のいずれかが起こった場合、私たちは判断を再検討する必要があります。

8.4.4 グラフ分析

多くの場合、仮説を構築したり、証拠を評価したりするには、追加の分析が必要です。大量の情報でパターンや関係性を探す際には、視覚的な分析が最も適していることもあります。このとき、グラフ分析（Graph Analysis）は非常に便利です。グラフは、ソーシャルネットワークやグループ間のやり取りの分析にも特に役立ちます。

グラフ分析はいくつか別の呼ばれ方をすることもありますが、本質的にはほとんど同じです。関連性マトリックス（Association matrices）、ソーシャルネットワーク分析（Social Network Analysis）、リンク分析（Link Analysis）は、全て同様のプロセスを表す分析手法です。特にソーシャルネットワーク分析は、グループ間の関係を理解することが非常に重要であることから、テロ攻撃や犯罪行為の種類によらず、情報機関や法執行機関で広く採用された分析手法です。この種の分析は、サイバー空間の攻撃者を追跡するにも役に立ちます。なぜなら、こうした攻撃者はロジスティックスや各種サポートを別のチームにアウトソースしていたり、必要に応じて別のグループやチームと連携したりしている可能性があるためです。しかし、グラフで分析できるのは人間関係だけではありません。

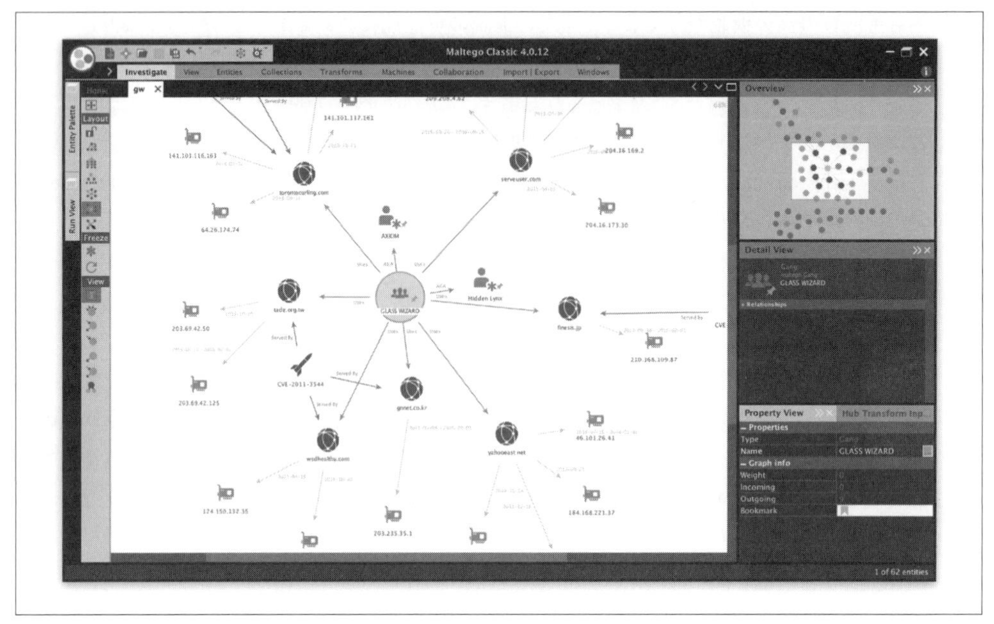

図8-8. Maltegoを利用したGLASS WIZARDのグラフ分析

インテリジェンス駆動型インシデント対応において、アナリストは通常、個人ではなく端末やマルウェアに関連するアクティビティを探します。GLASS WIZARDの侵入では、グラフ分析を使用して、攻撃者によって侵害されたホスト間の関係を調べることができます。グラフ分析によれば、多くのホストが攻撃者のC2ノードと1回または2回しか通信せず、ホストのごく一部が複数のC2ノードと繰り返しやり取りしていることがわかります。攻撃者がなぜそれらのホスト群により興味を持ったか理解するため、内部エンリッチメント情報を使用することで分析することができます。攻撃者の行動をよりよく理解するため、調査で発見されたマルウェアの関連ドメインに対して、グラフ分析を適用して特定することもできます。

多くの場合、グラフ分析は、証拠をよりよく理解したり、証拠を作成したりするために使用されます。グラフやソーシャルネットワーク分析によってサポートされている仮説を検証するには、ACHやレッドセル分析などを使用する必要があります。

8.4.5 「逆張り」テクニック

本章でカバーすべき最後のタイプのインテリジェンス分析は、状況に対して異なる視点を提供することで、既存の標準や規範とは異なる視点を追求する、**「逆張り」**テクニック（Contrarian Techniques）と呼ばれる方法です。初期分析において「逆張り」テクニックが使用されるケースもあれば、様々な選択肢がある中で分析が確実に行われることを保証するため、既存の判断に疑問を呈する目的で「逆張り」テクニックが使用されることもあります。この種の分析は全ての場合に必要というわけではありませんが、間違った判断をすると深刻な結果をもたらす分析や、結論にまだ議論の余地がある場合、こうした分析を行うことを強く推奨します。

8.4.5.1 悪魔の弁護人

悪魔の弁護人（Devil's advocate）とは、全て否定する視点に立ち、利用可能な証拠が別の結論を導けないか評価することにより、広く受け入れられている状況分析へチャレンジする目的で行われています。ただし、悪魔の弁護人アプローチは、別の結論を導いたり、既に受け入れられた分析が間違っていることを真に証明したりすることが目的ではありません。むしろ、元の分析の弱点を明らかにし、説明されていないバイアスを発見し、元の分析を徹底的に精査することを助けてくれます。

8.4.5.2 What-if分析

このタイプの分析は、新しい変数を状況に導入して、分析がどのように変化するかを確認しようとします。例えば、「この重要な証拠が、真の攻撃グループによる欺瞞作戦の一部であれば、どうなるだろうか？」、あるいは「このログデータが改ざんされていた場合、どうなるだろうか？」などの新しい要素を追加した質問をもって分析を行います。このタイプの分析は、仮説を直接反証しようとせず、実際には、特定のインテリジェンスが疑問視された場合でも分析が正しいか否か判断することで、全体的な判断に対する信頼性を評価するのに役立ちます。このテクニックは、ACHプロセスのステップ6で非常に役に立ちます。なぜなら、アナリストは、1つまたは2つの証拠にどれぐらい依存するか決定するためです。

8.4.5.3 レッドチーム分析

このテクニックは、攻撃者が与えられた状況下において、どのように考えて行動するか分析することを目的としています。アナリストは、攻撃者の考え方を用いて、「この状況で私にとって重要なことは何であろうか？」、あるいは「どのような行動をすると計画から逸脱してしまうだろうか？」などの質問をします。レッドチーム分析（Red Team Analysis）を行う際には、アナリストが攻撃者のペルソナを模倣することが重要となります。この分析手法を用いることでアナリストは、攻撃者の考え方が、自分が想定する考え方と異なる場合があることを理解することができます。そして、ミラーイメージングまたはミラーリングバイアスに対抗するのに役立ちます。レッドチーム分析※5は、アナリストが最初に考慮しなかった可能性がある追加要因を特定するのに役立ちます。

※5 訳注：詳しい読者の中には、このレッドチーム分析（Red Team Analysis）と構造化分析のプロセスで登場したレッドセル分析（Red Cell Analysis）は何が違うのか疑問に思う読者もいるかと思います。
例えば、米国防総省の資料「Command Red Team（JDN 1-16）」によれば、レッドチームとレッドセルは異なる概念と述べており、またNATOの公開資料「A Guide To Red Teaming」によれば、レッドセル分析は狭義のレッドチーム分析と位置付けています。
ただし、どちらも仮説を徹底的かつ批判的に検証する分析手法であり、（翻訳上原文を尊重しましたが）本書を読むうえでは同義と考えてよいと思います。この分析手法を使うことで、仮説が持つ論理的な欠点が発見できるため、レッドチーム分析を行った後、仮説はより強固かつ信頼性の高いものになります。
レッドチーム分析について、より深く学ぶ場合には以下の文献が参考になります。
『レッドチーム思考 組織の中に「最後の反対者」を飼う』（Micah Zenko著、文藝春秋刊、2016年）
Applied Critical Thinking Handbook (Formerly the Red Team Handbook)
https://www.hsdl.org/?abstract&did=802233
Red Teaming: a guide to the use of this decision making tool in defense
https://www.gov.uk/government/publications/a-guide-to-red-teaming

レッドチーム分析は、情報セキュリティ業界でよく知られている概念です。この種の分析は、攻撃グループの社会的、政治的、文化的傾向に基づく判断の土台を含め、攻撃グループを理解することに大きく依存しています。そのため、「何でもうまくいく」といったアプローチをとっている一部のレッドチーム演習とはまったく異なる概念です。

8.5　まとめ

分析は、しばしば直感的なプロセスと見なされ、得意な人と得意でない人がはっきりと分かれます。しかし、この考え方は必ずしも正しいとはいえないでしょう。シャーロック・ホームズ氏は、分析を行う才能を持っていましたが、バイアスへの説明、仮説の構築、仮説を証明・反証するために証拠を使用するなど、一連のプロセスに従っています。アナリストは、こうしたプロセスに従い、インシデントや調査に関する特定の質問に答えようとします。情報をより充実させる必要のあるケースもあれば、ACHを実行する必要があるケースも存在しますし、あるいは全ての情報が利用可能であるためレッドチーム分析を利用して判断を評価するケースもあるでしょう。プロセスは全ての状況で共通ではありませんが、常に従うべきプロセスは存在します。分析は柔軟に行うことができますが、ステップを完全にスキップしないようにしてください。適切な情報に基づいて健全な分析的判断が行われるようにします。分析が完了し判断が下された後、適切な消費者に対して、最良の結果を伝える方法を決定するフェーズに移行します。

9章 配布フェーズ

"People tend to do one of two things with data: they hoard it, or they dump it on people."
「データを持った人は2つのタイプに分類される傾向がある。
データを溜め込むタイプと、人々に渡すタイプだ」
—General Stanley McChrystal（スタンリー・マクリスタル大将）

"Tell me what you know. Tell me what you don't know.
And then...tell me what you think...I will hold you accountable."
「知っていることを話してくれ。知らないことも話してくれ。
そして…何を考えているか教えてくれ…そうすれば、説明責任を果たしたといえるだろう」
—Secretary of State Colin Powell（コリン・パウエル国務長官）、
2004年9月13日インテリジェンス改革ヒアリング

ステークホルダーにとって有用な成果を生み出すのに十分な時間をかけたある時点で、調査プロセスを切り上げるか、少なくとも一時停止する必要があります。私たちは、作成されたインテリジェンスをまとめ、公開し、共有するプロセスを**配布フェーズ**（Dissemination）と呼びます。配布は、他のスキルと同様、習得するためのプロセスが必要となり、時間がかかるスキルの1つです。良いインテリジェンスでも、うまく配布できなければ、その価値が損なわれてしまいます。数時間分析を行った後、何かを書くことは重要ではないように思えます。しかし、インテリジェンスチームがインテリジェンスの配布に注力し、配布するスキルを身につけることは重要です。

配布は比較的大きいインテリジェンスチームには重要なスキルであり、配布フェーズ専用のリソースを用意すべきかもしれません。こうした配布を専門としたアナリストは、次の要素が求められます。

- 共有している情報について、全体的なプロセスと重要性を十分に理解していること。
- インテリジェンスを提供するステークホルダーのタイプとニーズをしっかりと把握すること。
- 訓練されたわかりやすい文章スタイルを使うこと（インテリジェンスの執筆は、典型的な物語の執筆とは少し異なります。このことは、この章の後半で取り上げます）。

- 貴重なインテリジェンス報告書を保護するため、運用上のセキュリティに目を向けること。

1人の専門家がCSIRTアナリストとインテリジェンスアナリストを兼務している組織から、大規模な専門チームを持っている組織に至るまで、どのようにチームを編成していても、執筆や編集のプロセスを開発し、定期的に練習することが重要です。配布、そして生成される報告書（**インテリジェンス成果物**［Intelligence Product］）は、元ネタである分析と同じ品質にしかなり得ません。そしてさらに、質の悪いインテリジェンス成果物を作成してしまうと、せっかくの良い分析ですら無駄になる可能性があります。

この章では、組織内の配布するためのインテリジェンス成果物の作成について説明します。効果的なライティング構造とプロセスを構築することで、これらのインテリジェンス消費者が関心のあるポイントを絞り込み、行動につながることに重点を置いています。

9.1　消費者の目的

消費者（Consumer）のニーズを理解することは全て、消費者の目的を理解することと同じです。通常インテリジェンスは、消費者自身とそのニーズを熟慮して作成します。消費者とそのニーズという2つの観点は、報告書のトーン、文章構造、時間枠に至るまで、インテリジェンス成果物のほぼ全てを決定します。**インテリジェンス成果物の目的を理解することで、ステークホルダーは成果物を使い倒すことができます。**例えば、共通の目的として、「新しい攻撃グループに関するTTPsをSOCチームに共有する」ことが挙げられます。これは、非常に技術的なステークホルダーを対象として、（標的パッケージと呼ばれる）短期的・戦術的な成果物を必要としていることを意味します。

消費者が目的を達成するため、インテリジェンスチームはどのようなインテリジェンス成果物が役立つかを把握しておく必要があります。そのため、消費者の目的を明確にして、成果物作成に向けて計画を立てることが役に立ちます。これは、チームでインテリジェンス成果物を構築する場合に特に便利です。提示された目的（ミッション・ステートメント）は、共通のビジョンを提供することができます。

9.2　消費者

消費者は、あらゆるインテリジェンス成果物の目的に直接関係してきます。目的の実行は、インテリジェンス成果物の提供先であるステークホルダーに本質的に結びついています。全てのインテリジェンス成果物の作者とそのチームは、有用かつ次のアクションにつながる成果物を作成するため、消費者について理解を深める必要があります。これは決して1回限りの練習ではなく、変化し、進化し、学ぶために書き、繰り返し練習する必要があります。

例えば、高度な技術的報告書を読み解き、逆アセンブルにも詳しい非常に技術的なCEOが組織にいたとしましょう。このとき、インテリジェンスチームがとるアプローチを大きく変更することができます。消費者を理解することで、より効果的に想定質問やニーズを予測できます。経営層はSOCアナリストとはまったく異なる質問をしてくるはずです。

全ての状況と消費者は、場合によって少しずつ異なりますが、いくつか共通点もあります。一般的なインテリジェンスの消費者は、経営層、社内技術者、社外技術者に分類されます。次に、この消費者の種類について詳しく説明します。

9.2.1 経営層

多くのアナリストにとって、インテリジェンス成果物を提供したり、発表する際に最も緊迫感を持つべき消費者は、C-Suitesと呼ばれる経営幹部、取締役会などの経営層（Executive/Leadership Consumer）でしょう。多くの場合、経営層が持つ権威のため、あるいは重大な情報漏洩や脅威の深刻な影響を受けて開催される会議の性質のため、非常に緊迫感があるといえます。そのため、非常にリスクの高い賭けになるといえるでしょう。

定量不可能なものを定量化する

経営層に対して、特に戦略的な話題に関するインテリジェンス成果物を準備する場合、しばしば定量不可能なものを定量化しようと試みることを意味します。これを行うには、抽象的な概念を相対的な方法で語る言葉が必要です。

ありがたいことに、この問題は既に解決済みです。CIA Libraryには、その答えだけでなく、インテリジェンスコミュニティが問題を解決する過程で考えられた概念である推定確率用語（Word of Estimative Probability：http://bit.ly/2twTeth）について優れた記事があります。CIAは、確実性と不確実性を説明するために役に立つ、正確な意味を持った用語群を定義しています。その定義は以下の通りです。

- Certainty：100%
- Almost certain：93%の確実性。約6%のズレがある可能性あり
- Probable：75%の確実性。約12%のズレがある可能性あり
- Chances about even：50%の確実性。約10%のズレがある可能性あり
- Probably not：30%の確実性。約10%のズレがある可能性あり
- Almost certainly not：7%の確実性。約5%のズレがある可能性あり
- Impossibility：0%

この概念は、消費者が理解可能であり、定量化可能なパーセンテージに結びつけることができる機能を提供します。そして、これはインテリジェンス成果物を執筆する際にも有益です。こうした言葉は、消費者の理解を得るとともに、一貫性をもって使用されることが重要になります。例えば、消費者が各用語をどのように解釈すべきか理解している限り、グループ内で「Probable」の代わりに「likely」という単語を利用すると決めることができます。もし、こうした推定用語が一貫性をもって使えない場合、こうした見積もりが透明性を持つ代わりに、混乱を招いたり、ごまかしになってしまう可能性があります。

消費者としての経営層は常にチャレンジングな存在です。1つの理由として、こうした経営層は相当の高いスキルと技術的な洞察力があります。経営層の中には、高い技術力を持った元エンジニア・元技術者から上り詰めた人がいる一方、経理や人事など、技術とはまったく関係ない専門分野において、深い経験をしてきた人もいます。こうした複数の専門性を持つグループは、報告対象として様々な配慮を必要とします。

経営層の一般的な特徴は以下の通りです。

- 他の分野について平均以上の理解を持ち、専門分野の深い知識を保有する人で、T型人材（T-Shaped People：http://bit.ly/2tNwccZ）と呼ばれます。ほとんどの経営層は1つの専門分野を持っていますが、通常、（人事や財務など）他の分野にも十分な時間を費やした経験を持っています。
- 全てを戦略的な目線で捉えます。経営層が事業を運営している場合、全ての意思決定はどのようにお金を稼ぐか、あるいは費用を節約できるかという視点で行われます。組織が非営利組織である場合、達成すべきミッションが優先事項になります。

経営層を非技術的な存在として描くことは簡単です。しかし、この思い込みにより多くの人が油断してしまいます。経営層のメンバーが、昔熟練したエンジニアとしてのポジションについていたことを忘れることは簡単です。しかし、CEOやシニアディレクターがC言語を知っており、ディスアセンブルしたマルウェアの重要なパートを理解したり、（実際にあった話ですが）電子工学の修士号を終わらせたばかりで、技術が好奇心をかき立てるものであることを理解している人も珍しくありません。あまりにも多くの技術的内容を含み、経営層を専門用語の洪水に溺れさせることは悪手ですが、まったく理解していないと考えるのも適切ではありません。

消費者に注目することで、単なる技術的な理解よりも、深く内容に取り組むことができます。経営層、特にC-Suiteと呼ばれる経営幹部は、独自の捉え方を持つはずです。CFO（Chief Financial Officer）は、企業の財務基盤に対する脅威、インシデントに関連する（実際の、もしくは潜在的な）費用、Form W2（訳注：米国における源泉徴収票）を装って、経理部を対象としたソーシャルエンジニアリングのような脅威に関心があるでしょう。一方、CTO（Chief Technology Officer）は、Form W2を装った攻撃には大して注意を払わないでしょう。彼女のスタッフは、Form W2へのアクセス権を持っていない可能性が高いためです。むしろ、技術部門の役割に影響するDDoS攻撃について懸念する可能性が高いといえます。

1つのインテリジェンス成果物を、ビジネスの複数の観点からどのように話すことができるか、検討することが重要です。とりわけ、消費者の声に耳を傾ける必要があります。これは、2章で説明したインテリジェンスサイクルのフィードバックにおいて、最終成果物が消費者によってレビューされ、彼らの考えを共有するフェーズです。こうしたフィードバック自体がときにはインテリジェンスそのものになりますが、フォーマットやプロセス、言い回しに対する消費者の反応に、細心の注意を払うことが重要です。これらの要素を考慮に入れると、チームはインテリジェンス成果物を進化させ、新しいリリースごとに成果物の品質を改善することができます。

経営層に向けたインテリジェンス成果物を作成するときは、いくつかの特徴を盛り込むと最も効果的です。

- ビジネス上の意思決定に必要な情報に焦点を当てます。技術的な経営層などごく一部の経営層しか、戦術的インテリジェンスに興味を持ちません。一般的な経営層の興味は、より良いビジネスレベルの意思決定に役立つ内容です。
- インテリジェンスを利用し、脅威に関するストーリーを伝えます。経営層に関連する運用インテリジェンスを共有します。うまく伝われば、大きな価値をもたらすでしょう。特に、キャンペーンレベルでの運用インテリジェンスを共有すれば、ストーリーを好む人間の性をうまく活用できるメリットがあります。運用インテリジェンスを利用することで、良い人、悪い人、ツール、アクション（3章で議論したダイヤモンドモデルの4つの要素を想定してください）などをストーリーで伝えることが簡単になります。戦略的側面に焦点を当てるべきですが、運用インテリジェンスは、強力かつ信頼できるストーリーという形で報告を助けることができます。
- 要点を絞り、簡潔に記述しましょう。多くの場合、セキュリティは経営層の関心事の1つに過ぎず、セキュリティに集中する時間は限られています。長い報告書は印象に残り、徹底的に調査したように見えるかもしれません。しかし、ほとんどの場合、机の上に未読のまま残ることになります。これは、次の2つのテクニックで避けることができます。
    - 確証がないときほど、簡潔に書きましょう。密度の濃い、丁寧に書かれた1ページの成果物は、50ページの成果物の10%よりずっと読みやすいはずです。
    - 全ての成果物は、最も重要なポイントをカバーするエグゼクティブサマリーから始める必要があります。このセクションが、完全に読み込まれる唯一の部分でもあるため、有意義な内容にする必要があります。

このような技術は、経営層に対してだけでなく、多くの消費者にとって価値があります。言い換えれば、消費者はデータを消費するために成果物を読んでいるのではありません。データを利用し、素早く次の行動に移ることで、時間をうまく活用することができるでしょう。

私たちインテリジェンスチームが、組織に唯一情報を提供できるチームと勘違いしてしまうことは、よくある話です。しかし、これは（インテリジェンスチームにとって）危険な前提であり、特に取締役会や経営層に報告する場合には特に危険です。多くの組織では、こうしたグループには、社外取締役や外部アドバイザー制度を採用しています。インテリジェンス成果物を作成するときは、こうしたメンバーの存在を忘れないようにする必要があります。インテリジェンスチームは、予想以上に徹底的な批判に対して準備しておく必要があります。

9.2.2 社内技術者

ほとんどのアナリストにとって、最も簡単に報告書を書くことができるのは、他のアナリストに対してです。なぜなら、自分が完全に理解している消費者であり、実質的には、自分たちのために報告書を書くことになります。個人的なアイデア、好み、ニーズに基づいて前提を持つことは簡単ですが、たとえ自分自身が消費者になる場合でも、独自のニーズを持つインテリジェンス成果物の消費者として取り扱うことが重要となります。アナリストを理解し、フィードバックを求め、前提に頼るのではなく、消費者のニーズを満たすために成果物を改善していくことに、大きな価値があります。

ほとんどの場合、SOCアナリスト、インシデント対応担当者、サイバー脅威インテリジェンスアナリストなど社内技術者（Internal Technical Consumers）は、侵入検知とインシデント対応のため、戦術レベルや運用レベルのインテリジェンスを必要としています。場合によっては、こうした成果物は、より防御性の高い製品やネットワークを構築しようとする開発者、アーキテクト、エンジニアを対象としています。結果として、社内技術者は最も多様なニーズを持っており、製品を構築するグループとも連携していくことになります。社内の技術的消費者向けに作成すべき成果物の例をいくつか示します。

- 主要かつ進行中の標的型フィッシングキャンペーンに関する運用レベルの分析情報。SOCアナリストが最新の情報を把握しておくために実施します。
- 昨年発生した大規模不正アクセスへの戦略的議論。システムとネットワークアーキテクチャの改善方法を模索するために、システムアーキテクトチームと脆弱性管理チームと議論を行います。
- ドメイン名の戦術的IOCリスト。誤検知と思われる内容を除外した後、ウェブプロキシへ通信をブロックするために登録します。

これらの成果物の例は全て、検知率の改善と誤検出の最小化に焦点を当てています。アナリストは、一般的に悪いと考えられているモノと、実際に悪いモノを検証する具体的方法を理解したいと考えています。これらは同じコインの表裏の関係であり、他のアナリストのための成果物を作成する際にバランスが非常に重要となります。

アナリストのために成果物を作成する場合には、データに焦点を当てることが重要です。

- ほとんどの場合、アナリストのメモからこうした成果物を作成します。このアプローチは、アナリストが求めている生データに近い成果物を提供することができます。
- こうした成果物は、技術的かつ詳しく記述することができ、またそうすべきです。また、外部の研究成果や内部の取得データへの参照を行う必要があります。アナリストは、元データを再度調査したいと考える場合があります。そのため、簡単に情報源へアクセスできるようにする必要があります。
- 最高品質の成果物は、STIX形式やYARA形式など、機械が理解できる形にバックアップし、組織内の他のアナリストが技術的な詳細を簡単に確認できるようにする必要があります。
- 常に内部の消費者がフィードバックを行い、質問できる手段があることを確認します。フィードバックや問い合わせのためのメールアドレスを公開する、専用のチャットルームを設定する、またはやり取りできる別の手段を設定するなど、簡単な手段を提供すべきです。

9.2.3 社外技術者

インテリジェンスを共有することは非常に強力です。しかし、社外技術者（External Technical Consumers）向けの成果物を作成する場合、独自の課題が浮かび上がってきます。社外技術者向けへ成果物を作成する場合、記載内容は社内技術者への成果物と非常によく似ています。大きな違いは、**エンゲージメントルール**、つまり社外技術者とやり取りする具体的なプロセスです。エンゲージメントの主なルールは4つあります。

許可を得る

自分の組織内に共有する場合でも微妙な問題をはらむ可能性があります。しかし、組織外へ共有する場合ははるかにリスクがあるといえるでしょう。多くの場合、脅威とインシデントのデータは機密性が高いと見なされ、許可なく第三者に送信すべきではありません。

共有相手を把握する

（共有する）権限があれば、特定のタイプの組織（パートナー、法執行機関、ISACなど）、あるいは特定の個人と情報共有が可能になる場合があります。許可されていない組織・個人との情報共有は、パートナー組織やメディアを含む予期せぬ第三者へ情報が漏洩するリスクがあります。

漏洩リスク

組織は、情報を共有している人物を確認し、信頼していても（そして、受け取った情報を保護するために可能な限り手を尽くしたとしても）、情報漏洩は発生します。インテリジェンスの消費者のメールアカウントへ侵入されたり、内部犯行によりインテリジェンスが漏洩したりすることがあります。インテリジェンスを提供する立場として、共有するインテリジェンスが漏洩する可能性を考慮することが重要です。これは組織が情報共有へ協力することを妨げるものではありません。しかし、強力な暗号を使用していても、漏洩へ対処する可能性についても検討する必要があります。

インテリジェンスチームは、攻撃的、無神経なコード名、プロとして不適切な言葉づかい、根拠のない推測を避けるべきです。作成したインテリジェンス成果物がTwitter上で共有された場合に生じる恥ずかしさや負の影響を考慮してください。こうしたミスが何を引き起こすか知りたい場合は、Google社が公表した「Peering Into the Aquarium」（http://bit.ly/2uhZ5RP）を参照してください。こうした漏洩に対する保護をレベルアップしたいですか？ その際は組織の広報チームと協力してフィードバックを得ることを検討してください。

翻訳可能なインテリジェンスに重点を置き、外部向け成果物を作成する

翻訳可能なインテリジェンスは、両方の組織に役立つ情報です。これは主にインジケータに焦点を当てていますが、時系列や詳細情報にも同様のことがいえます（例えば、Snortシグニチャは侵入検知システムを備えた組織にとってのみ有益ですが、IPアドレスはほぼ全ての組織にとって有益です）。パートナー組織を理解する時間を取れば、こうしたインテリジェンス成果物の作成に役立ちます。

フィードバックする方法を準備する

内部共有では、消費者が様々なフィードバック機能を持っていますが、外部消費者の場合、フィードバックを行うための連絡チャネルは、はるかに少なくなります。インテリジェンスを共有する場合、連絡チャネル、フォーマット、フィードバックとして期待している内容など、フィードバック方法を明示的に設計することは重要です。

作成したインテリジェンスに対して、複数の消費者が存在する場合も考えられます。インシデント関連データがある場合、自社のSOCチームが内部の技術的消費者としてインテリジェンスを必要とする一方、C-Suiteなどの経営層もサマリー情報を必要とするケースなどです。このような場合、各消費者にどのような情報を提供する必要があるか、把握することが重要です。そのため、消費者に関係なく、消費者ペルソナを把握しておくことをお勧めします。次に、これらのペルソナの開発について議論します。

9.2.4 消費者ペルソナの開発

インテリジェンスプログラムの消費者を理解するうえで非常に有益な練習は、**消費者ペルソナ**（Consumer Personas）を開発することです。これは、一般的なマーケティングの取り組みから応用した技術の1つです。ペルソナは、仮説的な消費者のイメージを記述します。消費者のニーズに対応する最良の方法を発見するため、消費者の特徴、課題、およびニーズを特定することに注力します。配布フェーズでは、チームメンバーがアクセスできる場所にペルソナを保存します。

このアプローチは、ペルソナのテンプレートを開発することから始まります。図9-1に、消費者向けのテンプレートの例を示します。

Old Navy社は、低価格ファミリーカジュアルの消費者ペルソナで有名な企業で、25歳〜35歳の母親、Jennyをメインのペルソナとして定義しています（http://bit.ly/2uHeeNL）。インテリジェンス成果物において、消費者の規模が重要です。多数の消費者を持つインテリジェンスチームは、一般化されたペルソナを複数用意していることが一般的です。限られた数の消費者しかいないチームであれば、消費者それぞれに詳細なペルソナを定義することもできます。ハイブリッド・アプローチは、多くのチームにとって最適な方法論になり得ます。つまり、優先度の高い消費者、および一部グループに対する一般化されたペルソナなど、いくつか詳細なペルソナを用意する方法です。

ペルソナは、消費者の未知な部分、および消費者の一般的特徴を明示的に定義するのに役立つはずです。最高経営責任者（CEO）は技術に明るく、リバースエンジニアリング報告書を全文読むことを好むでしょうか？ こうした情報は、ペルソナとして記述されるべきです。SOCチームリーダーは、短い1ページの報告書を好むでしょうか？ この情報もペルソナ情報から引き出されるべき情報です。最終的には、ペルソナは各消費者に有益かつ関係性が高いインテリジェンスを提供するためのレシピとなっている必要があります。ペルソナの目的、課題、価値観、懸念事項を慎重に検討することに時間を割くべきです（必要に応じて、調査したり、確認したりする必要もあります）。このペルソナは、目的を達成し、最も有用な成果物を提供するのに役立ちます。

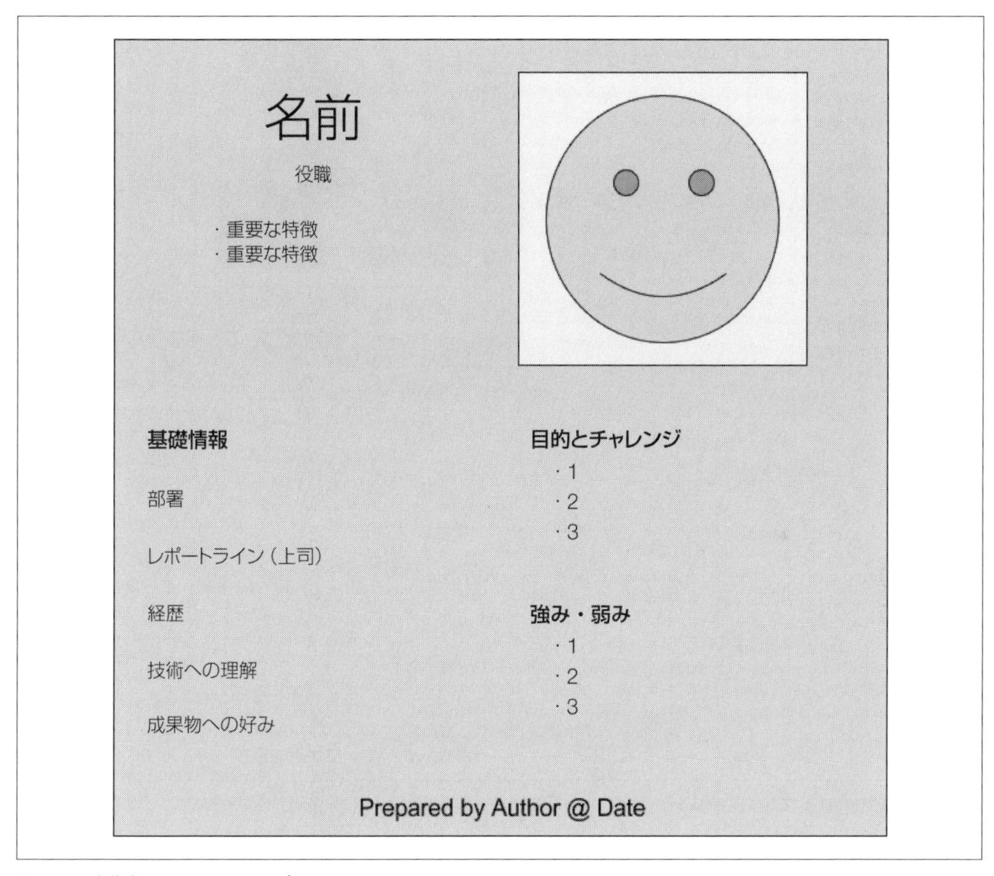

図9-1. 消費者ペルソナのテンプレート

図9-2に、実際のインテリジェンス消費者のプロファイルを示します。Shawn氏はセキュリティ部門のVP（訳注：Vice Presidentの略で、海外でよく使われる役職。部長相当の役職で使われることが多い）です。肩書から、何に関心があり、あまり技術に明るくないと想定することは、当然でしょう（これも一種のバイアスです）。これが、プロファイルが重要となる理由です。しかし今回の場合、Shown氏に対する多くの前提が間違っているといえます。Shawn氏はかなり技術に明るい人物であり、彼が受け取るインテリジェンス成果物の正確さと詳しさについて、高い関心を抱いています。一部のVPは、

パケットや持続性メカニズムなどの詳細情報について報告されることを不快に感じたり、怯えたりする一方、Shawn氏はこうした詳細情報を期待しています。同様に、彼の関心の多くは典型的な戦略的ニーズだといえます。関心と洞察の両方についての理解を組み合わせることで、Shawn氏を対象としたカスタム成果物を設計できます。

Shawn

セキュリティ部門 VP

・元エンジニアで、
高い技術力を持つ
・セキュリティプログラム管理に
関心あり

基礎情報

部署：セキュリティ

レポートライン（上司）

経歴：Unix管理者、セキュリティエンジニア

技術への理解：高い

成果物への好み：1ページのサマリー

目的とチャレンジ

・組織への戦略的脅威を特定すること
・様々なビジネスニーズに合わせて
セキュリティを結びつける
・セキュリティリスク管理

強み・弱み

・強い状況認識
・戦略的改善のための
インテリジェンス活用

Prepared by Scott @ January 3, 2017

図9-2. 実際の消費者プロファイル

脅威インテリジェンスの消費者全てについて、詳細なプロファイルを作成することは重要ではありません。しかしペルソナを作成することは、主要なステークホルダーを理解するうえで貴重な練習になります。一方、SOCアナリストのような一般的なステークホルダーの役割に基づいて、一般的なペルソナを構築することも価値があります。このように一般化されたプロファイルは、インテリジェンス成果物を作成する際の重要なガイダンスを提供し、成果物がステークホルダーのニーズを満たすかどうかを判断する重要な尺度として機能します。

多くのチームがペルソナ作成プロセスを経て、ペンソナを重要な情報として扱います。ペルソナは、人物・役割に依存します。新しいCFOが来た場合はどうでしょう？ 新しいCFOのため、新しいペルソナを作成する時間をかけてください。彼女は前のCFOとは劇的に異なるかもしれません。

9.3 作者

消費者は自分が望むものを要望する一方、作者（Author）は効果的に伝えることが役割です。優れたインテリジェンス成果物は、作者の能力と視聴者のニーズの両方を兼ね備えています。

オーサーシップ（Authorship）とは、信頼性を確立し、維持することです。あなたの消費者は、自分が信じる商品の中からのみ価値を得られ、この信頼の多くは作者に依存しています。分析にバイアスがあればチームの信頼が失われ、また熟知している知識以外の情報を書いてしまうことになります。推測を過度に提示するより、よく理解しているトピックについて、一貫性と正確性をもって書くほうがよいといえるでしょう。

作者は、権威を持って書くための十分な知識を持ち、消費者が好む方法で情報を受け取れるよう、消費者に十分精通している必要があります。前者がなければ、インテリジェンス成果物は（信頼性を損なう）問題をはらんでしまい、後者を考慮しなければ良い情報は理解されず、無駄になるでしょう。

インテリジェンス成果物の作者として、チームにいるアナリストや必要なトピックに基づき、報告書を作成するか否か決定する必要があります。報告書で取り上げたい特定のトピックがある場合、トピックに関連する様々なニーズに対応できるチームを作る必要があります。一方、既にチームがある場合、チームの能力に基づいて成果物で取り扱うトピックを限定する必要があります。

インテリジェンス成果物における自動レポート情報

インテリジェンス成果物を作成する作者が使用する代表的な技術の1つに、自動化されたツールの情報を活用する方法があります。このアプローチは、マルウェア解析では特に一般的です。多くの作者は、サンドボックスやオンラインマルウェア解析サービスから得られた情報を報告書に含めています。アナリストや作者の経験が限られている場合、これは価値があります。しかし多くの場合、こうした情報はコンテキスト情報が欠落したデータに過ぎません。また、分析を失敗させるアンチ・リバースエンジニアリング技術により、マルウェアの自動分析結果が役に立たない可能性も考えられます。

自動生成された情報を報告書に含める場合は、必ず次の点を確認してください。

情報を完全に理解する

情報を理解することは、報告書の作成だけでなく、成果物提供後にその話題について話す際にも重要です。多くのアナリストや企業でさえ、自動出力レポートへの誤解

や誤ったデータを含んでしまい、間違いを犯してしまったことがあります。※1

自動的に生成された情報へコンテキスト情報を加える

自動化されたレポートは、インテリジェンス成果物の内容を伝えるために必要なものです。しかし、コンテキスト情報なしでは、これらの自動レポートは単なるデータに過ぎません。

参照と更新のため、自動分析へのリンクを提供する

早期の段階では、VirusTotalにおいて検出率が低いサンプルも存在します。しかし、ベンダーにより検知用シグニチャが作成されると、VirusTotalの検出率は変化します。そのコンテキスト情報は重要であり、消費者は自分で更新された情報を確認することが容易になります。

これらの3つのアクションを実行し、自動化された分析を使用することで、消費者を混乱させたり、話をこじらせることなく、インテリジェンス成果物の品質を向上させることができます。

9.4 アクショナビリティ

インテリジェンス成果物は、次の行動が起こせるような内容を備えている必要があり、これを**アクショナビリティ**（Actionability）といいます。成果物が適切な内容を適切な形で提供し、成果物がない場合と比較して、行動を起こしたりより良い判断を下したりすることができるようになって初めて、成果物はアクショナビリティを備えているといえます。消費者がネットワーク防御を改善するために必要な情報を得られなければ、優れたインテリジェンス成果物も役立たずになります（F3EADの用語で言えば、成果物が攻撃グループを調査し、決定し、完了するための能力向上に寄与しない場合、報告書は重要な要素を欠落していると考えられます）。最終的に、全てのインテリジェンス成果物の目的は、意味のある意思決定、あるいはアクションを誘発することだといえます。

アクショナビリティの観点から、やるべきことを以下に列挙します。

- 消費者が直面するであろう攻撃グループの検知・対応を容易にする、攻撃者のTTPs情報を提供します。
- 消費者が検知メカニズムを追加したり、悪意のある活動を捉えることを容易にしたりするため、使いやすいIOCとシグニチャが含まれている製品を作成します。SnortやYaraなど、複数のベンダーが使用するオープンフォーマットが特に役立つはずです。

※1 原注：IPアドレス8.8.8.8とwindowsupdate.microsoft.comは非常に良い事例です。この2つはセキュリティベンダーからも悪性だと紹介されることがあります。こうした正規のアクセス先は、動的解析時によく見かけられます。理由としては、マルウェアはしばしばアンチ・フォレンジック技術の一環として、インターネットへのアクセスがあるか確認することがあり、こうした正常な接続先にアクセスするためです。

- 消費者のニーズに合致した具体的な質問に回答します（193ページの「9.6.3　RFIプロセス」を参照）。

アクショナビリティの観点から、やるべきではないことは以下の通りです。

- ネットワーク防衛チームが活用できる詳細情報をなくして、攻撃の過度な説明は避けるべきです。例えば、送信者の電子メールアドレス、件名、添付ファイル、または悪意のあるリンク情報を含めずに、攻撃者のフィッシングキャンペーンを紹介してはいけません。
- インテリジェンス成果物からコピーを妨害するツールや方法を利用しないようにしましょう。例えば多くのベンダーは、報告書をテキストからイメージに変換してしまうため、消費者はそれらの情報をコピーして貼り付けることができません。特に、ハッシュ値、悪性ドメイン、悪性IPアドレスを取り扱うときには非常にイライラするでしょう。
- 特定のベンダー製品でのみ使える形式でコンテキスト情報を配信したり、特定のネットワーク製品の利用者のみ使えるシグニチャを共有したりすることは避けるべきでしょう。
- 情報を過度に分類して活用できないようにすることを避けてください。これは、政府機関の分類とTLPの両方で発生する可能性があります（次に紹介する「TLP：Blackを避けるべし」の記事を参照してください）。

TLP：Blackを避けるべし

本書では既に、機密情報を保護するためのプロトコル、TLP（Traffic Light Protocol）について説明しました。公式の分類であるRed（赤）、Amber（オレンジ）、Green（緑）、White（白）以外に、一部のアナリストはTLP Black（黒）というインジケータを使うことがあります。この非公式のインジケータは、最大級の機密性を伝えることを意図しているため、いかなる場合もこの情報をもとに行動してはならず、アクションにコンテキスト情報を付与するためだけに共有されるべきという意味を持ちます。TLP Blackは秘密めいており、スパイのような気分になりますが、TLP Blackに分類されたインテリジェンスは定義上行動につながらないため、めったに役に立ちません。そのため、TLP Blackを可能な限り使用しないようにしましょう。

アクショナビリティは、消費者とインテリジェンスプログラムの成熟度に基づいて、大きく変化する微妙なものです。いくつかのケースでは、成果物はよくできていても、消費者が既にその脅威についてよく知っている場合、その成果物はあまり有効ではないでしょう。逆に、同じ成果物が脅威を発見したばかりの別のチームへ共有した場合、高い評価を得ることができるでしょう。最終的には、アクショナビリティを改善するためには、ステークホルダーの声を聞き、以下の消費者の特徴を理解する必要があります。

ニーズ

どんな問題を持ち、どんな質問に答えようとしているか？

テクノロジー

どんなツールを使うことができるか？

成熟度

チームがどんなスキルレベルであり、効果的に行動できる能力を備えているか？

方法論

チームのタスクにどのようにアプローチしているか？

こうした特徴を全て理解した後、消費者を効果的に支援できる成果物を作ることができます。

9.5　執筆プロセス

多くの人は、良い成果物は優秀な作者によって作り出されると考えています。偉大な作者であることの1つの側面は先天的な才能かもしれません。しかし、私たちの多くは執筆スキルを少しずつ学び、辛抱強く練習した末に獲得したといえるでしょう。フォレンジック、インシデント対応、インテリジェンス、そして厳格な分析ニーズについて執筆するうえでは、執筆スタイルを感覚的に学ぶだけでなく、特定のプロセスに沿うことも必要です。このセクションでは、インテリジェンスを執筆するうえでの一般的なプロセスについて説明します（インテリジェンス作成を行う専門の組織では、マーシーハースト大学のインテリジェンス・スタディ研究所が発表した「Analyst's Style Manual」〔https://www.ncirc.gov/documents/public/Analysts_Style_Manual.pdf〕など独自の詳細ガイドを作成する必要があります）。

作文には3つの主要な段階があります。計画、執筆、編集です。それでは、これらを1つずつ見ていきましょう。

9.5.1　計画

インテリジェンスの執筆は常に計画から始まります。ペンを紙に（または指をキーに）置くのは簡単ですが、これだけでは最良の結果が得られません。インテリジェンス成果物を作成するときは、思慮深く、理にかなっており、ステークホルダーにとって高い価値を提供するため、戦略的に計画するべきです。そのためには、計画フェーズにおいて、インテリジェンス成果物の重要な側面、3Aに注目してください。

消費者（Audience）

あなたは誰のために成果物を作成しているのでしょうか？ 彼らの目的とニーズは何でしょうか？ インテリジェンスは効果的に使用されるため、正しく理解してもらう必要があります。

作者（Authors）

執筆者は誰で、作者はどんなスキルセットを持っているでしょうか？ インテリジェンスにコンテキスト情報を付与するため、深い理解を必要とします。言い換えれば、作者は当該トピックについて博識でなければなりません。

アクショナビリティ(Actionability)

インテリジェンスの消費者は、どのようなアクションをとるべきでしょうか？ インテリジェンスは常に意思決定を誘導しなければなりません（そして通常は変化を起こします）。

これらの3つの概念は、成果物に何が必要なのか、どんなフォーマットが必要なのか、計画するのに役立ちます。下書きの作成から消費者への配布まで、インテリジェンス成果物を作成する様々な段階で、これらを念頭に置いて作業してください。

9.5.2　執筆

インテリジェンス成果物を作成している間、執筆プロセスは人それぞれです。ほぼ全ての人が、独自のアプローチとプロセスを持っています。しかしアプローチの種類にかかわらず、ほとんどの人が最も困難と感じるのは、最初の数単語を紙に書き始めることです。例えば、この本の謙虚な著者もこのセクションの最初の文をパソコンで書くのに45分かかりましたが、（お世辞にも）素晴らしい文章というわけではありません。ほとんどの作者は、執筆を開始する最善の方法は「とりあえず書き始める、そしてそれから考える」、ということに同意するでしょう。まだ独自の執筆アプローチを持っていない場合、執筆プロセスを開始するためのいくつかの戦略があります。読者にとって役立つのであれば、これらのアプローチのうち1つでも取り入れるべきでしょう。

9.5.2.1　ディレクション・ステートメントから始める

ディレクション・ステートメント（Direction Statement）とは、成果物全体の1文サマリーのことで、インテリジェンス成果物の出だしとして最適です。ディレクション（方向性）から始めることで、当該成果物が本来のステークホルダーからのリクエストに対して答えられているか簡単に確認することができます。ディレクション・ステートメントを最初に書き、ディレクションに沿う証拠を列挙し、事実と評価を示していきます。場合によっては、ディレクション・ステートメントを成果物の一要素として書いたほうがわかりやすい場合もありますが、必ずしも従う必要はありません。これは、単なる出発点に過ぎません。

インテリジェンス成果物にストーリーを織り込む

人類は物語を語ることが好きであり、そして聞くことも大好きです。言い換えれば、私たちが最も慣れ親しんでおり、受け入れやすいフォーマットです。私たちは、主人公が大好きで、主人公の好きなことを探し、その主人公が何をしたのか、どのように他の登場人物と関係していくのか、話を聞くことが大好きです。こうしたストーリー形式は、インテリジェンスの作者と消費者にとってお馴染みの方法です。ぜひこの形式を食わず嫌いせず、ぜひ活用してください。ストーリー形式は、単純な文章より覚えやすく、大きな影響を与えます。人は、ストーリーに馴染んでいますので、この形式を活用しましょう。

9.5.2.2　事実から始める

別の方法は、調査で特定された事実を並べることから始める方法です。このテクニックは、インテリジェンスを作成する担当者が、包括的なメモを持っている場合に特に役立ちます。フォーマットや文章に注目するのではなく、ページ上に、全ての事実、時系列、インジケータ、および具体的な情報を全て記載しようと試みる方法です。事実を全て列挙すると、文章で整理し、コンテキスト情報を付与することがより容易になります。

9.5.2.3　アウトライン・箇条書きから始める

アウトラインを作成することは、紙の上で、報告内容を構造的に考え始める良い方法です。この時点では、アウトラインの各セクションの内容を記入することは重要ではありません。ただ、成果物に記載される主題を記入すれば十分です。

発見した内容の構造や順序を考えることが早いと思う場合は、代わりに箇条書きで書き始めてください。事実、分析、考察、および裏話など、多種多様なトピックをカバーすることができます。情報が書き込まれたら、それを整理する最良の方法は自然と浮かび上がるはずです。

9.5.3　編集

執筆した草稿は、最終成果物ではありません。素晴らしい成果物を作るためには、どんなに素晴らしい草稿を執筆しても、熟練した技術による編集が必要です。より短い成果物の場合、編集は執筆とほぼ同じくらい時間がかかる場合があります。

編集を、1人でやることはめったにありません。編集は難しく、また人間の頭脳には複数の弱点があるため、編集中に問題を引き起こしてしまう可能性があります。最悪の場合、読んでいる間に編集したり、欠けている言葉を追加したり、間違った言葉を無視したりと、人間の頭脳は様々な能力を発揮します。言い換えれば、ページに書かれていることを、脳が勝手に自分が言いたいことへ変換してしまうのです。コンテンツに精通しているほど、こうした間違いをする可能性が高くなります。この種の間違いを避けるために、次のような様々なテクニックが用意されています。

自分を信用しない

最も簡単なテクニックは、別のアナリスト（より大きな組織では専属の編集者が）が作成した成果物を読むことです。別のアナリストが読むと、元の作者が気付かなかった間違いなどに気付くことができます。このように、編集者と一緒に作業する正式なプロセスを準備することは非常に有益です。

原稿を寝かせる

テキストを新鮮な目で見る方法の1つは、自分で書いた文書を含め原稿を寝かせて、一度時間を置いてみることです。机から離れ、コーヒーを手にして、頭脳をリセットするのに15分ぐらい時間を取ってみましょう。戻ってきてテキストを見直すと、新鮮な目で文章を読むことができ、うまくいけば新しい観点が得られるでしょう。

大声で文章を読む

静かに文章を読むと、人間の頭脳は小さくて重要ではないことを読み飛ばしてしまう可能性があります。確かに素早く読むことができますが、校正をするときにはよくありません。1つの解決先として、大声で読むことです。馬鹿みたいに見えるかもしれませんが、読み飛ばしてしまった細かい単語の間違いの多さに驚くはずです。

自動化を行う

多くのツールは作者を助けるために存在します。スペルチェッカー、文法チェッカーは一般的であり、大半の文書編集用のアプリケーションに組み込まれています。別のケースでは、さらに発展した方法もあります。write-good（https://github.com/btford/write-good）などのツールは、玉虫色な表現（どのようにも解釈できる曖昧な表現）、文法的には正しいが不自然な言い回しや誤解を招く表現、文章構造上最初に置くべきではない表現の有無などについてアドバイスしてくれます。成果物の編集を自動化してくれるツールは、インテリジェンスを作成するチーム全体へ展開することができます。

編集とは、スペルミスを見つけたり、ピリオドではなくカンマで終わっている文章を見つけたりするだけではありません。良い編集とは、組織を改善し、正確性を担保し、トピックを理解しやすい形で提示し、矛盾を見つけ、作者が消費者のニーズに集中できるように支援するべきです。

ここに、インテリジェンス成果物によくある落とし穴がいくつか存在します。

受動態の利用※2

（主語［S］＋動詞［V］＋目的語［O］で表現できる文を）目的語［O］＋動詞［V］＋主語［S］の順に書く文は、受動態として知られています。受動態の文章は、文章を複雑にし、混乱を招き、行動への勢いを和らげてしまうかもしれません。インテリジェンス成果物は、やるべき行動を伝達し、読者が理解しやすくなるように、より直接的な表現（主語［S］＋動詞［V］＋目的語［O］）を使うべきでしょう。例えば、「The ball was liked by the Child（ボールは、子供に好まれていた）」ではなく、「The child liked the ball（子供はボールが好きだった）」と表現すべきでしょう。※3

※2　原注：http://writingcenter.unc.edu/handouts/passive-voice/

※3　訳注：日本語にも受動態的表現は存在しますが、ここでの説明は少し日本語に馴染まないでしょう。良いインテリジェンスの条件として、次のアクションを促すアクショナビリティ（Actionability）が重要であることは、既に本書で議論した通りです。ここでのポイントは次のアクションを促すために適切な文法、表現を使う（主語、目的語を明確にして表現する）ことが重要だといえるでしょう。

一般的ではない専門用語・頭字語※4の利用

インテリジェンスの消費者の技術的な理解度を考慮しましょう。未知の単語に出合うと、消費者は興味を失ってしまうことがあります。どのぐらい技術的な単語を使ってよいかわからないときは、消費者のペルソナを見直しましょう。不確かな場合は、用語の定義や説明を追加すべきです。

恣意的な単語・主観的な単語の利用

消費者を誤解させないように注意してください。主観的な単語が持つバイアスを見つけ、それが分析の評価と適合するか確認することが必要です。

既知の事実と推測の混同

インテリジェンス成果物を作成するときに、最も危険な間違いの1つは、既知の事実と推測を混同してしまうことです。インテリジェンス成果物の消費者は（アナリストの経験とバイアスを活用するため）アナリストの推測を必要としています。しかし、推測と事実を誤って混乱させることは、致命的な結果をもたらし、ステークホルダーに誤った判断をさせる可能性があります。

編集は、コンテンツの正確さと完全性の両方をチェックするフェーズです。これは、消費者が利用するIOCや、その他のデータを取り扱う場合特に重要です。多くの場合、セキュリティ運用チームにとって、タイプミスしたIPアドレスのほうが、報告書内の文法的ミスよりも問題となるでしょう。優れた編集者は間違いを特定するだけでなく、情報のギャップや混乱を招く表現、別のアプローチにより恩恵を受ける部分を明らかにする役割を果たします。

文章のみを使用するのではなく、データの視覚化や図・グラフの追加を検討してください。「1枚の絵は、1,000語に匹敵する」ということわざはよいアドバイスです。可能な限り、情報をグラフや画像に置き換えると、データはより魅力的になり、消化しやすくなり、より記憶にさえ残るようになります。状況に応じて魅力的な図・グラフを作成することはグラフィックデザイナーがいないと難しいかもしれませんが、標準のクリップアートでも十分有用な洞察を与えることができるでしょう。

良い編集者の特徴として最後に言及すべきことは、何かを追加することではなく、何を取り除くかという点です。インテリジェンス成果物は、その簡潔さゆえに恩恵が受けられます。つまり、優れた編集者は、冗長な情報や成果物を簡素化できる機会に十分注意を配り、成果物に何を含めるべきか検討します。

※4 頭字語（acronym）とは、TIP（Threat Intelligence Platform）やISAC（Information Sharing and Analysis Center）のように特定用語の略称のことです。特に英語の文章ではこれらが多用されることが多いので、正確な意味を押さえながら読むことが重要になります。

9.6　報告書の形式

計画が完了したら、私たちが議論した特性（目的、作者、消費者、アクショナビリティ）は、作成する文書の構造を定義するのに役立ちます。構造は、見出し、長さ、データのフォーマットなど、報告書（=インテリジェンス成果物）の具体的なフォーマットとレイアウトを意味します。特に、消費者とアクショナビリティの観点で、報告様式が自然と決まるといえるでしょう。

報告書を大急ぎで作るべきではありません。消費者のニーズを無視し、重要なアクショナブルな情報を見逃す危険すらあります。成熟したインテリジェンスプログラムでは、アナリストが選べるように報告書のテンプレート群が用意されており、どのようにテンプレートを選ぶべきかガイダンスが用意されています。

報告書テンプレートを作成することは、予想される消費者、ニーズ、組織文化への理解に大きく依存する組織固有のタスクというべきでしょう。このカスタマイズは、消費者やアナリストからのフィードバックに基づいて常に改善されるべきだといえます。

こうした成果物がどのように見えるべきか理解するため、報告書テンプレートのサンプルを参照して、分析してみるのが最善の方法です。こうしたテンプレートは、インテリジェンスチームが、様々なステークホルダーのために作成できる成果物の種類を示しています。実際、これらのテンプレートを共有しているので、それらを使用して自分のステークホルダー向けの成果物を作成することができます。この章で説明する全ての成果物のサンプルは、GitHub（https://github.com/intelligence-driven-incident-response/intelligence-product-templates）に公開されています。

9.6.1　ショート形式

ショート形式（Short-Form Products）とは、一般に1～2ページの長さで、特定の戦術上、あるいは運用上のニーズに対応するための成果物です。多くの点でショート形式の成果物は、RFI（Request for Information）に直接結びついています。この形式は質問と同じような簡潔な回答であり、タイムリーかつ迅速に次の行動につながる情報提供に焦点を当てています。また、消費者のニーズに直接対応したり、組織内の他の人たちに攻撃者のアクションを知らせたりするためにもこの形式を利用します。ショート形式の成果物は明確な目的を持っており、通常は包括的ではありません。その代わりに、特定の観点から調査の詳細を提供し、イベントや攻撃者に関する固有のニーズを満たすことを目的としています。

インシデントと攻撃グループ名

ショート形式・ロング形式の成果物を作成するとき、アナリストは現在・過去のインシデント、あるいはインシデントの背後にいる攻撃グループへたびたび触れる必要があります。これは、「昨年の電子メールインシデント」や「某ツールを利用する攻撃グループ」などと参照するより、はるかに簡単です。攻撃グループの名前や記憶に残るインシデント名を持つことは、人間がストーリーを好むというコンセプトに一致し、攻撃グループやイベントを記憶に残ることにつながります。

これらの名前は重要ですが、慎重に選択する必要があります。コードネームは一般に公開される可能性があるため、馴染みやすい呼称を使うべきです。また、攻撃グループの属性を想起させないコードネームも使用することも重要です。それ以外は、マーケティング用語ともいえるでしょう。

優れた命名則の例として、マイクロソフト脅威インテリジェンスセンター（MITIC：Microsoft Threat Intelligence Center）が提案した、周期表の元素を利用して悪意のあるアクティビティをグループ化する方法です。これらの名前は独特で記憶に残るものであり、幅広い選択肢があります。

イベントサマリーから始めて、これらの報告書テンプレートについて検討を始めたいと思います。

9.6.1.1 イベントサマリー

イベントサマリー（Event Summary）は、インシデント対応と脅威インテリジェンスのギャップを埋める共通のパートです。この成果物は、進行中のイベントを1～2ページで解説することにより、インシデント対応担当者・SOCアナリスト・経営層が、日々変わる状況に迅速に対応するのに役立ちます。この成果物は時間の制約が厳しく、特定のアクションに結びついている必要があります。例9-1にサンプルを示します。

例9-1. イベントサマリー形式のサンプル

```
# イベント名
## サマリー
> 多くの成果物は、全体サマリーから始まります。サマリーは、消費者が自分との関係性を
> 素早く判断するため、そして多くの消費者が読むであろう成果物唯一のパートである
> ため、非常に重要だといえます。

## タイムライン
- 2000-01-01 イベント1  説明
- 2000-01-02 イベント2  説明
- 2000-01-03 イベント3  説明

## 影響範囲
> どのリソースが影響を受けているか記載し、それが通常業務にどんな影響を及ぼすか記載します。

## 推奨・改善案
- 緩和策1 (Mitigation Action)
- 緩和策2 (Mitigation Action)
- 修復策1 (Remediation Action)
- 修復策2 (Remediation Action)

## 実施中のアクション
- 実施中のアクション1
- 実施中のアクション2
```

```
## 参考情報
- www.example.com/1
- www.example.com/2
- www.example.com/3
```

GLASS WIZARDに基づくイベントサマリーの例を付録Aに掲載しているので、別途ご覧ください。

9.6.1.2 標的パッケージ

イベントサマリーは、最近発生したこと、そして攻撃グループの属性情報にはあまり焦点を当てないことが大半です。一方、**標的パッケージ**（Target Package）は、当該攻撃グループからの攻撃イベントを確認できたか否かに関わらず、攻撃グループに関する説明を行う報告書です。標的パッケージは多くの場合、ベンダーの報告書から抽出された情報を要約する際に便利です。標的パッケージは普遍的に有用な成果物の1つであり、多くの消費者にとって興味深い内容であるはずです。優れた標的パッケージは、攻撃グループの属性情報にあまりに深入りすべきではありません。事実に基づいたプロジェクトであり、推定分析にあまり立ち入るべきではありません。例9-2に、標的パッケージのサンプルを示します。

例9-2. 標的パッケージ形式のサンプル

```
# ターゲット名
## サマリー

> 多くの成果物は、全体サマリーから始まります。サマリーは、消費者が自分との関係性を
> 素早く判断するため、そして多くの消費者が読むであろう成果物唯一のパートである
> ため、非常に重要だといえます。

| 別名                   | 情報源          |
|:---------------------- |:-----------     |
|  別名1                 |  ベンダー1      |
|  別名2                 |  ベンダー2      |
|  別名3                 |  ベンダー3      |

## TTP (Tactics, Techniques, & Procedures)
- TTP1
- TTP2
- TTP3

## ツール
|  ツール名        | 概要                 | 特記事項          |
|:-------          |:------------         |:----------        |
|  ツール1         |                      |                   |
|  ツール2         |                      |                   |
|  ツール3         |                      |                   |

## 被害組織のプロファイル
- 被害組織タイプ1
- 被害組織タイプ2
- 被害組織タイプ3

根拠となる情報例
## 関連する攻撃グループ
|  名称                      | タイプ              | 特記事項          |
```

```
|:--------------      |:-----------      |:-------------     |
| 攻撃グループ1        | グループ          |                   |
| 攻撃グループ2        | 個人              |                   |

## 参考情報
- www.example.com/1
- www.example.com/2
- www.example.com/3
```

9.6.1.3 IOCレポート

IOCレポート（Indicator of Compromise Report）とは、高度かつ戦術的な成果物で、SOC担当者・インシデント対応担当者とインジケータのコンテキスト情報を共有するために作成する報告書です。IOCレポートは、新しい検知やアラート（新しくブラックリストに登録されたインジケータなど）と組み合わせて使用すると特に便利です。インジケータをインテリジェンスとして活用できるようにするためには、コンテキスト情報が必要となります。IOCレポートは、その必要なコンテキスト情報を提供する役割を果たします。

IOCレポートに含まれる参考情報は外部にあるかもしれません。しかし、内部ソースを参照できる場合、より価値が高くなる場合があります。例えば、関係する攻撃グループについての標的パッケージ、あるいは当該IOCが確認できたときのイベントレポートを参照することには意味があります。複数の報告書を読むことで、アナリストは複雑なイベントを理解するために必要なコンテキスト情報を得られることがよくあります。例9-3に、IOCレポートのサンプルを示します。

例9-3. IOCレポート形式のサンプル

```
# IOCレポート
## サマリー
> 多くの成果物は、全体サマリーから始まります。サマリーは、消費者が自分との関係性を
> 素早く判断するため、そして多くの消費者が読むであろう成果物唯一のパートである
> ため、非常に重要だといえます。

## インジケータ
| インジケータ    | コンテキスト          | 特記事項         |
|:-----------    |:------------------   |:--------------   |
| IOC1           |                      |                  |
| IOC2           |                      |                  |
| IOC3           |                      |                  |

## 関連するTTP
- TTP1
- TTP2

## 参考情報
- www.example.com/1
- www.example.com/2
- www.example.com/3
```

9.6.2 ロング形式

ロング形式（Long-Form Products）とは、複数ページわたる、ときには複数のアナリストによって書かれたインテリジェンス成果物で、様々なニーズへ対応できる形式です。ショート形式の成果物は、時間的に厳しい制約が要求される傾向にありますが、ロング形式の成果物は期限はあるものの、時間的制約が少ない傾向があります。ショート形式の成果物は24時間以内に提出しますが、ロング形式の成果物は完成までに数週間から数か月かかる場合があります。その理由の1つは成果物の長さに起因し、多くの場合5ページ以上あり枚数制限などはありません。しかし、より多くの努力と記載内容の品質が期待されます。ショート形式の成果物は、小規模なチームや1人のアナリストから提出される傾向がある一方、ロング形式の成果物は通常、リバースエンジニアからグラフィックデザイナーまで幅広いスキルと能力を備えた大規模なチームによって開発されます。

ロング形式の成果物は、特定のトピックについて網羅的な内容であることが期待されます。最初に発行された有名な報告書の1つに、Mandiant社のAPT1レポート（http://bit.ly/2uHaxrq）が挙げられます。これは、中華系APT攻撃グループとして知られる中国人民解放軍61398部隊（PLA Unit 61398）について長年にわたり実施した調査・分析をまとめたキャンペーン分析レポートでした。APT1レポートには、様々な犠牲者からの複数の観点が含まれており、攻撃グループと攻撃グループ共通のTTPsについて論じられています。

他の成果物と同様、ロング形式の成果物は効果的に使用するためにかなりのカスタマイズと労力が必要です。深い技術力、ライティング能力、編集能力、包括的な努力への前提条件を考えると、ロング形式の成果物は一般的に、より成熟したインテリジェンスチームによって、そして控えめに利用されることが多いといえます。こうした成果物は長くなる傾向にありますが、戦略的な観点に着目しているため、経営層などの戦略的な消費者は、自分たちに関連する部分だけを読む必要があります。したがって、主要なポイントを押させた全体サマリーと網羅的な索引から初めて、ステークホルダーが自分にとって有用な部分を直接参照できるようにすることが重要です。

一般的なロング形式の成果物は、3つのテンプレートが用意されています（戦術的、運用的、戦略的の3種類で、2章で示したインテリジェンスレベルに対応しています）。

9.6.2.1 マルウェアレポート

ロング形式で、戦術的な性質を持つ報告書の代表例が、**マルウェアレポート**（Malware Report）です。一般にリバースエンジニアリング分析の結果であるマルウェアレポートは、この情報をもとに攻撃を特定するSOCアナリストやインシデント対応担当者、この情報をもとに今後の防御メカニズムを構築するシステムアーキテクトに至るまで、幅広いチームへ有益な情報を提供します。

こうした戦術的かつロング形式の報告書には、サンドボックスなど自動化ツールからのアウトプットを必ず含めることを忘れないでください。より長編小説のような長い報告書は有益である一方、報告書から有益なIOCを探してハンティングを行ううえでは、対応速度を遅らせてしまいます。例9-4に、マルウェアレポートのサンプルを示します。

例 9-4. マルウェアレポート形式のサンプル

```
# マルウェアレポート：サンプル

| 基礎情報                      | 値              |
|:-------------------------- |:------------- |
| リバースエンジニア          | アナリスト名    |
| 日付                        | 2017            |
| 依頼者（Requester）         |                 |
| 関連する侵入事例            |                 |

## サマリー
> 多くの成果物は、全体サマリーから始まります。サマリーは、消費者が自分との関係性を
> 素早く判断するため、そして多くの消費者が読むであろう成果物唯一のパートである
> ため、非常に重要だといえます。

## 簡易静的解析（Basic Static Analysis）
-ファイル名        :
-ファイルタイプ    : Portable Executable
-ファイルサイズ    : 0

### ハッシュ値
> ファイルハッシュ値は、ピボット（pivoting）を行ううえで有益です。
|ハッシュアルゴリズム | 値                                                                |
|:--------------- |:----------------------------------------------------------------- |
| MD5             |ddce269a1e3d054cae349621c198dd52                                    |
| SHA1            |7893883873a705aec69e2942901f20d7b1e28dec                            |
| SHA256          |13550350a8681c84c861aac2e5b440161c2b33a3e4f302ac680ca5b686de48de    |
| SHA512          |952de772210118f043a4e2225da5f5943609c653a6736940e0fad4e9c7...f41    |
| Ssdeep          | <FOO>                                                              |

### ウイルス対策ソフトによる検知状況:
> VirusTotalから情報を収集することで、組織全体における検知を把握するうえで有益です。
|ベンダー          |サンプル         |
|:---------       |:-------------- |
|ベンダー1         |シグニチャ XYZ    |

### 特徴的な文字列
> 特徴のある文字列は、YARAシグニチャなど、検知メカニズムを作成する際に有益です。
- `foo`
- `bar`
- `baz`

### その他関連性があるファイル・データ
- `c:/example.dll`
- `sysfile.exe`

## 簡易動的解析（Basic Dynamic Analysis）
> サンドボックス型の自動分析ツールの結果を表示します。

## 特徴的な振る舞い:
> キルチェーンモデルに基づき、マルウェアがどのように目的を達成するか記述します。

### 配送メカニズム（Delivery Mechanisms）:
> どのようにマルウェアが被害者システムへたどり着くか？

### 持続性メカニズム（Persistence Mechanisms）:
> どのようにマルウェアをシステム起動時に実行し、実行し続けられるか？

### 拡大メカニズム（Spreading Mechanisms）:
```

```
> どのようにマルウェアはシステム間を移動しているか？

### 持ち出しメカニズム（Exfiltration Mechanisms）：
> どのようにマルウェアが被害者のネットワークの外へデータを持ち出そうとするか？

### C2メカニズム（Command-and-Control Mechanisms）：
> どのようにマルウェアは攻撃者から指示を受け取るか？

## 依存関係（Dependencies）：
> マルウェアを実行するうえでのシステムレベルの前提条件

### サポートするOS（オペレーティングシステム）：
- OS 1

### 必要なファイル:
- `c:/example.dll`

### 侵入後におけるダウンロードファイル
- `c:/example.dll`

### レジストリキー:
- `/HKEY/Example`

##検知:
> 感染を検知するために有益な情報

### ネットワークIOC（Network Indicators of Compromise）：
> ネットワーク文字列、ドメイン、URL、SSL/TLS証明書、IPv4アドレス、IPv6アドレス など
- 10.10.10.10
- example.com

### ファイルシステムIOC（File system Indicators of Compromise）：
> ファイル名、ファイルパス、サイニング証明書、レジストリキー、変異体（Mutexes）など
- `foobar`

## 推奨対応策
> マルウェアを追跡し、排除するためのインシデント対応を意識したステップ

### 緩和ステップ（Mitigation）：
- （いろいろ記載します）

### 根絶ステップ（Eradication）：
- （いろいろ記載します）

## 関係するファイル:
> 攻撃コード、ドロッパー（Droppers）、RATなど、各種ファイルとの関係性を整理するうえで重要となります。
- C:/example.dll
```

GLASS WIZARDが使ったインプラントに関する報告書は、付録Aを参照してください。

9.6.2.2 キャンペーンレポート

最も一般的かつ運用向けロング形式の報告書は、**キャンペーンレポート**（Campaign Report）です。これは、侵入キャンペーン全体を最初から最後まで詳細に記述した報告書です。この報告書は、分析ギャップ（チームが攻撃グループの行動を完全に把握していないギャップ）を特定するのに役立ち、RFI（Request for Information）につながる可能性があります。またこの報告書は、不足しているレス

ポンス行動を特定するためにも役立ちます。その他、新しいインシデント対応担当者、インテリジェンスアナリスト、またはその他のステークホルダーが、長期にわたる調査に迅速に慣れる意味でも有益です。ほとんどのチームにとって、キャンペーンレポートは分析チームが定期的に作成する最も長い報告書です。例9-5に、キャンペーンレポートのサンプルを示します。

例 9-5. キャンペーンレポート形式のサンプル

```
#キャンペーンレポート:サンプル
| 基礎情報               | 値                                          |
|:---------------------- |:------------------------------------------- |
| 主担当アナリスト       | アナリスト名                                |
| 分析チーム             | アナリスト1、アナリスト2、アナリスト3       |
| 日付                   | 2017                                        |
| 依頼者 (Requester)     |                                             |
| 関係する侵入事例       |                                             |

## サマリー
> キャンペーンと影響範囲に関する1パラグラフ程度のサマリー

# 詳細
> 悪意のある活動、攻撃グループ、インシデント対応チームによって取られた対応活動を含む
> インシデント全体に関する包括的かつ詳細なサマリー

## キルチェーン
> キルチェーンに対してキャンペーンをマッピングし、ダイヤモンドモデルの各特徴を抽出する

### 偵察フェーズ (Reconnaissance)
> どのように攻撃に必要な事前情報を収集しているか？

#### ダイヤモンドモデル
- __攻撃グループ:__ 攻撃者、もしくは攻撃グループのペルソナ
- __能力:__
        - 能力/TTP 1
        - 能力/TTP 2
- __攻撃基盤:__
       - 攻撃基盤リソース1
       - 攻撃基盤リソース2
- __被害者:__ この段階における被害者もしくは被害システム

### 武器化フェーズ (Weaponization)
> 攻撃の設定・構成に関する記述

#### ダイヤモンドモデル
- __攻撃グループ:__ 攻撃者、もしくは攻撃グループのペルソナ
- __能力:__
        - 能力/TTP 1
        - 能力/TTP 2
- __攻撃基盤:__
       - 攻撃基盤リソース1
       - 攻撃基盤リソース2
- __被害者:__ この段階における被害者もしくは被害システム

### 配送フェーズ (Delivery)
> 攻撃対象環境へ攻撃コードを配送する方法について記述

#### ダイヤモンドモデル
- __攻撃グループ:__ 攻撃者、もしくは攻撃グループのペルソナ
- __能力:__
```

```
        - 能力/TTP 1
        - 能力/TTP 2
- __攻撃基盤:__
        - 攻撃基盤リソース1
        - 攻撃基盤リソース2
- __被害者:__ この段階における被害者もしくは被害システム

### 攻撃フェーズ (Exploitation)
> 攻撃対象システムのコントロールをどのように奪取するか、攻撃手法を記述。

#### ダイヤモンドモデル
- __攻撃グループ:__ 攻撃者、もしくは攻撃グループのペルソナ
- __能力:__
        - 能力/TTP 1
        - 能力/TTP 2
- __攻撃基盤:__
        - 攻撃基盤リソース1
        - 攻撃基盤リソース2
- __被害者:__ この段階における被害者もしくは被害システム

### インストールフェーズ (Installation)
> 攻撃フェーズ後に、どのように持続性メカニズムをインストールしたか記述

#### ダイヤモンドモデル
- __攻撃グループ:__ 攻撃者、もしくは攻撃グループのペルソナ
- __能力:__
        - 能力/TTP 1
        - 能力/TTP 2
- __攻撃基盤:__
        - 攻撃基盤リソース1
        - 攻撃基盤リソース2
- __被害者:__ この段階における被害者もしくは被害システム

### C2フェーズ (Command & Control)
> 攻撃者が侵入したリソースとどのようにコミュニケーションをとるか記述

#### ダイヤモンドモデル
- __攻撃グループ:__ 攻撃者、もしくは攻撃グループのペルソナ
- __能力:__
        - 能力/TTP 1
        - 能力/TTP 2
- __攻撃基盤:__
        - 攻撃基盤リソース1
        - 攻撃基盤リソース2
- __被害者:__ この段階における被害者もしくは被害システム

### 目的の実行フェーズ (Actions on Objective)
> 攻撃者の最終的な目的と、目的を達成するためにどんなツールやテクニックを利用しているか記述

#### ダイヤモンドモデル
- __攻撃グループ:__ 攻撃者、もしくは攻撃グループのペルソナ
- __能力:__
        - 能力/TTP 1
        - 能力/TTP 2
- __攻撃基盤:__
        - 攻撃基盤リソース1
        - 攻撃基盤リソース2
- __被害者:__ この段階における被害者もしくは被害システム

## タイムライン
```

```
| 番号   |日時                  |アクター        |アクション       | ノート |
|:------|:-------------------  |:-------        |:---------      |:------ |
| 1     | 20170101 12:00+00    | アクター1      | アクション1      |        |
| 2     | 20170102 12:00+00    | アクター2      | アクション2      |        |
| 3     | 20170103 12:00+00    | アクター3      | アクション3      |        |

## IOC (Indicators of Compromise)
> 充実化 (Enrichment) され、ピボット (Pivoting) され、有益なシグニチャを含むIOC群

### ネットワーク・インジケータ
> ネットワークIOCs
- 10.10.10.10
- example.com
- www.example.com/path

### ホスト・インジケータ
>ホストIOCs
- /HKEY/foobar
- example.exe
- `foobar`

### ネットワーク・シグニチャ
> (Snortなど) ネットワーク検知ツール用のシグニチャ
__Signature for 10.10.10:__
```
alert ip any any -> 10.10.10.10 any (msg: "Bad IP detected";)
```

### ホスト・シグニチャ
> (Yaraなど) ホスト検知ツール用のシグニチャ
__foobarへのルール例__

``` rule example : example
{
meta:
description = "This is just an example"
thread_level = 3
in_the_wild = true

strings:
$a = "foobar"
condition:
  $a
}
```

観測事項
> ちょっとした観測事項やアナリストのメモですら、メモしておくことは後で役に立ちます。
日時	アナリスト	観察データ
20170101 12:00+00	アナリスト1	観察データ1
20170102 12:00+00	アナリスト2	観察データ2
20170103 12:00+00	アナリスト3	観察データ3

関連する報告書
>関連する他のインテリジェンス、ショート形式・ロング形式の報告書

内部成果物
> 内部で生成されたインテリジェンス報告書
- 報告書1
```

```
- 報告書2
- 報告書3

### 外部成果物
> 多くの場合、外部セキュリティベンダーの報告書についても記録しておく価値があります。
- www.example.com/product.pdf
```

9.6.2.3 インテリジェンス評価報告書

インテリジェンス評価報告書（Intelligence Estimate）とは、主要な戦略的問題を包括的に調査するためのロング形式の報告書です。この報告書は、米国中央情報局（CIA）の前身であり、国務省の一機関であった国家情報評価局（ONE：Office of National Estimates）と呼ばれる組織に由来しています。国家情報評価局は、米国に対する主要な戦略的脅威を特定・調査するため、年1回一般教書演説形式のインテリジェンス報告書、国家情報評価報告書（National Intelligence Estimate）を作成しました。

典型的なインテリジェンス評価形式の報告書は、上層部のステークホルダーを対象とした、幅広く、主に戦略的な報告書です。この報告書は、1年を通じて戦略的な意思決定を行うために必要なコンテキスト情報を提供します。全ての事例に完璧に対応できず、年間を通じて補足されていきますが、インテリジェンス評価はベースラインを設定し、ステークホルダーが多種多様な問題を理解する出発点を提供します。

高度にカスタマイズされた資料であるインテリジェンス評価報告書のサンプルの代わりに、米国CIAにおいて機密解除された報告書例（http://bit.ly/2uj8Pd0）を確認することを推奨します。

9.6.3 RFIプロセス

インテリジェンス要求（RFI：Request For Intelligence）とは、特定の質問に答えるための特別な成果物であり、情報判断に応じて回答を行う必要があります。依頼者は、非常に短い質問をインテリジェンスチームに提出します。その時点でインテリジェンスチームは、（可能であれば）既に収集された情報に基づき直接回答するか、これを情報収集の要請として扱い、新しいインテリジェンスサイクルを開始します。このプロセスを、秩序立てて一貫性のあるプロセスとするためには、回答結果だけでなく、最初の依頼についてもテンプレートを用意することが役立ちます。図9-3に示すRFIプロセスは、引き続き把握しておく必要があります。RFIは、戦術的、運用上、戦略上の要求に使用できます。

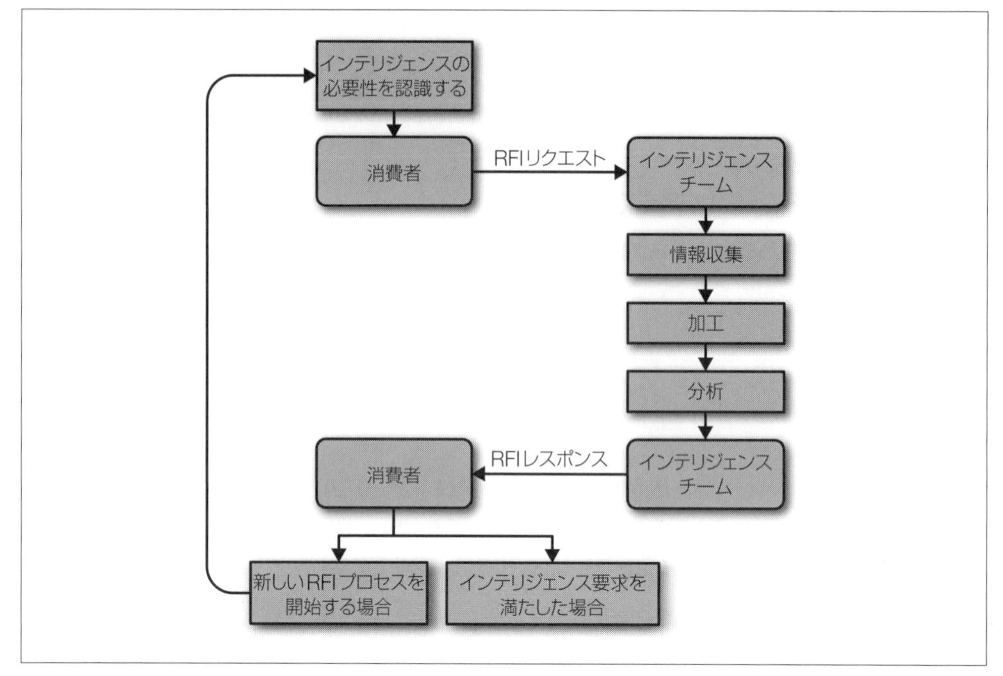

図9-3. （インテリジェンスプロセスを含む）RFIワークフロー

RFIフローを簡単に開始するためには、電子メールでリクエストを受け付ける仕組みを作る必要があります。消費者は、テンプレートを利用してrfi@company.comなど共通のメールボックスにリクエストを送信し、インテリジェンスチームはこのリクエストを受け取ることができます。RFIはリクエストとレスポンスの2つのパートに分かれているので、2つのテンプレートを用意しておく必要があります。

9.6.3.1 RFIリクエスト（RFI Request）

例9-6に示すように、消費者からの要求は、厳密かつ制限されたフォーマットに従います。

例9-6. RFIリクエスト・テンプレート

```
- _FROM:_ 依頼者
- _TO:_ インテリジェンスチーム
- _対応期限:_ 2016-11-12

_依頼内容:_
> RFIリクエストは、良い答えがどうあるべきか、明確な説明が付いた
> 直接的な質問である必要があります。

_参考情報:_
- www.example.com/request_source_1
- www.example.com/request_source_2
```

「To」フィールドと「From」フィールドは、消費者からインテリジェンスチームに依頼を送信する必

要があります。「対応期限」フィールドは、消費者がどの程度迅速にインテリジェンスを必要とするかを指定します（代わりに、高、中、低などの重要度を利用する場合もあります）。次は「依頼内容」です。これは、具体的な答えを想定した直接的な質問でなければなりません。最後に、依頼者はインテリジェンスチームの出発点として、「参考情報」やその他の背景を提供することができます。

9.6.3.2 RFIレスポンス（RFI response）

例9-7に示すように、厳密かつ制限されたフォーマットに従います。

例9-7. RFIレスポンス

```
- _FROM:_インテリジェンスチーム
- _TO:_ 依頼者
- _TLP:_ Red/Amber/Green/White
- _回答日:_ 2016-11-13

_回答内容:_
> 回答は完全かつ簡潔に作成され、依頼された質問に直接答えている必要があります。

_参考情報:_
- www.example.com/response_source_1
- www.example.com/response_source_2
```

「From」フィールドと「To」フィールドは、本来の依頼者へ回答を返信します。TLP（Traffic Light Protocol）フィールドは、受信者が従うべき共有ルールを指定しています。また、今後の参考とインジケータ管理のため、回答が消費者に返された日付「回答日」を記載することも重要です。RFIプロセスの成功は、依頼者に返信される有益なインテリジェンスに大きく左右されます。この要請は、尋ねられた特定の質問に回答し、二次的な問題に波及しないように注意すべきです。最後に、インテリジェンスチームがRFI回答のために使用した情報源を参考情報として含めることも重要です。

9.6.3.3 RFIフローの事例

ここに、典型的な依頼に対するインテリジェンスワークフローの例を記載します。最初は消費者からの依頼から始めます。

RFIリクエスト：参考になるリクエストは、以下の通りです。

- From: SOCチーム
- To: インテリジェンスチーム
- 対応期限: 2017-02-20

依頼内容：

X-Agentマルウェアを検知するための有益なネットワークIOCは何がよいでしょうか？

参考情報：

- https://www.us-cert.gov/GRIZZLY-STEPPE-Russian-Malicious-Cyber-Activity

RFIレスポンス：(2章で議論したようなインテリジェンスサイクルを経て）回答を準備します。

- From: インテリジェンスチーム
- To: SOCチーム
- TLP: White
- 回答日：2017-02-22

一般的な情報源に基づくと、APT28が利用したX-Agentマルウェアの検知には、以下のネットワーク・インジケータを推奨します。

- Snort `alert tcp $HOME_NET any -> $EXTERNAL_NET $HTTP_PORTS (msg:"Downrage_HTTP_C2"; flow:established,to_server; content:"POST"; http_method; content:"="; content:"=|20|HTTP/1.1"; fast_pattern; distance:19; within:10; pcre:"/^\/(?:[a-zA-Z0-9]{2,6}\/){2,5}[a-zA- Z0-9]{1,7}\.[A-Za-z0- 9\+\-\_\.]+\/\?[a-zA-Z0-9]{1,3}=[a-zA-Z0-9+\/] {19}=$/I";)`
- `http://23.227.196[.]215/`
- `http://apple-iclods[.]org/`
- `http://apple-checker[.]org/`
- `http://apple-uptoday[.]org/`
- `http://apple-search[.]info/`

追加のインテリジェンスは、フォローアップリクエストに合わせて作成します。
参考情報：

- http://bit.ly/2uiuqEb
- http://bit.ly/2uJ9erk

別の実例として、付録にあるGLASS WIZARDに関する別のRFIフローを確認してください。

日時の形式について

一貫性のない日時表記ほど、セキュリティ運用チームを混乱させる大きな要因になるものはありません。米国では、MM/DD/YYYY形式を使用するのが一般的でしょう。この形式は使い慣れていますが、インテリジェンスで使うことが難しい場合もあるでしょう。ヨーロッパの習慣では、DD/MM/YYYY形式が一般的であり、これはよりわかりやすい形式です。しかし残念なことに、どちらの形式も並べ替えに適しておらず、時系列で読みづらいため、インテリジェンス成果物で利用する際には問題がある可能性があります。代わりに、YYYY/MM/DD形式の利用を検討してください。これは、特にタイムラインで読みやすく、並べ替えが簡単です。時間情報でも並べ替え可能であればより便利になりますので、24時間形式を利用し、一貫性のあるタイムゾーン、できればUTCを使用することを検討してください。例えば、2017/02/19 22:02+00です。この形式であれば、スクリプトやツールの取り込みも容易になります。

9.6.4 自動消費されるインテリジェンス

自動消費されるインテリジェンス（Automated Consumption Products）とは、（人間のアナリストが読むことを目的としたIOCレポートとは異なり）アラートや分析システムなどのツールで利用することを目的としたIOCです。（有用なコンテキスト情報を提供してくれる）アナリスト向け成果物と組み合わせて利用することで、自動消費されるインテリジェンスは、脅威データの効果的な利用を開始し、正確性をより迅速に向上してくれます。自動消費されるインテリジェンスは、次の4つのカテゴリに分類されます。

- 非構造化／半構造化IOC
- Snortを利用したネットワーク・シグニチャ
- Yaraを利用したファイルシステム・シグニチャ
- 自動化されたIOC形式

次のセクションでは、上記4つのインテリジェンスについてそれぞれ検討を行います。

9.6.4.1 非構造化／半構造化IOC

一般化されたIOCとは、（データに加えてコンテキスト情報を持った）一連のインジケータです。通常はテキスト形式のリストであり、他のツールやフォーマットへの統合を容易にします。スクリプトやツールを使って、自動化利用を前提とした情報を共有する場合、考慮すべき重要な点はスクリプトやツールがインジケータを取り込めることです。OpenIOC（https://openioc.org/）、STIX（https://stixproject.github.io/）など、複雑な標準フォーマットの多くは非常に高い表現力があります。しかし、そうした標準に乗っ取って実装されたツールは限られています。そのため、（分析した情報を利用する）消費者がこうしたフォーマットを使用できない場合、消費者は価値を享受できず、トラブルになる可能性があります。この問題については、このセクションの最後で説明します。

セキュリティに焦点を当てた標準が登場した後でさえ、多くのIOCは、テキストファイルや半構造化されたCSV形式でリストの共有が行われています。コンテキスト情報が失われる一方、これらのフォーマットは取り込みに適しており、（コンピュータだけでなく）人にとっても読みやすく、スクリプトを簡単に書くことができます。

GLASS WIZARDに関する非構造化IOC：一般化されたIOCは信じられないほど簡単です。GLASS WIZARDのハッシュ値の例を以下に示します（http://www.novetta.com/wp-content/

uploads/2014/11/Hashes.txt)。

```
Family, sha256
ZoxFamily, 0375b4216334c85a4b29441a3d37e61d7797c2e1cb94b14cf6292449fb25c7b2
ZoxFamily, 48f0bbc3b679aac6b1a71c06f19bb182123e74df8bb0b6b04ebe99100c57a41e
...
Plugx, fb38fd028b82525033dec578477d8d5d2fd05ad2880e4a83c6b376fa2471085c
Plugx, ff8dbdb962595ba179a7664e70e30e9b607f8d460be73583af59f39b4bb8a36e
...
Gh0st,ff19d0e8de66c63bcf695269c12abd99426cc7688c88ec3c8450a39360a98caa
Poison Ivy, ffc3aa870bca2da9f9946cf162cb6b1f77ba9db1b46092580bd151d5ed72075f
...
ZxshellModule, 6dc352693e9d4c51fccd499ede49b55d0a9d01719a15b27502ed757347121747
...
```

このフォーマットは非常に単純ですが、他のツールを活用するために簡単にスクリプト化できます。これらのIOCリストは多くの場合、プレーンテキスト、Markdown、またはExcel/CSV形式で共有されます。

9.6.4.2 Snortを利用したネットワーク・シグニチャ

一般に、ネットワーク・シグニチャを指すときは、Snortシグニチャを意味します。Snortは、最も歴史あるIDS（侵入検知システム）の1つであり、テキストベースのオープンシグニチャ形式を採用しています。Snortは、その他多くのベンダーによって採用された実績のある冗長かつ効果的なシグニチャ言語を持っており、様々なツールで実装されているため、ネットワークトラフィックを記述する標準となっています。

Snortシグニチャはシンプルなテキストファイルとして共有されるため、様々なツールで簡単に取り込むことができ、スクリプトを使用して簡単に管理できます。例9-8にSnortのサンプルの例を示します。

例9-8. Snortシグニチャのサンプル

```
alert tcp any any -> 10.10.10.10 any (msg:"Sample Snort Rule"; sid:1000001; rev:1;)
```

GLASS WIZARDに関するネットワーク・シグニチャ：GLASS WIZARDのシグニチャを以下に示します。具体的には、GLASS WIZARDが利用していたHikitマルウェアに関するSnortコミュニティが作成したシグニチャ(https://www.snort.org/rule_docs/1-30948）です。

```
alert tcp $HOME_NET any -> $EXTERNAL_NET any (msg:"MALWARE-BACKDOOR Win.Backdoor.Hikit
outbound banner response";
flow:to_client,established;
content:"|5D 00 20 00|h|00|i|00|k|00|i|00|t|00|>|00|";
fast_pattern:only; metadata:impact_flag red, policy balanced-ips drop, policy security-ips
drop, ruleset community, service http, service ssl;  reference:url,www.virustotal.com/en/
file/aa4b2b448a5e24\6888304be51ef9a65a11a53bab7899bc1b56e4fc20e1b1fd9f/analysis/;
classtype:trojan-activity; sid:30948; rev:2;)
```

Snortのシグニチャがどのように機能するか復習する必要がある場合は、5章を参照してください。

簡単に重要な部分について解説しておきましょう。

```
alert TCP $ HOME_NET any - > $ EXTERNAL_NET any
```

GLASS WIZARDで使用されているHikitマルウェアは、被害者のDMZネットワーク上にあるサーバに感染し、攻撃者はそこを踏み台として外部から接続してきます（ちなみにこれは、非常に珍しい攻撃アーキテクチャです。多くのRATは被害者の内部ネットワークから、外部にあるC2ノードに通信を行うことが一般的です）。この通信をシグニチャ化するために、HikitマルウェアのSnortシグニチャでは$変数を使用します。$変数は、異なるネットワーク構成を想定し、ネットワーク範囲を簡単にセットすることができます（`$HOME_NET`は通常組織内のネットワークを指定し、`$EXTERNAL_NET`は基本的にその他全てで利用します）。その結果、サーバ（`$HOME_NET`で指定されたネットワーク内のシステムで、通常は被害者組織のDMZネットワーク）がメッセージをクライアント（`$EXTERNAL_NET`で指定されたネットワーク内のどこかに存在する外部攻撃者のシステム）へ送信したときにのみHikitシグニチャが発動します。

シグニチャで指定すべき重要なポイントがあることと同様に、具体的に指定すべきでないポイントも存在します。それは、ポートです。ポートがハードコーディングされている場合、マルウェアによっては、サーバのポート番号を変更することは攻撃者にとっては簡単でしょう。また、クライアントポートはほぼ常にランダムかつ一時的なポート（ハイポートからランダムに選ばれたポート番号：http://bit.ly/2uiBCAc）が利用されるため、普遍的に利用されるポートを指定することは難しいといえます。攻撃者が（検知シグニチャで指定している）ポートを推測した場合、攻撃者は簡単に検知メカニズムを回避できます。通信に含まれる特徴的なビット列と通信方向の特徴をシグニチャに追加して、ポートについてワイルドカード指定（＝特定のポートを指定しない）すれば、誤検知を引き起こす可能性は減らせるはずです。ポートを指定することは、特定のサービスへ影響を及ぼすシグニチャ、例えばSMBへの攻撃（自宅で共有などを行う人がよく使う445/TCPプロトコル）にとって重要です。

```
flow:to_client,established;
```

こうした`flow`オプションは、alertアクションにおけるTo/Fromと同様、ネットワークの通信方向を指定するために役立ちます。ポイントは、establishedという設定値で、シグニチャは接続時の最初の数パケットだけでは発動しないことを意味します。これにより、精度が向上し、次のようなHikitマルウェアが持つビット文字列を持つパケットが作成されることを防ぎます。

```
content:"|5D 00 20 00|h|00|i|00|k|00|i|00|t|00|>|00|";
```

このシグニチャの2つ目のポイントは、通信のバイナリシグニチャです（このシグニチャは、マルウェアがHikitという名前で呼ばれるようになった由来となった部分です。シグニチャ内にhikitというアルファベットが入っていることがわかります）。このバイトコード群を指定することで、Hikitマルウェア（少なくともVirusTotal上で参照され、指定されているサンプル）のC2通信を常に監視することができます。

こうした3つの特徴（通信方向、フローの特徴、コンテンツ）を組み合わせることで、Hikitマルウェア用の包括的なシグニチャを作成することができました。

9.6.4.3　Yaraを利用したファイルシステム・シグニチャ

ファイルシステムのシグニチャを書く場合、インテリジェンスアナリストはYaraを活用します。Yaraは、「マルウェア研究者（および他の全ての人）のためのパターンマッチング用スイスアーミーナイフ」というキャッチフレーズに恥じない機能※5を持っています。マルウェアを特定するため様々な検知パターンを簡単に記述することができ、（ハッシュ値に基づく）個々のファイルの特定だけでなく、マルウェアファミリー群の特定にも有効です。Yaraシグニチャは、オープンソースのYara検知ライブラリを採用したツール全てで利用できるため、データを共有する理想的な方法です。つまりインテリジェンスの消費者は、様々なコマンドラインツール、自動化ツール、ホストおよびネットワーク検知ツール、さらにはVirusTotal Intelligence上のサンプル検索などでも、Yaraを使用することができます。

Yaraシグニチャのサンプルテキストファイルを以下に示します。Snortシグニチャと同様、様々なツールで簡単に取り込むことができ、スクリプトを使用して簡単に管理できます。例9-9は、Yaraシグニチャのサンプルを示しています。

例9-9.　サンプルYaraシグニチャ

```
rule sample_signature : banker
{
        meta:
        description = "This is just an example"
        strings:
$a = "foo"
$b = "bar"
$c = {62 61 7a}
        condition:
        $a or $b or $c
}
```

9.6.4.4　自動化されたIOC形式

OpenIOC（https://openioc.org/）やSTIX（https://stixproject.github.io/）など、完全に自動化された包括的なフォーマットは、専用ツールを利用できるチーム、あるいはこうした標準を利用できるツールを構築する能力があるチームでのみ役に立つでしょう。こうした標準は一般的なインテリジェンスの利用範囲でも活用することができますが、より使いやすい形式へ変換が必要な場合もあります。これまで、セキュリティベンダー以外がこうした標準フォーマットの採用に消極的だった理由の1つは、OpenIOCとSTIX version 1の両方がXMLを採用していたことです。XMLは長年使われているデータ形式でし

※5　訳注：YARAの公式ホームページでは、「The pattern matching swiss knife for malware researchers（and everyone else)」というキャッチフレーズを掲げています。スイスアーミーナイフ（Swiss Knife）という表現は様々な使い方ができる便利セキュリティツールによく付けられ、有名なものとしてNetwork Swiss Knifeとして知られるnetcatなどが挙げられます。

たが、RESTインターフェースがSOAPに取って変わられたように、XMLはJSONに取って変わられるようになりました。この傾向に合わせて、STIX形式はJSONへの利用に切り替えられています。例9-10に、OASISのGitHub（http://bit.ly/2uQUM1A）に基づくC2インジケータを示します。

例9-10. STIXv2 C2インジケータ（FireEye社のDeputy Dog報告書に基づいて作成）※6

```
{
        "type": "bundle",
        "id": "bundle--93f38795-4dc7-46ea-8ce1-f30cc78d0a6b",
        "spec_version": "2.0",
        "objects": [
        {
        "type": "indicator",
"id": "indicator--36b94be3-659f-4b8a-9a4d-90c2b69d9c4d",
"created": "2017-01-28T00:00:00.000000Z",
"modified": "2017-01-28T00:00:00.000000Z",
"name": "IP Address for known Deputy Dog C2 channel",
"labels": [
        "malicious-activity"
],
"pattern": "[ipv4-addr:value = '180.150.228.102']",
"valid_from": "2013-09-05T00:00:00.000000Z"
        }
        ]
}
```

様々な消費者とインジケータを共有する場合、特に消費者がどんなツールやフォーマットを使用するかをシグニチャの作者が知らない場合、STIXは非常に有用です。これは、US-CERTのGrizzly Steppe報告書（https://www.us-cert.gov/security-publications/GRIZZLY-STEPPE-Russian-Malicious-Cyber-Activity）など、公開報告書の場合に特に役立ちます。この事例では、インジケータを幅広く効果的に利用してもらいたいと考えて、US-CERTはSTIXv1を含む複数のフォーマットでインジケータを提供し、さらに書面による成果物（本書で紹介したキャンペーン成果物と同様の書式）も発行しました。STIX形式のインジケータを公開したことは適切だったといえるでしょう。なぜなら、TLP：Whiteに分類される公開報告書において、作者が消費者の望むフォーマットを知ることは不可能だったためです。STIXはあらゆる脅威インテリジェンスチームが使用できる中間地点を提供し、一部のチームはすぐに利用することができます。

9.7 リズムの確立

インテリジェンスチームは、インテリジェンス成果物をリリースするため、独自のリズムを確立する必要があります。いくつかの成果物は、状況認識レポートやインテリジェンス評価など、定期的にリリースするメリットがありますが、RFIなど進行中のイベントに基づいて臨機応変にリリースされるべき成果物もあります。

定期的にリリースされる成果物は、ステークホルダーの関心を維持し、コミュニケーションの場を確

※6 原注：http://bit.ly/2vxKsLb

立するうえで役立ちます。つまり、定期的な成果物の頻度、長さ、内容を調整するためステークホルダーと協力することが重要です。あまりに頻度が多いと、分析チームは成果物に書くことがなくなり、消費者にほとんど価値を与えず、時間を無駄にして最終的に関心を失う結果となってしまうでしょう。逆に、インテリジェンス成果物がめったにリリースされなければ、セキュリティを高めていこうという勢いは確立されず、新しい製品がリリースされるたびに消費者の関心を向けてもらうため、膨大な時間を費やさなければならなくなります。

9.7.1 配布

報告書を執筆し、編集が完了すると、消費者へ配布する準備が整ったことを意味します。配布する際には、配布対象となる消費者が報告書をすぐに利用できる状態にあり、同時に成果物を効果的に表示する必要があります。

配布の手軽さは、インテリジェンス成果物の保護とバランスを取る必要があります。政府の分類システムは、インテリジェンス成果物の保護の一例です。精巧なシステムを構築すれば有益そうに見えますが、多くの場合、もたらされる利点よりもより面倒が増えることが多いでしょう。

分析チーム内では、ポータルはインテリジェンス成果物の配布に最適です。WikiやMicrosoft SharePointなどのコンテンツ管理システムは、情報の作成、更新、共有のための一元化された環境を提供します。それらは一般的に検索可能であり、インジケータに関連するコンテキスト情報を取得するのに便利です。インテリジェンスチームは、非公式のSOCやインテリジェンスチーム用ネットワークなど、オフラインでコンテンツ管理システムを設定することができます。

機密性によっては、経営層向けの成果物を複数の方法で配布することができます。電子メールなどの一般的なチャネルは、機密性の低い成果物、特に定期的に報告書を配布する際に役立ちます。ほとんどの経営層は報告書を読むために長い時間をかけられないので、電子メールと印刷されたハードコピーを用意することが最も効果的です。また、プレゼンテーション資料も有益でしょう。

9.7.2 フィードバック

インテリジェンス執筆プロセスの最終段階であり、最も見過ごされがちなポイントがフィードバックです。消費者は、フィードバックを将来の成果物をより有用にできるポイントを共有します。これは主に次の2つのカテゴリに分類されます。

技術的フィードバック

消費者からのフィードバックにおいて、最初に確認すべき最も重要なフィードバックは、本来の目的が達成されているか否か、そしてステークホルダーが必要な情報を入手したかどうかです。多くの場合、これらの質問に対する答えはYESかNOで答えられるほど、単純ではありません。インテリジェンスチームは、インテリジェンスサイクルをもう一度実行する必要があるかもしれません。より具体的な要件を作成し、新しい目的を提供することも、フィードバックプロセスがうまくいったといえる1つの結果です。

形式へのフィードバック

フィードバックのもう1つの種類は、報告書の種類がステークホルダーにとって適切で、役に立ったか否かです。多くの場合、インテリジェンス自体は有用ですが、もともとの消費者や新しい消費者にとって、より適切な報告書フォーマットが考えられる可能性があります。例えば、キャンペーンレポートはSOCチームにとっては有益です。しかし、SOCチームリーダーにとっては、役員を対象として作成される、新しいインテリジェンスを記載したショート形式の報告書のほうが役立つ場合もあります。

インテリジェンスチームは、オープンなコミュニケーションを確立し、消費者からの定期的なフィードバックを得ることから大きな利益を得ています。定期的なフィードバックは、プロセス、フォーマット、規則、さらにインテリジェンスチームの人材配置などの改善に役立ちます。フィードバックを得ることは難しい問題です。最も簡単な方法は何かって？ それは、インテリジェンス消費者へ直接連絡し、フィードバックをお願いすることです。さらに努力する場合は？ インテリジェンス成果物に関するフィードバックを収集した後、消費者ペルソナの改善と連携することです。こうしたインタビューは、様々なインテリジェンス成果物を改善することができます。フィードバックの依頼が一度開始されれば、インテリジェンス成果物の改善を含む、様々なトピックについて簡単に情報を収集できるようになります。

9.7.3 定期的な成果物

インテリジェンス成果物を作成するためのリズムを確立するうえでのポイントの1つは、定期的なインテリジェンス成果物のリリースです。多くの成功したインテリジェンスプログラムは、定期的な成果物リリースをうまく活用しています。定期的な成果物が影響を及ぼす理由は以下の通りです。

- 定期的なインテリジェンス成果物は、差し迫った脅威、セキュリティニュースを含む最新の傾向、インテリジェンスとインシデント対応チームの活動など、重要なトピックについて消費者に知らせます。
- 定期的なインテリジェンス成果物は、消費者にインテリジェンスチームの存在を認識させ、今後（RFIあるいは公式な）情報提供を依頼し、成果物を提供してもらう、という選択肢を思い出してもらうことができます。
- 定期的に成果物を作成することで、インシデント対応に必ずしも関連していない場合でも、インテリジェンスチームは消費者の関心をセキュリティに向け続けてもらうことができます。

インテリジェンス成果物のリズムを確立するためには、インシデント対応チームの運用テンポ、定期的な成果物を作成するインテリジェンスチームの能力、消費者のニーズに大きく依存します。

開始する1つの方法は、週次の脅威レポートです。1ページ程度の簡単な成果物は、進行中の調査、インシデント、およびセキュリティニュースを含む現在のトレンドに焦点を当てるべきです。このタイプの成果物は、SOCアナリストから経営層まで幅広い消費者・ステークホルダーにとって価値があります。週次レポートが消費者に情報を提供し続けることで、(内部・外部を含む) 緊急の検討事項のステータスに関心を持たせ続け、インテリジェンスとインシデント対応チームについて会話を始めるためのきっかけとなるでしょう。

9.8 まとめ

アナリストは、インテリジェンスを効果的に共有するためには素晴らしい成果物が必要です。効果的な配布には、正確性を保ち、消費者目線を持ち、アクショナブルな成果物を作成する時間が必要です。そのためには、想定される消費者に焦点を当て、情報がどのように利用されるか理解し、それに応じて計画を立てることに注力する必要があります。

素晴らしいインテリジェンス成果物は、一般的に次のような特徴があります。

- 正確性 (Accuracy)
- 消費者目線 (Audience focused)
- アクショナブル (Actionable)

さらにアナリストは、作成しているインテリジェンス成果物が十分に受け入れられ、インテリジェンスの消費者ニーズを満たすことを確実にするため、執筆プロセス中において、次の5つの質問を自問する必要があります。

- 目的は何か?
- 消費者は誰か?
- 成果物の適切な長さはどれぐらいか?
- どのレベルのインテリジェンスが必要か? (戦術レベル/運用レベル/戦略レベル)
- 成果物をどのような表現とトーンで執筆するか? (技術的/非技術的)

これらの質問に対する答えは、全て最終成果物に反映されます。目的と消費者の組み合わせを理解するには、スキルが必要であり、単純な公式はありません。アプローチ方法への理解を深めるには時間がかかりますが、計画・執筆・編集という執筆プロセスを構築すると、プロセス全体の速度感が大幅に向上します。また、配布プロセス全体は、アナリスト、作者、編集者、および消費者の間の連続的なフィードバックループの構築に依存しています。このサイクルを通じてのみプロセスが構築され、成果物の品質が向上し、インテリジェンスプログラムとして成熟することができます。

第3部
発展編

インテリジェンス駆動型インシデント対応では、インシデントの最終報告書が配布されてもプロセスは終わらず、全体的なセキュリティプロセスは継続します。第3部では、個々のインシデン対応から離れ、インテリジェンス駆動型インシデント対応を俯瞰的な観点から考えていきます。この観点には、継続的にプロセスを学び、改善するための戦略的インテリジェンスと、セキュリティ業務全体をサポートするインテリジェンスチームの構築が含まれます。

10章
戦略的インテリジェンス

"Our products have become so specific, so tactical even, that our thinking has become tactical. We're losing our strategic edge because we're so focused on today's issues."

「私たちの報告書が具体的になり、戦術的になればなるほど、考え方や目線も戦術的になっていく。今日明日の話題に注視しすぎれば、戦略的な鋭さを失っていくだろう」

—John G. Heidenrich（グローバル戦略的インテリジェンスコンサルタント　ジョン・ハイデンリック）

インシデント対応担当者はときどき、後頭部を刺されるような感覚で調査を開始します。人によっては、それを予感と呼んだり、デジャブ（Deja vu）と呼んだりしますが、調査が一段落すると、必然的にある感覚がインシデント対応担当者を襲うでしょう。「これ、前に扱ったことがある事案だ。まったく同じ調査、やったことがある……」

それが1か月前なのか、あるいは1年前かに関わらず、インシデント対応担当者は同じような状況を同じように対処していることに気付かされます。同じ脆弱性、同じ横断的侵害手法、おそらく過去に盗まれたり、再利用されたりしたパスワードとまったく同じパスワードが悪用されているなどです。この時点で、多くの人は拳を振り回し、「どうしてこんなことが起こったのか？」を尋ねるでしょう。前回のインシデントから何も学んでいなかったのでしょうか？ 問題を解決できていなかったのでしょうか？ 残念ながら、多分その通りです。最後のインシデントが解決されたときには、心配すべき別の課題や、ITマネージャーからCIOなど全ての人の注意を引き付ける新しい問題があったのです。一方、当該の問題は「既に解決済み」となっていたので、そのことについて考える時間はもうありませんでした。教訓は学習されておらず、もちろんいくつか小さな改善は行われたかもしれませんが、緊急で対応すべき新しい問題を優先したため、組織のセキュリティに永続的な改善は行われませんでした。

戦略的インテリジェンスに関する誤解が、見逃されています（この現象は、サイバーセキュリティやインシデントレスポンスの分野に特有の課題ではなく、何十年もの間、インテリジェンスの分野全般で目撃されています）。その誤解とは、単に戦略的インテリジェンスを扱う時間がないということです。毎日たくさんのことが起こるので（インシデント対応の世界では、ときには1時間単位で起こるので）、多くの人は戦術レベルの内容を追いかけようとして、圧倒されています。戦略的インテリジェンスは、しばしば「扱う必要があるもの」ではなく、「持っていれば便利なもの」と見なされており、時間があればやるべき山積みタスクの1つに格下げされています。当然、時間があることなどめったにありません。日常の緊急事態により時間を奪われがちですが、しかし、戦略的インテリジェンスは自分たちの責任を果たすうえで不可欠であり、緊急事態をより適切に処理できるようになるため、見過ごすべきものではありません。この章では、戦略的インテリジェンスのあり方と、なぜ戦略的インテリジェンスが、インテリジェンス駆動型インシデント対応プロセスにとって重要なのかについて説明します。

10.1 戦略的インテリジェンスとは?

戦略的インテリジェンス（Strategic Intelligence）という名称は、本章でカバーするテーマ、長期的スパンでの高度な情報分析という意味でなく、想定されるインテリジェンス消費者による活用の意味も含んでいます。戦略的インテリジェンスとは、行動する能力・権限を備えている意思決定者を対象としています。この種のインテリジェンスは、ポリシーを精緻化し、戦略を前進させるうえで大きく貢献できるからです。ただしこの事実は、経営層のみがこうした戦略的インテリジェンスの恩恵を受けられるという意味ではありません。戦略的インテリジェンスは、各レベルで対処すべき課題についてコンテキスト情報を理解するのに役立つため、全てのレイヤーの担当者にとって非常に有益です。理想的には、「なぜ、ある特定のポリシーが作成されたのか？」「特定の分野に重点が置かれているのか？」などの理由を理解することで、個々の担当者が自分の役割をより効果的に果たすことを手助けしてくれます。

ジョン・ハイデンリック氏（John Heidenrich）の論文『戦略的分析の現状』（The State of Strategic Analysis：http://bit.ly/2uVLDod）では、「戦略とは、計画そのものではなく、計画を推進するロジックである」と書かれています。そのロジックが存在して明確に伝達されると、アナリストは自分の組織における個別の状況として扱うのでなく、戦略的な努力の背後にある包括的な目標を支援するという、より高い目線で問題に取り組むことができます。

戦略的インテリジェンスは、アナリストの回答優先度付けを支援し、侵入が組織にとって特に重要な意味を持つ時期を教えてくれ、各インシデントから学んだ教訓が分析・実行されることで、インテリジェンス駆動型インシデント対応プロセスを支援します。戦略的インテリジェンスなしでも、インテリジェンス駆動型インシデント対応プロセスはプロセスへの知見と支援を行うことができます。しかし、戦略的インテリジェンスがあることで、それ以降の侵入を防止・特定・対応するために必要な自組織への理解、セキュリティへの姿勢、組織の能力を大幅に向上させることができます。

シャーマン・ケント：インテリジェンス分析の父

シャーマン・ケント氏（Sherman Kent）は、インテリジェンスの父として知られており、文字通りインテリジェンス分析に関する本を執筆しています。彼はインテリジェンス分析の発展に大きく貢献し、新しいインテリジェンスアナリストを養成するためのCIAの教育機関は、シャーマン・ケントインテリジェンス分析養成所（Sherman Kent School for Intelligence Analysis）

と呼ばれています。

ケント氏は、イェール大学で歴史学の博士号を取得し、第二次世界大戦まで教鞭をとっていましたが、その後米国戦略情報局（OSS：Office of Strategic Services）の新しい部門である研究分析部門へ協力し始めました。ケント氏は、戦争に最も影響ある分析を行うため、経済学者、科学者、軍関係者を集め、リーダーシップを発揮しながら、歴史家としての経験を生かしました。ケント氏と研究分析部門に属するアナリストは、作戦や戦術的な戦闘の計画には関与せず、敵と作戦環境の基礎について分析を行っていました。

彼らは、どのような行動が国家戦略に最も大きな影響を与えるか米国の判断を支援するため、文化と利用可能な資源（食糧、財政、輸送）の分析を行いました。彼らは、1つのミッションだけでなく、戦争全体に貢献する戦略的インテリジェンスを作成したのです。

多くの場合、戦略と戦術（あるいは、現状に関するインテリジェンス）の最も大きな違いの1つは、モデリングプロセスです。戦術的インテリジェンスでは、モデルが攻撃グループのプロフィールに関するものなのか、内部ネットワーク図であるかに関わらず、利用可能なモデルを使用して、アナリストは問題をすぐに解決します。一方戦略的分析では、これらのモデルを頻繁に更新したり、最初から作成したりすることがあります。

10.1.1 ターゲットモデルの開発

ターゲットモデル（Target Model）は、着目すべき範囲を表した表現です。ターゲットモデルは、政府構造、プロセス、論理ネットワークなどを記述することができます。これらのモデルを開発するためには時間がかかることがあり、ターゲットが大きく複雑になるほどモデルも複雑になります。モデルはほとんど静的ではあり、定期的に更新する必要があります。例えば、ネットワーク図の場合、現在の状態を維持するために頻繁に更新する必要があります。組織構造では、組織の再編成、重要な役割を持つリーダーの変更や退職が発生したときはすぐに更新する必要があります。そして、これはネットワーク変更と同じくらい頻繁に発生する可能性があります。モデル開発は投資といえるでしょう。

モデル開発に時間がかかるのであれば、そもそもモデルを開発する必要はあるのでしょうか？ モデルは、状況の共通理解を持つために重要です。この共通理解により、人々は共通の目標に向けて、一貫性をもって状況に対応することが可能になります。ビジネスの世界では、収益増加が共通の目標ですし、ネットワーク防衛の観点では、知的財産、ブランドの損害、およびインシデント対応の費用損失を引き起こす情報漏洩を防止することが共通の目標となるでしょう。政府や軍の目標は、国家戦略を支援し、国家の安全を確保することです。しかしこうした目標の意味を理解していないと、その目的や目線でサポートを行い、対応していくことは難しいでしょう。モデルの開発は、意思決定だけでなく、運用的・戦術的分析にも影響を与える戦略的インテリジェンスの重要な領域です。モデルを開発・更新するため、（それ相応の時間を必要とするので）時間を確保してください。

10.1.1.1 階層モデル（Hierarchical models）

組織構造などの一部の情報を表現する際には、**階層モデル**が最も適しています。このモデルは、親子関係を利用して、実行されたコマンドの関係性や、攻撃対象の組織構造を表現します。このモデルは、アナリストが対象の中からさらに分析する必要がある全てのコンポーネントを識別するのに役立ちます。また、重大な影響を与え得るボトルネック（もしくはチョークポイント）を特定するのにも役立ちます。この情報は、多くの情報源から収集することができ、人員や組織構造が変わると定期的に更新する必要があります。図10-1に、階層モデルの例を示します。

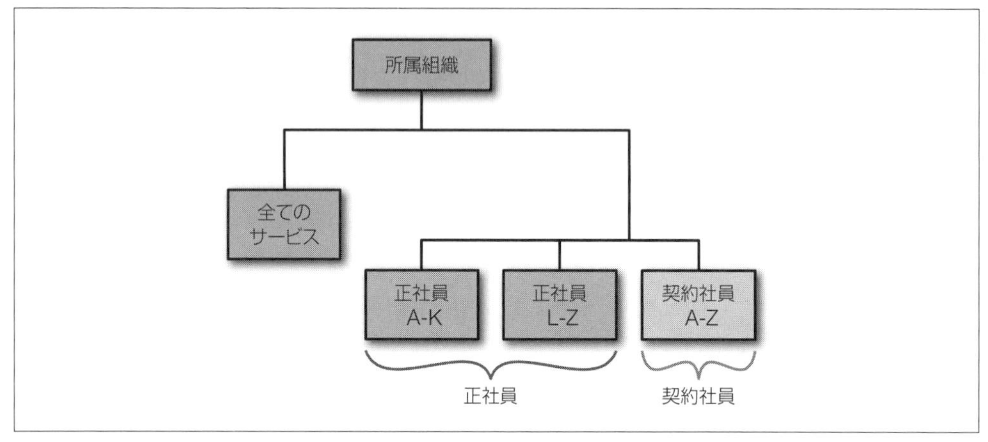

図10-1. 階層モデル

従来、階層モデルは従業員や役割を示すために使用されていましたが、階層モデルのユニークな応用の1つとして、組織にとって重要なデータを識別することができるという点です。データの階層モデルには、財務情報、顧客情報、機密情報など、幅広い種類のデータが含まれます。過去数年間にわたり、多くのランサムウェアの事例で学んだように、組織にとって貴重であり、攻撃者がアクセスすることで影響を与え得る情報は、アクセシビリティへの影響を含め、特定する必要があります。

主なカテゴリが特定された後、次のステップは情報の全サブカテゴリを特定することです。財務情報は、クレジットカード情報、従業員の給与情報、および同社の将来予測など、さらに細分化される可能性があります。こうしたデータは全て、維持・保守を担当する様々なチームとともに組織内の様々な場所に配置されています。各データタイプに対する所有者情報もモデルに組み込む必要があります。このタイプのモデルは、組織が保護しているデータとその存在場所を理解するのに役立ち、内部・外部情報を使用してどのデータタイプが最も標的になっているかを識別するためにも利用できます。また、ネットワーク上のどこにこうしたデータが存在するかを識別するため、ネットワークモデルへ重ねることもできます。

10.1.1.2 ネットワークモデル

ネットワークモデルは、個人・グループ間の関係性や、やり取りを表現するときに役立ちます。また、ネットワークモデルは、組織内ネットワークと攻撃者の攻撃基盤の両方をコンピュータネットワーク図として表現するためにも使用されます。ネットワークモデルは、攻撃者グループ間や、侵入の被害組織間の関係を示すために利用された事例もあります。ネットワークモデルは、ここで説明されているデータ種別のうち、最も頻繁に更新される必要があります。図10-2に、ネットワークモデルの例を示します。

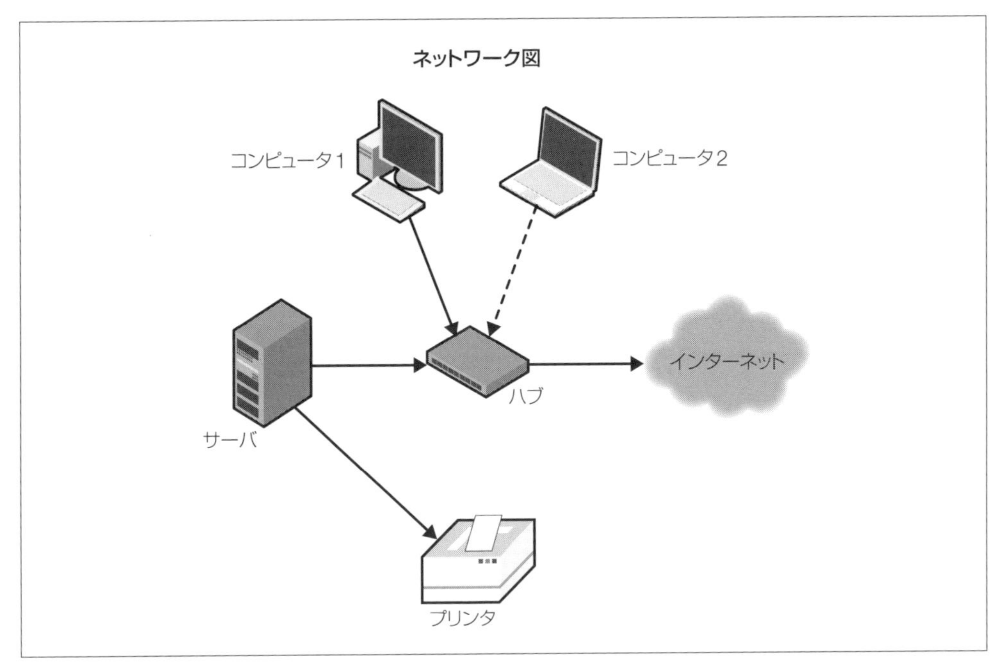

図10-2. ネットワークモデル

10.1.1.3 プロセスモデル

プロセスモデルは、構造化プロセスを構成する様々なアクションと意思決定ポイントを表現します。インテリジェンス分析モデルも構造化されていますが、これも必要なステップを示したプロセスモデルの一種です。サイバー侵入を表現したキルチェーンも、プロセスモデルの一種です。4章、5章、6章では、特定のインシデントにおいてインジケータを利用するために使用されていましたが、攻撃側がより戦略的な観点でターゲットモデルの開発を行う手順を文書化するためにも利用できます。

10.1.1.4 タイムライン

タイムラインは、アクティビティ間の時系列関係を示す線形モデルです。インシデント対応担当者にとっては、インシデント中に行われた特定のアクションを表現する攻撃タイムラインとしてお馴染みですが、インシデント対応状況では多くのタイムラインが役立ちます。脆弱性発見から修復までのタイムラインを理解することで、ある攻撃に対してどれぐらいの期間、脆弱性をさらしているのか、ネットワーク防御者が把握する際にも役立ち、意思決定者がいつ行動する必要があるのか判断するのにも役立ちます。

異なる攻撃グループが特定の攻撃コードやツールを利用していることを示すタイムラインは、アナリストが当該マルウェアからの脅威を判断するのに役立ちます。また、ツールが確認された後、当該ツールの再利用が拡散する速度を理解するうえでも有益でしょう。GLASS WIZARDについて、外部報告書が公開されているタイムラインと、内部における活動タイムラインの例を図10-3で示します。

図10-3. GLASS WIZARDのタイムライン

様々な活動の時間的側面を視覚化することで、アナリストは、時間軸が組織の目標・目的にどのように影響するか理解するフレームワークを獲得することができます。

10.2　戦略的インテリジェンスサイクル

2章では、インテリジェンスサイクルについてかなり詳しく説明しました。しかし、そのサイクルの主な観点は、戦術レベル、運用レベルのインテリジェンスであり、目の前にある特定の脅威へ対応することを目的としたサイクルでした。戦略レベルでは、インテリジェンスサイクルは同じプロセスに従いますが、要件設定から配布までの各フェーズは、目の前の脅威へ対処する場合とは異なります。これらの違いについて議論していきましょう。

10.2.1　戦略的要件の設定

戦略的レベルでの要件設定は、戦術的インテリジェンスの場合よりも曖昧に思えるかもしれません。戦術的インテリジェンスでは、重視すべき特定の脅威があり、直接的な要件を理解するうえで役立ちます。一方、戦略的インテリジェンスの場合は異なります。要件がチームに届くと「私たちが知るべきことを教えてください」といった曖昧な依頼がよくあります。範囲と時間枠ははるかに幅広い内容ですが、要件は依然として具体性を持つ必要があります。

戦略的要件は、**指揮官の意図**（commander's intent）という軍事的概念に従う必要があります。指揮官の意図とは、大規模かつ分散した部隊が、いつ、どのように作戦を実行するかについて、意思決定を行うことを許可されることを意味します。つまり、戦略プロセスの一環として開発されたモデルを使用し、指揮官（司令官、CEO/CISO）は、目標・目的（＝意図）を発表し、全ての意思決定者が同じ目線を持っていると信頼します。そして、詳細に管理することなく、目的を達成するためのアクションをとることです。例えば、ある企業の「意図」が、「新製品を最初に市場投入するのを確実にすること」と定義されている場合、製造手順書、マーケティング計画、その他の機密情報が流出しないことを確認することは、「指揮官の意図」に基づき発生するタスクと位置付けられます。当該機密情報を狙う攻撃者のモデルを開発することは、情報を保護する能力をサポートするために必要な戦略的インテリジェンスの要件です。

戦略的な要件は、戦術的要件や運用上の要件とは異なり、時間的余裕があります。要件は、組織のニーズに応じて、事前に計画し、組織のニーズに応じて拡大し、タイミング・周期性も指定することができます。例えば戦略的要件が、「企業の脅威モデルを年2回更新する」、あるいは「新しい市場・地域に移行した場合、新しい脅威がビジネスに与える影響を分析する」ことだとします。戦略的要件を設定する場合、要件が進行中か否か、いつまでに分析が完了する必要があるか、どのような頻度で調査結果をレビュー・更新する必要があるか、早い段階で確認することは有益です。また、戦略的要件が現在でも自組織に関連性があり、必要性があるか否か確認するため、確立された戦略的要件を定期的に見直すことも重要です。戦術的・運用的要件と同様、戦略的要件がもはや自社に関連性がない場合は、その要件を放棄することができます。しかし、戦略的要件が陳腐化していることを認識するまでには、ずっと時間がかかることがあります。

10.2.2 情報収集フェーズ

これまでの本書で取り上げた情報収集の範囲は、脅威フィードや情報共有など、ログや外部ソースを中心としています。こうした種類の情報収集は戦略的インテリジェンスでも一部必要になりますが、（戦略的インテリジェンスでは）情報収集すべき範囲と情報源が著しく増加します。そのため、インテリジェンス専門家にはとても興味深いフェーズです。提示された要件（もちろん具体的に指定しましたよね？）に応じて、経済的、政治的、文化的な情報源、あるいは他の多くの情報源から情報を引き出す必要があるでしょう。このタイプの情報収集は、数時間から数日で賞味期限が切れる可能性がある戦術的インテリジェンスよりも、より広範囲になります。戦略的インテリジェンスを使用すると、傾向を把握したり、変更点を探すために何年も前の情報を検索したりする可能性があります。以下のセクションでは、収集すべき戦略的情報の種類について説明します。

10.2.2.1 地政学的情報源

地政学的インテリジェンス（Geopolitical Intelligence）は、紛争、同盟、緊張、および特定の地域における国際関係上の要因などを含め、世界で起きていることについて情報を提供します。この本の読者と著者の中にも、インシデント対応が必要なときに地政学的情報を無視した経験があるでしょう。当然世界中どこからでもネットワークへ侵入することは可能です。では、なぜ世界の特定の地域に紛争が存在するかどうか考慮することが重要なのでしょうか？ 実は、インシデント対応にとって、地政学的情報が重要である理由が多数あることが判明したためです。確かに世界中どこからでもネットワークへアクセスすることは可能ですが、地域紛争や国際的緊張は、侵入対象の選定や計画に影響を及ぼすはずです。過去数十年間にわたり、地政学的インテリジェンスを理解することは、サイバー攻撃を理解し、対応するうえで非常に重要でした。ここではいくつかの例を示します。

- 2008年には、ロシアとグルジアの間で進行中の紛争が、グルジア州政府に対する一連のDDoS攻撃へ発展しました。特に、コミュニケーションと財務関連サービスに特化したサイトとともに、大統領のウェブサイトを対象としていました。こうしたDDoS攻撃が開始された直後、軍事的侵攻（Kinetic Operation）が開始され、サイバー・キネティック攻撃の共同作戦（Joint cyber-kinetic offensive operations）として、初の公式事例となりました。※1
- 2011年には、カリフォルニア州フラートンでホームレスの男が複数の警察官に殴打され、死に至った事件が起こりました。この事件に対して、世間からは非難の声が上がり、警察官に対する調査・インタビューが行われました。このとき、市と警察のウェブサイトはDDoS攻撃の標的となり、また市の情報資産を狙った様々なハッキング攻撃が行われました。攻撃者は、少なくとも1回は警察署のウェブサイトをダウンさせるのに成功しています。

地球の裏側であろうと地球全体であろうと世界で起こっていることは、戦略的なサイバー脅威インテリジェンスの問題です。政治的な動向、紛争、トリガー、攻撃者の戦術を理解することは、戦略的計画を助けることができます。

国際的な脅威に焦点を当てることが一般的ですが、地政学な観点は特定の地域についても、同様に考慮する必要があります。地政学的インテリジェンスの良い情報源は、査読済み論文、ホワイトペーパー、評価レポートがあります。このタイプのインテリジェンスを取り扱う場合、現況の情報と同じぐらい、歴史的情報が有益であるケースがあります。トレンドとパターンを理解することは、歴史がしばしば繰り返される地政学的インテリジェンスでは特に有効です。

ニュースはインテリジェンスになり得るのか？

現在の出来事に関連する多くの情報はニュースから得ることが可能です。それらを地政学的インテリジェンスとして解釈することは簡単でしょう。ただし、提供される情報は、状況に関する十分な評価ではない可能性があり、注意して利用する必要があります。アナリストは、よ

※1 訳注：「Kinetic Operation」（キネティック作戦）は、物理的・物質的な手段を用いる「（伝統的な）軍事行動」の婉曲的表現として、ニュースやホワイトペーパーなどに多用されています。一方、サイバー戦争（Cyber Warfare）や心理的作戦（PsyOps：Psychological Operation）など、基本的には物理的破壊を伴わない軍事行動は「Non-Kinetic Operation」と表現されます。最近では、サイバー攻撃と伝統的な軍事行動を組み合わせるケースも多く、Cyber-Kinetic Operation（サイバー・キネティック作戦）などと表現することが増えています。

り深く分析すべき脅威を理解するため、現在の出来事とそのニュースを活用する必要があります。しかし、学術雑誌やホワイトペーパーなどの査読済み記事を使用して、アナリストはイベントやその影響を調査し、解釈をする必要があります。

10.2.2.2　経済的情報源

経済的インテリジェンス（Economic Intelligence）は、ネットワーク防衛にとって非常に重要です。富の生産・消費・移転の研究である経済学は、状況認識のためだけでなく、多くの攻撃グループの動機を理解するために有益です。侵入の大部分は、経済的動機によるもので、収益化するためにクレジットカードを盗んだり、戦略的に経済的利益を得るため、知的財産を盗み出したりしています。そして、経済的インテリジェンスは、攻撃者の動機についての洞察を提供してくれることでしょう。

経済的インテリジェンスの情報源は様々であり、盗まれた情報がどのように収益化されているか、犯罪者が狙う情報の種類、産業スパイが狙う情報の種類、自組織を狙う可能性が高い国家、あるいは過去に狙って実績のある国家に関する経済状況などの情報が含まれます。経済の幅広い理解があっても、この種の情報は企業が直面している戦略的脅威を理解するのに役立ちます。専門知識は、より高いレベルの洞察力を提供することができますが、ネットワークセキュリティチームで経済学の専門人材を見つけることは難しいでしょう。

10.2.2.3　歴史的情報源

サイバー脅威に対応する観点において、国家の戦術、あるいは紛争発生時の優先度に関する分析などの**歴史的情報源**は、インテリジェンス分析で見過ごされがちな観点です。インターネットは相対的には新しいものですが、どのようにして歴史的情報源がサイバー脅威インテリジェンスを支援できるのでしょうか？　サイバー領域を物理世界の延長線上に位置付ければ、物理的な世界で起こる活動はサイバー領域でも顕在化するでしょう。そのため、歴史は重要になります。インターネットが登場する前に、敵対的な感情を持つ組織がどのように組織を標的にしているか理解できれば、新しい戦術と新しい媒体を使用して同じ目標を達成しようとする方法を見つけ出すことができます。

これは、孫子の兵法書やカール・フォン・クラウゼヴィッツの『戦争論』などの軍事ドクトリン（military doctrines）がサイバーセキュリティのプレゼンテーションで頻繁に引用されている理由の1つです。ずっと昔に書かれた書物だからといって、最近のインシデント対応でよく登場するような、新しい攻撃ドメインの予防・検知と無関係というわけではありません。

詐欺師は、電子メールが発明されるよりずっと前から暗躍しています。彼らが使った戦術の多くは現代のフィッシング詐欺に通じており、こうした詐欺スキームを新しい手段で使っているだけです。過去の情報源を戦略的インテリジェンス分析に統合するための1つの戦術は、従業員を対象としたフィッシングメールや、企業情報の奪取を目的とした標的型侵入など、企業が直面している最も一般的な脅威を確認し、過去に発生した攻撃がどのように行われたか、把握することです。この種の分析の目的は、組織の脅威をよりよく理解し、その脅威に対して防衛する姿勢を改善するため役に立つ教訓やパターンを得ることです。

10.2.2.4 ビジネス情報源

ビジネスオペレーションをサポートするために戦略的インテリジェンスを利用することは、組織が持つビジネスへの理解に大きく依存します。多くのセキュリティ専門家は、ビジネスが直面している課題や、ビジネス上重要な意味を持つ情報を理解する時間が取れていません。そのため、戦略レベルにおけるビジネスの意思決定を支援することに苦労しています。インテリジェンスアナリストやインシデント対応担当者が、ビジネスへの理解抜きで、組織のセキュリティ向上のために最高の意思決定を行ううえで役立つ戦略的インテリジェンスを作成することは、ほとんど不可能でしょう。

セキュリティ上の全ての事柄と同様に、ビジネスオペレーションや優先順位は固定的ではないため、新しい情報が利用可能になるたび、継続的に更新して収集することが重要です。**ビジネス情報源**は、組織が活動する市場、競争相手、ビジネスへの挑戦、ビジネスが拡大しようとしている新しい地域や市場、重要な人事異動など、重要と認識されているビジネスオペレーションに関する情報が含まれます。

前の章で説明した他の情報収集ソースと比較して、戦略的に重視されている新しい情報源（地政学的、経済的、歴史的、ビジネス）に加え、以前発生したインシデント情報を戦略的分析に組み込むことも重要です。そうすることでアナリストは、組織が直面している脅威に影響を及ぼすであろう歴史的・政治的・経済的傾向など追加的な洞察と組み合わせて、ネットワークで観察された事象について俯瞰的に見ることができます。これらの情報は全て戦略的分析段階でまとめられていきます。

10.2.3 分析フェーズ

戦略レベルでの分析は、8章で説明したプロセスに従います。要件は明確に述べられており、収集と処理が行われ、仮説が構築され、仮説を裏付ける、あるいは否定する証拠を調査・レビューすることで、検証されていきます。しかし、戦略的インテリジェンスチームは、より大規模で多様なデータセットを分析する必要があるため、多様な経歴と経験を持つより大きなチームを活用する必要があります。戦略レベルの分析を行う場合は、以下の点に留意してください。

- インシデント対応のケースでよく見られるように、考慮すべき証拠は、ネットワーク情報からでなく、アナリストが専門性や多大な知識を持っているかわからない不慣れな情報源にあることがよくあります。そのような場合、アナリストはしばしば情報を額面で受け取ることになるため、情報源への理解は特に重要です。ピアレビューが行われ、評判の良い情報源からの情報を探してください。ACH（競合仮説分析）などのプロセス中に特定の証拠がキーポイントと見なされる場合、同じ情報を報告している複数の情報源を見つけることがよいでしょう。
- 戦術的な証拠が少なくて済み、解釈が可能である証拠が多い戦略的インテリジェンスでは、バイアスは蔓延する可能性があります。

10.2.3.1 戦略的インテリジェンスのプロセス

特定のプロセスの中には、戦略レベルのインテリジェンスに役立つものもあれば、このレベルでは効果がないものもあります。例えば、侵入調査を行うアナリストや運用レベル・キャンペーンレベルを専門としているアナリストの資産であるターゲット中心型分析は、戦略的レベルではあまり有用ではありません。なぜなら、前述のように、ターゲットモデルの多くは、分析中に開発されるためです。

SWOT分析、ブレーンストーミング、マーダーボードなど、戦略的インテリジェンスにとって特に有用な分析モデルとプロセスをいくつか取り上げたいと思います。

SWOT分析：SWOT分析は、**強み（Strength）**、**弱み（Weakness）**、**機会（Opportunity）**、そして**脅威（Threat）**の頭文字で、リスク管理によく使われるモデルです。SWOT分析では、内部側面（強み／弱み）と外部側面（機会／脅威）を考慮に入れて分析します。また多くの場合、対処すべき俯瞰的な問題や懸案事項を特定するため、ネットワークセキュリティと防衛に関する戦略的インテリジェンスに役立ちます。SWOT分析は、組織自身が優れているコア・コンピタンスをしっかりと理解していること、彼らが直面している課題について誠実かつ前向きに取り組むこと、そしてそれらに直面している外部への脅威を理解することが重要です。SWOT分析の基本的な概要を図10-4に示します。

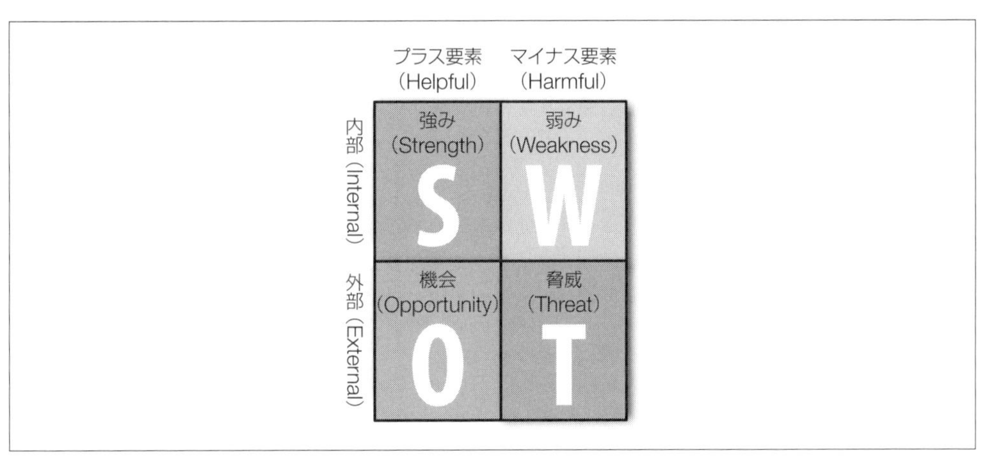

図10-4. SWOT分析

例えば、成功したネットワーク侵入の90％がフィッシングメールからのものであることが文書で示された場合、これは対処すべき組織の弱点を示しています。強みを特定することで、弱点を緩和するためにとることができるステップを判断するうえで役立ちます。

SWOT分析は、組織自身の強み・弱みを判断するためだけではありません。この分析手法は、外国政府、犯罪組織、攻撃グループの分析にも使用できます。この分析を行うためには、情報収集フェーズで行われた調査結果をうまく活用することが重要です。この種のSWOT分析を使ううえで重要なのは、攻撃者の強みと組織の弱点が絡み合う場所を探すことで、そのポイントこそが対処を必要とするポイントだといえます。

ブレーンストーミング：戦略的インテリジェンス分析は、個人の仕事であってはいけません。前述の通り、様々な背景を持つ複数のアナリストが、組織が進む方向性に対して重大な影響を及ぼす問題を特定することに重点を置くべきでしょう。過去のインテリジェンスの失敗を分析すると、インテリジェンスの失敗はほとんど集団思考の結果であり、創造性と（枠の外で考える）アウトサイドボックス思考を妨げることがわかりました。ジェームズ・マティス将軍（General James Mattis）は、特に国家戦略において集団思考が働く余地はないと指摘しており、「国家安全保障の意思決定プロセスは知っての通り、強く主張するためには異なる考え方を必要としている。集団思考のコンセンサスによる暴走があってはいけない」と述べています（http://washex.am/2trKeBt）。

ブレーンストーミング（Brainstorming）は、特に異なる分野から来たグループであり、問題に対する新しく創造的なアプローチを奨励することにより、集団思考に対抗する良い方法です。ブレーンストーミングは、単独で行うことも、他のあらゆる分析方法と組み合わせて利用することもできます。ブレーンストーミングは構造化されていないかのように見えますが、CIAの『A Tradecraft Primer: Structured Analytic Techniques for Improving Intelligence Analysis』（https://www.cia.gov/library/publications/publications-rss-updates/tradecraft-primer-may-4-2009.html）によれば、ブレーンストーミングは最も効果的であるため、必ず計画されるべきであるとされています。ブレーンストーミングを成功させるための最も重要な要素の1つは、グループが様々な可能性を探索できるように、プロセスの開始時に十分な時間を割り当てることです。グループが時間制約を受けたり、急いでいると感じたりすると、問題に新しい観点をもたらすより新しい可能性を模索しなくなり、現実的かつありきたりな仮説に行き着く可能性が高くなります。少なくともチームとは異なる役割・アプローチを持つ人がブレーンストーミングに参加することも良い考えです。もちろん、インシデント対応担当者のみで実施しても複数の観点を取り入れることができる可能性があります。しかし、インシデント対応担当者の典型的な経験に制約される可能性が高いでしょう。システム管理者、セキュリティアーキテクト、または人事部など、グループ内に新しい視点をもたらす外部者を連れてくることで、集団思考が妨げられ、チームの残りの参加者へ新しい観点で検討することを促します。

ブレーンストーミングは新たな仮説をもたらしてくれるので、その時点でチームは収集された情報から特定の証拠を取り上げ、仮説を検証・反証することに焦点を当てます。分析を完了するため、ACH（競合仮説分析）などの分析方法を使用します。分析を完了するまで、グループ全体が分析に携わる場合は問題がありません。ブレーンストーミングの最も重要な側面の1つは、新たな仮説を特定し、見逃されていた前提を探し出し、分析プロセスの最初から存在するバイアスを特定することです。1人または複数のアナリストが分析を完了するまでの主導権を握る場合、グループと相談したり、チェックを行ったりすることが重要です。

マーダーボード：マーダーボード（murder boarding）という概念は最初、候補者が口頭発表の準備に役立つプロセスを構築するために作られた単語です。マーダーボードを実施すると、アナリストは調査結果をレビュー委員会に提出し、レビュー委員会はその結果だけでなく、その結論に至るまでの分析プロセスにも質問を投げかけます。このプロセスを通じて、分析に存在する全てのバイアス、検証されなかった主要な前提条件、および証拠に基づかない分析的な飛躍を特定することが可能です。たとえ分析が妥当であり、明白な誤りが存在しないとしても、マーダーボードはアナリストが使用したプロセスを言語化し、方法と結果を説明することを支援します。これは、多くのインテリジェンスアナリストが苦労していることでもあります。特に戦略的なレベルで、どのようにある結論に達するか質問を受けた場合、アナリストは多くの変数と情報の断片を結びつけ、曖昧な用語や逸話を使用しながら、分析をどのように行ったかを説明することがよくあります。こうした種の説明は意思決定者の信頼を促さない場合もあります。結論だけでなく、分析プロセスそのものを表現する準備をすることは、習得するうえで時間と練習が必要なスキルです。

英国のアナリスト、ロブ・ダートノール氏（Rob Dartnall）は、『Conventional Intelligence Analysis in Cyber Threat Intelligence』（https://www.youtube.com/watch?v=jzHw8lkocXA）というプレゼンテーションにおいて、リスクの高い戦略的インテリジェンスを取り扱う際、マーダーボードの重要性を指摘しています。実施した分析が、重要かつ潜在的な意味で劇的な行動につながる場合、分析が論理的に正しいだけでなく、精査して批判的分析から分析結果を守り抜くことができるように準備を行うことが必要となります。

プライドを捨てること

戦略的インテリジェンス分析は、プライド（エゴ）が働く余地はありません。この種の分析の目的は、意思決定者が行動できるよう、インテリジェンスを提供することです。つまり、アナリストが持つ信頼度とインテリジェンスギャップを特定し、結果を変える新しい情報が特定された場合には、再評価することを意味します。プライドが関与すると、信頼性を客観的に評価することが難しくなり、ステークホルダーの立場に戻り、ミスの存在や情報が変化したことを認識することが困難になります。マーダーボードなどのプロセスは、インテリジェンスから不要なプライドを取り除くのに役立ちます。しかし、プレゼンターのプライドのみチェックすれば終わりという話ではないため、注意が必要です。マーダーボードに参加したり、質問をしたりする人も、各自のプライドが邪魔をし、判断を曇らせないように注意する必要があります。プライドを保つため、「プレゼンターが間違っていることを証明しよう」という誘惑に駆られる可能性があり、その結果、取締役会メンバーにもバイアスが広まる可能性があります。

10.2.4 配布

戦略レベルにおいて、配布は他のほぼ同様です。ほんのわずかな違いは、戦略的インテリジェンスの範囲と性質によるものです。提供される推奨案は、ビジネスオペレーションを進めるうえで重要な影響をもたらす可能性があるため、特定の時間的制約がない限り、精度と徹底的な分析がスピードよりも優先されます。

9章で議論したのと同じ原則の多くは、戦略的レベルでの配布フェーズで直接応用することができますが、いくつかの独自の観点も追加されます。具体的には、以下の通りです。

- 戦略レベルでは消費者が重要なので、執筆プロセスを開始したり、最終成果物を作成する前に誰が消費者であるか、きちんと把握することが重要です。複数の消費者が異なる方法で情報を受け取りたい場合、情報が各消費者にとって最も簡単な方法で提示されるよう、工夫することを推奨します。しかし、様々なバージョンのインテリジェンス報告書や成果物が、同じストーリーを伝えていることを確認する必要があります。望むべき最後のポイントは、組織内の異なるリーダーが、分析の異なる解釈と意味付けを持つことです。
- 戦略的インテリジェンスでは、分析に変化をもたらすインテリジェンスギャップやイベントを明確に検出することが重要です。経営層に対して、分析結果には疑問が残ると伝えることは難しいかもしれません。しかし、期待値をうまくコントロールすることで、変更が発生したときに伝えることがより簡単になります。

10.3 まとめ

本書では、「戦略的インテリジェンスは計画の背後にあるロジックである」という考え方を採用しました。多くのインシデント対応担当者がこのレベルの分析を実施する時間を作ることに苦労している事実は、まったく不思議ではありません。多くの組織では、インシデント対応者が計画の理解に追い詰められ、計画の背後にあるロジックを理解することはほとんどありません。適切に分析され、経営層によって採用された戦略的インテリジェンスは、組織に対する長期的な脅威を経営層に伝えるだけでなく、インシデント対応担当者に組織のニーズを満たすための方針と手順を提供することもできます。

インシデント対応のための戦略的インテリジェンスは、ネットワークの可視性について賢明な判断を下すだけでなく、戦術レベル・運用レベルの分析要件に直接影響を与えることがあります。この事実は、以下の項目を理解する助けになるでしょう。

- 特定の脅威へのインシデント対応の優先順位を上げて注力するために、どの種の脅威が最も重要となるか？
- どのタイプの情報を収集して、どの情報をCISOや他の経営幹部へサマリーとして提供すべきか？
- どのような状況であれば、各拠点／部門で処理できるか？

発生するあらゆる全ての行動は、戦略的要件に結びつく可能性があります。要件の背後にあるロジックを理解することで、プロセス全体を再度行うことなく、状況が変化しても適応・対応することができます。戦略的インテリジェンスには時間がかかりますが、正しく実行されると、将来ずっと有益なプログラムを構築することができるので、時間と労力を投資する価値があります。

11章
インテリジェンスプログラムの構築

"Great things in business are never done by one person. They're done by a team of people."
「偉大な事業は1人では決して成し得ない。それはチームによって成し遂げられるものだ」
—Steve Jobs（アップル社 元CEO スティーブ・ジョブズ）

インテリジェンスチームと協力することは、多くのセキュリティ運用プログラムに変革をもたらす可能性があります。しかし、インテリジェンスチーム内、およびチームがサポートする消費者との間で、誰もが同じ方向性を向いた仕組みが必要となります。組織的なインテリジェンスプログラムは、特別な目的のため構築されるというより、1つの合同チームに突然編成された場合に、チームが経験する多くの障害を回避しつつ、堅牢なインテリジェンス支援能力を提供するために構築します。11章では、組織内でインテリジェンスチームを構築する際に考慮すべき観点について説明します。

11.1　準備はできましたか?

頻繁に聞かれる質問の1つは、「インテリジェンスチームを構築するための前提条件は何ですか？」という質問です。組織化されたインテリジェンス機能の恩恵を受けるためには、事前に多くの準備を行う必要があります。「インテリジェンスプログラムは、組織が最後に構築すべき機能である」と主張をするつもりはありません。しかし私たちは、インテリジェンス機能とは、他の多くのセキュリティ機能をつなぎ合わせる接着剤であるべき、と考えています。既存のセキュリティ機能を持たない場合、接着剤のボトルを持って立ちすくんでいるのと同じ状況にいるのです。

資金調達・時間・労力が必要となるインテリジェンスプログラムの開発を始める前に、以下の基本的な質問を自問してみてください。

組織内にセキュリティ機能はありますか？

これは簡単な質問のようですが、ワンオペ・セキュリティチームや、IT運用とセキュリティの役割を兼務する担当者が1人しかいない場合でも、脅威インテリジェンス機能を構築しようと考える組織が多数あることを知ったときは、正直驚きました。インテリジェンス駆動型アプローチは、インシデントに巻き込まれないように全てを守る責任に押しつぶされている、可哀想な1人の担当者にもきっと有益だと思います。しかし、インテリジェンスチームを構築すれば、追加のセキュリティ人材確保やツールに割り当てる予定だった予算を奪うことになってしまいます。言い換えれば、インテリジェンスチームを作っても、本来やるべきインテリジェンスの収集・作成に焦点を当てられず、セキュリティチームとしての仕事を行う可能性が高いといえます。

ネットワークは可視化されていますか？

インテリジェンスプログラムは、内部・外部両方の情報に依存していますが、インテリジェンス分析に最も必要で、重要な情報は内部に存在します。ネットワークの可視化が行われていない場合、（技術的制限、プライバシー、法的な問題など）その理由を問わず、インテリジェンスチームの有効性は限定的になります。可視化が技術的な問題である場合、インテリジェンスプログラムを構築する前に、ネットワークの可視化に投資することが最善のアプローチだといえるでしょう。法的、あるいはプライバシー上の懸念がある場合、できることを判断するために弁護士と話し合い、インテリジェンスプログラムが適切かどうかを判断することが最善の選択肢です。ときには、可視化の欠如を補うため、外部の脅威に関する補足情報を提供するなど、組織が持つハードルを乗り越えるためにインテリジェンスが役に立つ場合もあります。ただし、これは例外的な事例といえるでしょう。

複数のチームや機能がサポートされていますか？

前述した通り、インテリジェンスは複数の機能をまとめる接着剤と考えることができます。インシデント対応から得られたインテリジェンスは、予防や検知、脆弱性管理やセキュリティアーキテクチャの支援、戦略的な計画立案に役立ちます。しかし、1人でこなすには、多すぎる仕事です。インテリジェンスを複数の観点から活用する必要がある場合、それは複数のチームメンバーがいるインテリジェンスプログラムを構築するときが来たという良い兆候です。インシデント対応のサポートに注力するなど、インテリジェンスを一面からのみサポートすることを考えているのであれば、各チームにいる人材の1人に、インテリジェンスの機能・役割を割り当てることから始めるのが最善の方法です。

予算に余裕はありますか？

通常、この質問への答えは「いいえ」です。たいてい、「ただ必要な場合には、準備します」というフォローアップがなされるでしょう。こうした答えが返ってきた場合、現時点ではインテリジェンスプログラムを開始するのに最適な時期ではないことを示す良い兆候です。インテリジェンスは、ほとんどの場合、プロフィットセンターではなくコストセンターであり、オペレーションを維持しても追加収益を生み出さず、適切な資金調達を得ることは困難です。インテリジェンスプログラムに対して、予算を大きく圧迫するほど割り当てる必要はありませんが、ほとんどの場合、一番費用がかかる対象は人材です。現在プログラムを構築している場合は、プログラムを適切に開始するため、社内外から適切な人材を見つけることが重要です。この質問に対するより良い答えは、「はい、セキュリティプログラムの成熟度を上げる重要なステップと認識されているため、ある程度の余裕があります」、でしょう。まぁ、そういった回答にはめったに会うことはありませんが、組織がインテリジェンスプログラムを構築する準備ができているという良い兆候です。

予算決定のスペクトラムがあるとしたら、その一番端にはこんな答えがあるはずです。「私たちはひどいハッキングの被害に遭った。今すぐ対策をとっていることを示し、二度と起こらないようにしなければならない。必要なモノを買え。全部だ！」。大規模な不正アクセスに対する無条件反射により、しばしば多額の予算を確保することができます。しかし、不正アクセスはインテリジェンスプログラムを開始する最善の理由にはならないことをよく理解しておく必要があります。そして、もし重要な前提条件（ネットワークの可視化、ガイダンスと要件、および予算）が満たされていない場合、予算を確保する非常に良い機会のように見えますが、数年後には経営層から費用対効果（ROI：Return On Investment）に対して疑問を投げかけられてしまうでしょう。読者の組織がこのような状況にある場合、プログラムへ実践的なアプローチをとり、次のセクションで紹介するガイドラインに沿って目標と消費者を決定してください。そして、組織が不正アクセスのパニックから回復したら、インテリジェンスプログラムが予算削減の最初の犠牲者にならないように、有意義なメトリクスが取れていることを確認してください。

定式化されたインテリジェンスプログラムが最善の選択肢であるかどうかを判断した後、人を雇い始め、成果物の作成を始まる前に、プログラムの他の側面についていろいろと定義する必要があります。新しいプログラムを始める場合、そのプログラムが長期的にも成功し続けることを確実にするため、多くの準備作業が必要です。これから作ろうとするプログラムについて、全員が同じ目線を持ち、同じ方向性に進んでいることを確認するため、プログラムを明確に定義することが重要です。

11.2 プログラムの計画

堅実なプログラムを作るためには、概念計画、機能計画、詳細計画の3つのタイプが必要となります。

1. **概念計画**では、プログラムが内部で機能するフレームワークを設計します。ステークホルダーは概念計画に最も貢献します。特にインテリジェンスに馴染みがない場合は、どのようなインテリジェンスを提供できるのか、ステークホルダーに理解してもらうことが重要です。
2. **機能計画**では、目標を達成するための要件、あるいは、予算、スタッフの必要性、制約条件、依存関係、法的懸念などのロジスティックスを特定するため、ステークホルダーとインテリジェンス専門家の両方からのインプットをもらいます。機能計画は、抽象的な概念計画フェーズの結果に、全体像と現実感を提供してくれます。
3. **詳細計画**は、インテリジェンスチームにより実施され、ステークホルダーにより指定された目標が、機能制約がある条件下においてどのように達成されるか決定します。

予算編成からステークホルダーに報告される内容やメトリクスまで、全ての側面が考慮されていることを確実にするために、計画の3つのフェーズは全て重要です。

11.2.1 ステークホルダーの定義

インテリジェンスチームがステークホルダーを理解することは、チームが提供する分析と報告がステークホルダーにとって有益であり、利用可能な報告に仕上げるうえでとても重要です。登場するステークホルダーは明確に定義されるべきでしょう。ステークホルダーの定義は、概念計画の初期段階で行う必要があります。そうすれば、ステークホルダーがプロセスの残りの部分に貢献することになるでしょう。

ここでは、いくつか一般的なステークホルダーを紹介しましょう。

インシデント対応チーム

インシデント対応チームは、理想的なステークホルダーといえるでしょう。なぜなら、インシデント対応を行ううえで、インテリジェンスの恩恵を受けるだけでなく、他のチームにも役立つであろう追加情報をインテリジェンスチームに提供してくれるためです。

SOCチーム

インテリジェンスチームは、一般的な脅威、特定の業界を標的とした脅威、あるいは組織特有の脅威など、新たな脅威に関する情報をSOCチームに提供できます。インテリジェンスチームは、検知用の技術的インジケータ、アラートに関するコンテキスト情報を提供するうえで必要なエンリッチメント情報、アラートの優先順位付けに役立つ情報なども提供します。SOCチームは、本格的な事件に至らない攻撃の試みについて、インテリジェンスチームに情報を提供することもできます。インシデント対応チームが関与していない場合でも、インテリジェンスアナリストは失敗した試行から得られる情報はたくさんあります。

脆弱性管理チーム

脆弱性管理チームは、数千ではないにしても、数百にのぼる脆弱性を扱います。インテリジェンスチームは、組織とって最も重大な脅威に基づいて、パッチ適用の優先順位付けを支援することができます。多くのベンダーが脆弱性の深刻度（Severity）と影響（Impact）に関する情報を提供していますが、脆弱性が特定の組織に与える脅威を特定するためには、さらに高度な分析を行う必要があります。インテリジェンスチームは、この分析を支援する理想的なチームです。また、脆弱性管理チームとセキュリティ運用チームと連携することで、脆弱性管理チームが是正プロセスを行っている間、セキュリティ運用チームはパッチ未適用の脆弱性を狙う攻撃を監視できるようになるでしょう。

CISO（Chief Information Security Officer）

CISOは、組織が保有する情報に対するリスクの把握・管理を担当し、インテリジェンスはそのリスクを把握・管理するために必要な情報を提供します。ステークホルダーとしてのCISOは、戦術的かつ戦略的な最も幅広いインテリジェンス要件を持っている可能性が高いでしょう。CISOがインテリジェンスプログラムに期待していることと、セキュリティ運用に関係するチームと情報がどのように関係しているか、理解しておくことは重要です。

エンドユーザー

エンドユーザーは多くの場合、インテリジェンスチームの間接的なステークホルダーに該当します。インテリジェンスプログラムは、最近の事案や進化する脅威に関する情報を提供し、ユーザーがこうした脅威の影響や対応すべき方法について理解を助ける役割を担い、エンドユーザーのセキュリティ教育を支援することがよくあります。インテリジェンスプログラムがエンドユーザーの教育を支援する場合、インテリジェンスチームが組織内の各エンドユーザーと直接やり取りすることは不可能です。そのため、どのチームがこのやり取りを担当するのかを決めておくことが大切です。

ステークホルダーが特定された後は、それらを文書化することが重要です。図11-1に示すフォーマットは、ステークホルダーの基礎情報を文書化する方法の例です。これには、ステークホルダーの名前、連絡先（この関係性を知っておくべき人）、およびインテリジェンスプログラムがステークホルダーに提供する内容に関する簡単な説明などが含まれています。

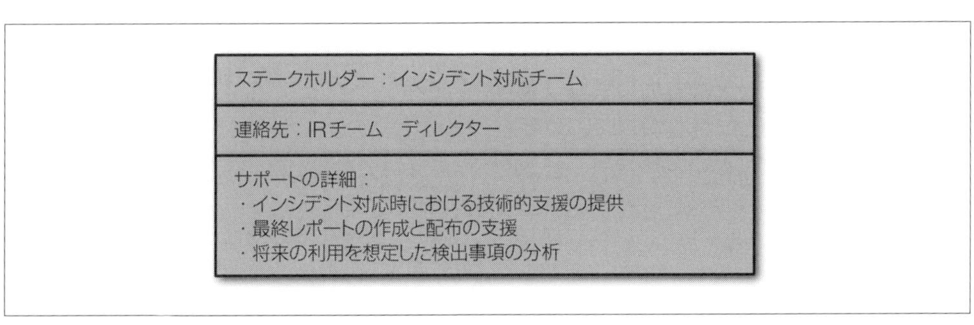

図11-1. ステークホルダー文書の例

11.2.2 目標の定義

ステークホルダーが定義された後、各ステークホルダーが期待するプログラムの目標を決めていきます。これは、ステークホルダーのニーズと、こうしたニーズを具体的に達成する方法について議論を行う、より詳細なプロセスです。ステークホルダーは、自身が必要とするサポートの種類を最もよく知っており、インテリジェンスプログラムの担当者は、期待された目標が達成可能かどうかを最もよく知っているため、この会話は必要不可欠です。

目標設定中に、目標の達成方法、あるいは目標を達成するうえで必要なツールや人員を決定すべきではありません。この段階では、インテリジェンスチームは必要な人員を雇えていない、あるいはツールを入手できていない可能性があるため、これらの詳細を定義してしまうとチームのプロセスに勝手な制約ができてしまいます。

11.2.3 成功基準の定義

具体的な目標を定義し、達成すべき成功基準を決めることで、ステークホルダーとインテリジェンスチームが同じ方向性を共有することになります。図11-1で示したステークホルダーに関する文書化例でもわかる通り、様々な人々が異なる「サポート」の定義を持つことでしょう。定義の1つは、インシデント対応中に技術的サポートをすることです。技術的IOCや他の関係者にインテリジェンスを提供するためにデータ変換を担当する人は、インテリジェンスチームが異常行動を検知するため、ログ分析を行うことを期待しているかも知れません。こうした異なる定義は、内部・外部に対するサポートの性質を大きく変化させます。これは、具体的な目標を設定することで、どのようにサポートが明確になるか示す良い例です。今回の場合、テクニカルサポートを提供することは全体的な要件ではありますが、このテクニカルサポートには、(1) IOCを含む外部情報を特定し、調査を支援すること、(2) ログから不審な挙動を分析して、インシデント対応チームを支援すること、の片方もしくは両方の可能性を含むと考えられます。

組織内で会話を開始するのに役立つ、重要な質問は次の通りです。

- ステークホルダーが現在取り組んでいる課題は何ですか？
- インテリジェンスプログラムがこれらの問題にどのように役立つことができますか？
- ステークホルダーへのインテリジェンス支援における、理想的な結果は何でしょうか？
- 複数の結果がある場合、どのように優先順位を付けるべきでしょうか？
- どのように支援を開始すべきでしょうか？ それは継続的支援でしょうか？ あるいは毎回依頼に基づいた支援でしょうか？
- サポートのために考慮すべき依存関係や制約条件はありますか？

達成すべき成功基準が決定された後、成功に導くための方法を検討する段階へ移行します。目標を達成するための方法は1つではありません。最良の選択は、各オプションで必要とされるリソースにより決定します。

11.2.4 要件と制約条件の特定

要件と制約条件は、機能計画の一部に分類されます。成功基準が明記され、理想的な結果が定義されたら、設定されたタスクを達成するためにやるべき事項を特定することが重要になります。これは通常、要件（目標を達成するために必要なもの）と制約条件（目標を達成することを妨げるもの）の2種類に分類できます。

要件と制約条件を特定する1つの方法は、ウォークスルー、あるいは机上シミュレーションを行うことです。様々な方法を検討し、解決策をもって問題に対処します。この取り組みの目的は、問題を解決するのではなく、目標を達成するために必要なもの（要件）と、対処すべき問題や課題（制約条件）を特定することです。特定された内容は、検討中の解決策とともに文書化し、その結果を使用して最善の行動方針を決める必要があります。この検討は、俯瞰的に行われるべきであり、特定の要件の詳細に踏み込むべきではありません。例えば、検討中のプロセスのウォークスルーにおいて、レポートの効率的な配布のため自動化されたソリューションが必要であるという結論が出たとします。しかし、この段階ではどんなソリューションを使うか決定することは重要ではありません。インテリジェンスプログラムの包括的な青写真を描き続けるため、図11-2に示すように、成功基準、要件と制約条件をステークホルダー文書に追加する必要があります。

ステークホルダー：インシデント対応チーム

連絡先：IRチーム ディレクター

サポートの詳細：
・インシデント対応時おける技術的支援の提供
・最終レポートの作成と配布の支援
・将来の利用を想定した検出事項の分析

成功基準：
・インテリジェンスアナリストにより、全てのインシデントがレビューされていること
・重要なインシデントは、インシデント対応担当者・インテリジェンスアナリストが協力して調査を行うこと
・インテリジェンスアナリストは脅威に関する報告書へコンテキスト情報を提供すること
・インシデント調査での検出事項は、SOCチームがアラートを作成するために利用され、その中にはコンテキスト情報も含むこと

要件：
・重要なインシデントを決定するための基準
・重要なインシデントが平均的に発生した場合に必要な支援スタッフ
・インシデント対応チームとインテリジェンスチームが使う分析基盤の検討
・SOCチームとのコミュニケーションチャネル

図11-2. 精緻化されたステークホルダー文書の例

長期間を見据えて検討する

この業界の一部の人々は、著者自身を含めて、背伸びをして無理しようとすることがあります。プライドやミッションに対する献身的な姿勢、あるいは人間は4時間以下の睡眠でも働けるという信念などから、私たちは引き受けるべきではないタスクを引き受けてしまうことがよくあります。対処されていない制約条件があるとわかっても、必ずしもその理解が私たちを止め

てくれるわけではありません。

明らかな制約条件がある場合でも、面白いタスクを引き受けることは魅力的です。しかし、そのタスクを引き受けたときの長期的な影響と持続可能性について、ぜひ一度考えてください。直ちに対処できない場合でも、制約条件が少なくとも特定され、今後の注意事項として取り上げられるため、できることがあるか確認してください。ときには、完全にリソースが割り当てられていない課題に対して「やります」と言うべき局面があるかもしれません。しかしそれは、今後何年間にもわたって業務に悪影響を及ぼさないようにするべきです。

11.2.5　メトリクスの定義

良いメトリクスはストーリーを伝えるものであり、ステークホルダーが気にかけていることついて、適切なストーリーを伝えたときに最も効力を発揮します。ステークホルダーに対して、定性的・定量的に日々の進捗状況を報告する方法を検討することなく、多くのインテリジェンスプログラムは開始されています。プログラムの計画段階は、収集・報告するメトリクスを決定する最も良いフェーズです。この活動は、詳細計画フェーズに分類されますが、概念計画と機能計画の両方に大きく依存しています。

メトリクスは、ステークホルダーが計画中に特定した概念的な問題に直接言及する必要があります。インテリジェンスプログラムの定義を開始する際、最初にすべき質問の1つは、「ステークホルダーが抱く、インテリジェンスが埋めるべきギャップや要件は何か？」という点です。プログラムの開始時点で、収集されるべき正確なメトリクスを決定することは不可能かもしれません。しかし、成功とはどういう状態であり、どのように測定するか決めることで、進捗報告をより簡単にできます。ステークホルダーに対して、情報提供を通じて期待されている具体的成果を提供するためには、最初からプロセスに組み込むことが望ましく、機能計画段階から必要なリソースを把握して、説明できる必要があります。チームが1年以上も活動してから、プログラムが目標を達成しているかどうかを確認し始めれば、成功を示すデータを取得できないだけでなく、プログラムの成功の見通しも失われる可能性があるでしょう。

異なるステークホルダーは、異なる目標を持ち、ゆえに異なる成功の定義を持つことになります。そのため、異なるメトリクスを持って評価されるべきです。各ステークホルダーが考える成功の定義は何か理解し、どのように評価するか把握することで、手元にあるタスクに集中し、プログラムが進むにつれて成功を示すことが非常に簡単になります。

11.3　ステークホルダーペルソナ

自分の周りにいる職場の同僚について、ペルソナを文書化することは少し変な気分になるかも知れません。しかし、私たちはインテリジェンスの専門家です。ステークホルダーペルソナ（Stakeholder Personas）は、インテリジェンスプログラムにとって非常に価値があります。なぜなら、インテリジェンスアナリストが個々のステークホルダーの特定のニーズに集中できるためです。インテリジェンスの消費者を理解することは、適切な情報を適切なタイミングで提供し、行動を促す際には非常に重要です。

ステークホルダーペルソナは、SOCアナリストチーム、脅威ハンティングチームなど、ステークホルダーグループのために開発することができます。最良の方法は、ステークホルダーグループ内にいる連絡先担当者のペルソナを開発することです。個人のペルソナを維持するにあたっては、ロールが変更されたとき、あるいは新しい人がそのロールを引き継ぐときに更新する必要が出てきます。しかし、それでも個人のペルソナを開発することは重要になります。なぜなら、その個別担当者こそがインテリジェンスチーム、そしてステークホルダーチームとの関係性に対して責任を持ち、どのようにサポートの関係性を強めるかというトピックにおいて、大きな役割を占めているためです。異なる個人は、インテリジェンスチームとやり取りする方法も異なれば、情報のやり取り、共有方法の好みも様々です。インテリジェンスチームが支援しているペルソナを理解すればするほど、インテリジェンス活動を通じて、付加価値の高い情報を提供できるようになります。

グループや個人のためにペルソナを開発するときは、いくつか重要な点を考慮する必要があります。個人の場合、経歴、興味・関心があること、自分たちの役割に関連するトリガー、業務スタイルなど、その個人固有の情報を収集することが重要です。

ステークホルダーペルソナは、配布フェーズで開発した消費者ペルソナに似ています。これについては、9章で既に説明しています。実際、ステークホルダーとインテリジェンスチームの間で決定された要件の詳細などを微調整するだけで同じテンプレートを使用できるでしょう。さらに言えば、(冗談ではなく)コーヒーと紅茶、どちらを好むのかメモしておくことをお勧めします。いつか役に立つ局面があるはずです。

11.4 戦術ユースケース

ユースケースはプログラム開発の重要な要素であり、それはインテリジェンスプログラムでも同じです。もし読者がとても運が良い人物で、既にインテリジェンスのユースケースが特定され、文書化されている組織で働いている場合は、多くのチームが苦労している状況と比較して、一歩有利な状態にいるでしょう。多くの文書がなくてもユースケースが直感的によく理解されていても、文書化することは良い試みです。これにより、全員が同じ方向性を向いていることを確実にし、新しいメンバーがチームに入ってきたとき、具体的な参考文献を提供できるようになるためです。

戦術ユースケース(Tactical Use Cases)には、日常的に役立つインテリジェンスが含まれます。このタイプの情報は急速に変化しますが、セキュリティプログラムにおいて、最も直接的に応用可能なインテリジェンスの一部にもなります。以下のセクションでは、インテリジェンスチームにとって最も一般的な、戦術ユースケースについて説明します。

11.4.1 SOCチームの支援

SOCチームの支援は、インテリジェンスプログラムの主要な顧客の1つです。SOCチームの支援では、大きく3つの主要なユースケースがあります。

アラートとシグニチャの開発

インテリジェンスアナリストは、アラートのルールやシグニチャを作成するために、内部・外部のインテリジェンスを提供します。プログラムの要件に基づいて、シグニチャを作成するためにSOCチームに共有すべきインテリジェンスを検索したり、収集したインテリジェンスに基づいてアラートやルールを作成したりすることがあります。

トリアージ

インテリジェンスチームは、発生したアラートのトリアージ※1、優先度付けを支援するため、SOCアナリストにコンテキスト情報を提供します。SOCチームがアラートの重要性を理解するうえで必要な情報を提供し、深刻度・影響範囲に基づいて優先度を決定する手助けをします。インテリジェンスチームは、比較のために正解と誤検知の例を提供したり、調査すべき補完的なインジケータを提供することにより、アラートが誤検知か否か判断するために行う検証ステップをアナリストに教えることもできます。トリアージに関するインテリジェンスには、しばしばイベントの取り扱いに関するガイドラインも含まれており、アナリストは脅威への対応方法を具体的に知ることができます。

状況認識

インテリジェンスチームは、SOCアナリストに状況認識（Situational Awareness）を共有し、組織が直面する新たな脅威を理解するうえで必要な情報を提供します。これは、検知ルールの作成と検知結果のトリアージに役立ちます。SOCアナリストは、脅威インテリジェンスの戦術的側面、言い換えれば脅威インテリジェンスを日々のセキュリティ運用に適用させていくことに重点を置いています。しかし、同時に組織が直面している脅威への戦略的理解の恩恵も受けています。状況認識を提供するうえでは、毎日・毎週の頻度でブリーフィングが必要になり、重大な脅威が発生し追加情報を必要とする場合は、適宜対応することが求められます。戦術的インテリジェンスは必ずしも即時対応を意味しませんが、インテリジェンスチームはSOCチームに状況認識を提供することで、脅威がネットワークに影響を与えることを理解し、防止するのに役立ちます。

11.4.2 インジケータ管理

もう1つの戦術ユースケースは、インジケータ管理です。本書では、インジケータについて既に様々な議論を行いました。要点としては、適切に作成・実行・維持されれば、インジケータは有用なインテリジェンスツールになるという点です。インジケータは、ルールの生成、脅威の検知、および情報の共有にも大きく活用できます。また、運用レベル、戦略レベルの分析に利用して、脅威の全体像を作成する

※1 訳注：トリアージ（Triage）は馴染みのない言葉かも知れませんが、一般的に医療現場で利用される用語です。災害発生時などの医療において、対応する人員や物資も限られることから、全体として最善の結果を得ることを目的として、医療行為を必要とする対象者の優先度を選別する行為を意味します。セキュリティでも同様に、全てを同時に取り扱うことができない状況の場合、対応すべきイベント・脆弱性・アラートの優先度を付けるために、トリアージを行います。

のに役立てることもできます。インジケータ管理は簡単な作業ではありません。より多くのインジケータを維持すればするほど、管理はより困難になります。このセクションでは、脅威インテリジェンスプラットフォームの管理、戦術的インジケータに関連するコンテキスト情報の特定と文書化、脅威インテリジェンスフィードの統合など、インジケータ管理のいくつかの側面について議論していきます。

脅威インテリジェンスプラットフォームの管理

多くの場合インテリジェンスチームは、脅威インテリジェンスプラットフォームの管理を担当します。脅威インテリジェンスプラットフォームは、インジケータを格納するデータベースと、インジケータ間のコンテキスト情報、関係性を記述するためのユーザーインターフェースで構成されています。脅威インテリジェンスプラットフォームは、分析を支援してくれる検索ができる必要があり、多くの場合、インジケータをセキュリティ製品に追加するためのエクスポート機能も備わっています。

脅威インテリジェンスプラットフォームはインジケータの管理を簡単にしてくれますが、そもそもインジケータを格納する理由を明確に理解しておく必要があります。この理解を行うことで、インジケータを適切に管理していることだけでなく、より多くのインジケータを持つためにインジケータを収集するという自己目的化の罠に陥っていないことをチェックすることができます。収集は大事ですが、溜め込むのは悪手です。

インジケータの更新

インジケータは変化を伴います。ほとんどのネットワーク・インジケータと同じように、しばらくの間は悪性と判定されますが、削除されたり、良性に判定が変化したりする可能性があります。あるいは、多くのホスト・インジケータと同様に、周囲の状況やコンテキスト情報が変化しても、悪性と判断される可能性があります。多くの場合、1つの攻撃または攻撃グループとの関連性を特定されたマルウェアは、異なる攻撃グループによって再利用されるか、新しい攻撃キャンペーンで使用されます。有効性を失ったインジケータを削除、非アクティブ化すると同時に、新しい情報を追跡し、新しい用途や戦術を既存のインジケータに関連付けることにより、戦術的な利用に向けた、信頼性の高いインジケータを継続的に作り出すことができます。これらのインジケータは必ず利用することを忘れないでください。慎重に管理、維持されているリポジトリ内にいつまでも保存されているだけではまったく意味がありません。

サードパーティのインテリジェンスとフィード管理

サードパーティからフィードとして提供されるインテリジェンスは、インテリジェンスチームによって活用・管理されるべきインジケータの情報源の1つです。多くの場合、こうしたフィードは脅威インテリジェンスプラットフォームに提供されます。しかし場合によっては、SIEM（Security Incident and Event Management）などのセキュリティ製品に直接結びついていることもあります。ほとんどの場合、フィードが直接セキュリティシステムに提供されることは望ましくありません。なぜなら、自動化されたフィードから、どんな情報が共有されているのか知ることが難しいからです。しかし、「脅威フィードこそが脅威インテリジェンスの礎である」と多くの組織が信じているため、そうした実装は非常に一般的になりつつあります。外部からの脅威フィードとインテリジェンスは詳しく吟味し、慎重に適用する必要があります。より良い方法は、サードパーティのインテリジェンスとフィードを、インテリジェンスの充実化を図るための情報源として利用することです。内部で生成されたインジケータに、関連するコンテキスト情報を提供することができ、既存のインジケータやルールを維持・更新するために活用できます。

脅威フィードの情報源を理解することで、情報の使い方を簡単に判断できるようにすることが重要です。ハニーポットから得られたフィードは、コミュニティから得られたインシデントデータのフィードとは異なる状況で役に立ちます。

11.5　運用ユースケース

インテリジェンスプログラムの運用ユースケース（Operational Use Cases）は、自分の組織、あるいは自分と類似した組織に対する攻撃キャンペーンや、動向を理解することに重点を置いています。キャンペーンや一連の侵入の関係性を早期に特定できればできるほど、攻撃者が目標を達成する前にその兆候を発見することができる可能性が高まります。

11.5.1　キャンペーンの追跡

キャンペーンとは、共通の目標を達成するための一連のアクションと攻撃です。第二次世界大戦に行われた飛び石作戦（Island-Hopping Campaign）は、このコンセプトの良い事例です。米国は、日本との戦争に勝つため、日本本土に対して攻撃を行うための土地が必要でした。飛び石作戦では、あまり防衛戦力が十分ではない太平洋諸島を対象とした一連の攻撃を行いました。島を奪取した後、米軍は滑走路を建設し、防衛を強化し、新たに設立した基地を活用して、戦略的優位性を得るためさらなる攻撃を続けました。米軍は攻撃を実行するために異なる戦力を使ったり、地形や要塞に基づいて様々な戦術を使用したりしたかもしれません。しかし、キャンペーンの目標は同じであり、とられた様々なアクションは全て同じ目標を達成することを目指していました。

これは、多くの攻撃グループが攻撃を行う方法です。目標を念頭に活動しますが、目標を達成することは、主目標を単純に攻撃するほどやさしくはありません。しばしば多くの手順が必要となり、「飛び石作戦」のように多くの組織が同じ攻撃グループによる攻撃対象となる可能性があります。あるいは、攻撃グループは、長い時間をかけて、組織に対して一連の攻撃を仕掛ける可能性があります。全てがキャンペーンの目標に依存するため、キャンペーンの追跡を行う場合は、様々な個別インジケータを追いかけるよりも、目標を理解することではるかに優れた示唆を得ることができます。キャンペーンの追跡には、キャンペーン目標の特定、使用されているツールや戦術の特定、アクティビティへの対応など、様々な側面があります。ここでは、いくつかの観点からさらに深く検討を進めていきましょう。

キャンペーン目標の特定

多くのキャンペーンは特定の業界に焦点を当てており、業界内の別の組織を標的としたキャンペーンを理解することで、将来に備えて早期警戒を行うことができます（あるいは、既に攻撃対象となっており、脅威ハンティングを行う必要が出てくるかもしれません）。標的とされた業界を特定するためには、ISACsなどの業界ごとの情報共有コミュニティ、商用インテリジェンス、OSINTなどが必要です。

ツールと戦術の特定

キャンペーンの特定後、あるいはより大きな攻撃キャンペーンの一部である可能性が確認された後、次のステップは、攻撃グループが使用しているツールや戦術を特定し、予防や検知に役立てることです。進行中のキャンペーンに関連付けられたネットワーク・インジケータは、脅威の監視に役立つことがよくあります。ただし、攻撃グループがこうしたネットワークリソースをすぐに使い捨てる、という事実を忘れないでください。インジケータの有効性は、いずれは失われます。自組織が攻撃グループの戦術や行動を監視できる能力を持っている限り、こうした活動に焦点を当てることは有益です。

インシデント対応サポート

どのキャンペーンがアクティブであるかを理解するだけでなく、成功・失敗によらず、侵入の痕跡が組織内で発見された後、何をすべきかを理解しておくことが重要です。キャンペーンレポートでは、戦術やツールを含む攻撃の背後にいる攻撃グループの情報、ネットワークへの不正アクセスを検出・遮断した際の対抗処置など、他の情報を合わせて提供することがあります。これらの全ての情報は、必要に応じてSOCチームの運用とインシデント対応を支援することができ、CISO、あるいは他の経営層に最新の状況、状況認識を提供するためにも使用できます。

11.6 戦略ユースケース

戦略的インテリジェンスは、割り当てるリソースがどれほど小さいかに関わらず、常にインテリジェンスプログラム内で取り扱うべき内容です。10章で議論したように、戦略的インテリジェンスによって、組織は以前のインシデントから本当の意味で学び、インシデント経験を活用するために、長期的かつ大規模に方針の変更を始めます。戦略的なユースケースを最も効果的に活用するためには、経営層のサポートと同意が必要となります。なぜなら、戦略的インテリジェンスに対応して実行すべきアクションの多くは、経営層レベルで行う必要があるためです。戦略的インテリジェンスは常に状況認識を提供するのに役立ちますが、適切なステークホルダーが関与していないと効果的ではありません。主要な戦略ユースケース（Strategic Use Cases）は、アーキテクチャ支援とリスク評価です。

11.6.1 アーキテクチャ支援

戦略的インテリジェンスは、組織が侵入に対応する方法だけではありません。攻撃ポイントを最小限に抑え、攻撃をより適切に検知できる手法を提供することもできます。この情報は、主に内部のインシデント対応情報とキャンペーン分析の2つに基づいています。これら2つの情報源を使用して、ネットワーク防御をより向上させることができます。

防御能力の向上

インテリジェンスチームは、IT部門やセキュリティ運用と協力して、攻撃グループがこれまで使ってきた手法を理解し、ネットワークの防御能力（defensibility）を向上させることができます。攻撃グループは狡猾ですが、攻撃手法がうまく機能する限り、同じ戦術を繰り返すことがよくあります。ネットワークの設計・構成が脆弱であり、簡単に利用できる攻撃手法が存在する場合、攻撃グループは攻撃が成功するか、問題点が修正されてなくなるまで、利用し続けるでしょう。こうした戦術を特定することで、攻撃者の次の論理的な動きを特定し、ネットワーク防御を構築して、こうした脅威から保護することができます。

脅威への集中的な防御

ネットワークには常に脆弱性が存在します。その理由は単純で、脆弱性とは、人間によって作成されたOSやプログラムの一部であるためです。しかし、全ての脆弱性が同じように作成されるわけではなく、一部の脆弱性についてはより多くの注意を払う必要があります。脅威ベースアプローチでは、どの脆弱性に焦点を当てるべきか判断するうえで役立ちます。パッチ管理以外の観点で、ネットワークの構成変更によってもたらされた脅威について知見を提供し、脆弱性管理をより高いレベルで支援することもできます。例えば、私用端末の持ち込みに関するBYODポリシー（Bring-Your-Own-Device）について議論していた場合、あるいは会議室全てにスマートテレビを導入しようと計画している場合、インテリジェンスはそのデバイスに対する脅威を特定し、ポリシーが展開される前に推奨案を提示することができます。

11.6.2 リスク評価／戦略的な状況認識

CISOの主な役割の1つは、組織が保有する情報に対するリスクを把握し、管理することです。脅威を理解することはリスク評価の重要なプロセスであり、インテリジェンスは組織が直面している脅威について情報を提供することができます。リスク評価と戦略的な状況認識を支援するため、実行すべき重要な手順は次の通りです。

リスク変化の特定

リスクは静的ではありません。外部要因・内部要因によって組織内におけるリスクレベルが変化する可能性があります。インテリジェンスチームは組織内の複数のステークホルダーと協力して、組織のリスクが変化する可能性がある場合にCISOに情報を提供する必要があります。

緩和策の特定

インテリジェンスが支援できるリスク管理の別の観点として、リスクを軽減するための緩和策（Mitigation）を提案することが挙げられます。セキュリティの専門家は、重大な脅威が存在する場合、リスク受容しないことを前提としていることが多いです。しかし、多くの組織ではビジネスを継続する観点から、リスク軽減を行う方法を見つけ出す必要があります。業務を停止させたり、新しいプログラムの展開を中止したりすることは、なかなか現実的な選択肢になりません。そのため、ビジネスの継続性を確保するうえで、緩和策は重要な要素になります。緩和策には様々な形があり、インテリジェンスチームは、リスクを許容レベルまで下げるためにできることを提案し、CISOを支援します。

組織は、（戦術レベル、運用レベル、戦略レベルに関わらず）インテリジェンスの1つのレベルに全ての注意を集中させることはめったにありません。ほとんどの組織はマルチレベル・プログラムを想定しています。インテリジェンスレベル間で情報をやり取りすることは、計画と検討が必要です。これについては、次のセクションで説明します。

11.7 トップダウンアプローチ vs. ボトムアップアプローチ

マルチレベル・インテリジェンスプログラムは、2つの方法が考えられます。インテリジェンスチームは、**トップダウンアプローチ**（戦略レベル→戦術レベル）、あるいは**ボトムアップアプローチ**（戦術レベル→戦略レベル）のいずれかを選択することができます。トップダウンアプローチでは、より高いレベルの戦略的インテリジェンスを使ってポリシーと戦略を描き、チームがどのような戦術的レベルのインジケータに焦点を当てるか決め、どのようにインジケータを日々の業務に活用すべきかを定義します。一方ボトムアップアプローチでは、インテリジェンスは主に戦術的運用に焦点を当てており、重要な情報は戦略的レベルまでエスカレーションされます。両方のアプローチには、関係するステークホルダーと組織のニーズに基づいて長所と短所があります。

トップダウンアプローチは、伝統的な軍事作戦計画の標準的なアプローチです。軍事作戦では、計画立案が司令官の重要な責任の1つです。司令官は、最重要目標、作戦の持続性にとって重要なこと、および戦力の状況と配置について知っておく責任があります。経営層が達成したいこと、そして、インテリジェンスがその計画をどのようにサポート可能か明確に理解できている状況では、トップダウンアプローチに大きく期待することができます。トップダウンアプローチにおいて、戦略的インテリジェンスによる支援は重要です。なぜなら、ネットワークを保護する方法論の全体的な理解と合わせて、経営層には脅威の最新動向を理解してもらう必要があるためです。

多くの組織は、包括的なガイダンスを提供するための戦略的インテリジェンス機能を持っていません。しかし、セキュリティ運用を支援するインテリジェンスの価値は依然として信じています。そのような状況では、ボトムアップアプローチ（戦術レベル→戦略レベル）が最も効果的だと考えられます。セキュリティ運用は、SOCチームやインシデント対応チームの支援など、戦術レベルに重点を置いています。しかしインテリジェンスチームは重要な情報やトレンドであると判断した場合、経営層に情報をエスカレーションします。ボトムアップアプローチでは、リーダーシップが情報に対して期待通りの反応を行うという保証はなく、たとえ物事が戦術的レベルでスムーズに実行されたとしても、より高いレベルでは常に不確実性が存在します。ボトムアップアプローチは、経営層の戦略的インテリジェンスへの賛同が得られない限り、実装が困難な場合があり、しばらくは戦術的レベルでの運用が最善であると考えられてしまう可能性があります。

バッドニュース・ファースト

組織がトップダウンアプローチ、ボトムアップアプローチのいずれかを採用しているかによらず、ある情報共有のコンセプトは一貫して覚えておく必要があります。それは、「バッドニュース・ファーストに関する経営層のニーズ」です。深刻な情報には、リーダーシップができるだけ早く知る必要があると判断した内容が含まれます。その中には、保護された情報への不正アクセスと漏洩、ネットワークの重要部分に対する不正侵入、パートナーネットワークにおける情報の漏洩や不正侵入に関する情報などが含まれます。これらの情報ニーズの中には、コンプライアンスに基づくニーズとビジネスニーズに起因するものがありますが、いずれの場合でも、経営層がこうした状況を知りたいと考える優先度と時間軸を理解することが重要です。

11.8 インテリジェンスチームの採用

さて、待ちに待った瞬間がやってきました！ 計画は入念に実行され、インテリジェンスプログラムのステークホルダーが特定され、目標が設定され、要件が定義されました。さて、今からはこのプログラムで働くスタッフを採用する時間です。予算と要件に基づいて、1人の個人、あるいはチームを採用します。しかし重要なことは、計画プロセス中に特定された全ての目標に基づいて適切な人材を見つけることです。スキルセットと経験レベルは、主要なステークホルダーと目標に基づいて異なりますが、インテリジェンスチームを組み立てるときには、ある重要な指針が必ず役に立ちます。それは、多様性（Diversity）です。

経験と経歴の多様性は、様々な問題に取り組むことができるバランスの取れたチームを作るうえで重要です。様々なスキルセットがチーム全体を強化します。ステークホルダーのニーズに基づいて、インテリジェンスチームには、文化、地政学的、さらには言語に関する知識を持つインテリジェンス専門家が含まれることがあります。他にも、ビジネスインテリジェンスに関する専門性、あるいはビジネスプロセスに関する知識なども含まれます。また、インシデントハンドラー、ペネトレーションテスター、プログラマーやツール開発者、管理職なども含まれるかもしれません。様々な経歴を持つ潜在的なメンバーを採用することは、インテリジェンスプログラム構築の最後のステップとして非常に重要です。なぜなら、ステークホルダーと目的が特定されるまで、正しいチーム構成を知ることが難しいからです。

11.9　インテリジェンスプログラムの価値を示す

プログラムが導入され、チームが業務を開始すると、必然的にインテリジェンスプログラムの価値を実証する必要があります。プログラムが適切に計画され、リソースが割り当てられていれば、ステークホルダーにとってどのように価値を提供すべきか、既に知っているはずです。実行中の作業について毎日、あるいは毎週にわたり、統計情報やメトリクスを報告することが重要なのかもしれません。しかし実際に価値を示す方法は、インテリジェンスプログラムがもたらした影響を伝えることです。「このプログラムはステークホルダーをどのように支援していますか？」「インテリジェンスチームの支援なしではできなかったタスクに現在取り組むことができているチームはどこでしょうか？」「組織が直面している脅威をよりよく理解したうえで、組織はどのようなリスク受容の判断をすることができましたか？」などの質問が考えられます。プログラムの活動を報告するときは、これらの質問にできる限り明示的に答えてください。

物事がいつも期待通りに行われなかった場合、学んだ教訓を把握し、議論することも重要です。「何がうまく機能したのか？ 何がうまく機能しなかったのか？ その理由は何か？」、あるいは「他の人が同じ間違いをするのを避けるため、どんな情報を提供できるのか？」などが挙げられます。インテリジェンスチームが常に最初から全てをうまく実行できるとは限りません。しかし、過ちからから学ぶ姿勢はプログラムを成熟させる重要なポイントです。

11.10　まとめ

インシデント対応の取り組みに対して部分的に支援することから、本格的なインテリジェンスチーム構築へ移行することは、大きな飛躍です。本書は、インシデント対応を支援する個人の専門家に対して熟練し、より付加価値を付ける方法に重点を置いて説明してきました。しかし、1人のインシデント対応担当者がどれだけの価値を提供できるか理解が得られたら、インシデント対応の専門家チームを構築する意義も理解してもらえるはずです。インテリジェンスは、様々なレベルで異なる優先順位で動作する、複数かつ多様なチームを結びつけることができる接着剤の役割を果たします。他のチームと一緒に作業する機会は頻繁にはありませんが、それはチームが相互に協力しあう利点がないという意味ではありません。インテリジェンスプログラムにより、そうしたやり取りを可能にすることができるのです。

定式化されたインテリジェンスプログラム、特に適切に計画され、リソースが割り当てられたインテリジェンスプログラムへ移行することで、組織はインテリジェンス駆動型インシデント対応を実施可能な基盤とプロセスを引き続き構築し、インテリジェンス駆動型のセキュリティをさらに加速することができるでしょう。

付録A
インテリジェンス成果物

GLASS WIZARDの脅威について、いくつかサンプル成果物を紹介します。

A.1　ショート形式の成果物

9章で述べた通り、ショート形式は1ページから2ページほどの成果物で、素早くリリースし、消費するための戦術的な活用を行います。

A.1.1　IOCレポート：Hydraqインジケータ

これはショート形式のIOCレポートで、GLASS WIZARDが使っていたHydraqマルウェアのインジケータの詳細です。

サマリー

Hydraqは、GLASS WIZARDが重要な標的に対して使っていたマルウェアの1つです。以下のインジケータは、悪意のある活動を特定するうえで有益だと考えられます。

表A-1：インジケータ

インジケータ	コンテキスト	特記事項
Rasmon.dll	ファイル名	
Securmon.dll	ファイル名	
A0029670.dll	ファイル名	
AppMgmt.dll	ファイル名	
HKEY_LOCAL_MACHINE\SYSTEM\CurrentControlSet\Services\RaS[% ランダムな4文字 %]	マルウェアのレジストリキー	ランダム文字列の前のスペースは取り除かれる
%System%/acelpvc.dll	2次ファイル	防御に役立つインジケータではない
%System%/VedioDriver.dll	2次ファイル	防御に役立つインジケータではない
RaS[ランダムな4文字]	サービス名	誤検知の可能性あり

yahooo.8866.org	C2ドメイン	
sl1.homelinux.org	C2ドメイン	
360.homeunix.com	C2ドメイン	
li107-40.members.linode.com	C2ドメイン	
ftp2.homeunix.com	C2ドメイン	
update.ourhobby.com	C2ドメイン	
blog1.servebeer.com	C2ドメイン	

特記事項

- 非アクティブなドメインには、ループバック (127.0.0.2)が設定されている。
- Symantec社が、ネットワークトラフィックに関するインジケータ情報を提供している。

関連するTTPs

- 配送フェーズには、標的型フィッシング攻撃が行われたと考えられる。

参考情報

- McAfee社によるマルウェアのプロファイル：Roarur.dll
  https://home.mcafee.com/virusinfo/virusprofile.aspx?key=253416
- Symantec社ブログ
  https://www.symantec.com/connect/blogs/trojanhydraq-incident

A.1.2 イベントサマリー：GLASS WIZARDの標的型フィッシングメール――レジュメ・キャンペーン

サマリー

2月22日から、組織内の4人のシステム管理者を狙った標的型フィッシングキャンペーンを確認しました。攻撃者は、上級システム管理者のポジションを紹介する偽の求人メールを送信しました。このメールには、Internet Explorerの脆弱性、CVE-2014-0322を悪用する攻撃サイトへのリンクが記載されていました。このキャンペーンは、将来の攻撃のためにコントロールを奪取しようとしていた可能性が考えられます。

タイムライン

- 2015-02-22 10:47：当該メールを受信したことを確認。
- 2015-02-22 11:02：ユーザー1がメールを開封。リンクをクリックせず。
- 2015-02-22 11:14：ユーザー2がメールを開封。リンクをクリックしたが、Firefoxユーザーのため脆弱性なし。

- 2015-02-22 13:10：ユーザー3がメールを開封。リンクをクリックし、攻撃コードが実行された。
- 2015-02-22 13:15：ユーザー3が攻撃サイトの怪しい挙動に気付き、SOCチームへ連絡。
- 2015-02-22 13:26：SOCチームが調査開始。
- 2015-02-22 14:54：SOCチームが、ユーザーの端末上で稼働する不審なプロセスを特定。
- 2015-02-22 14:58：インシデント発生を宣言。
- 現在に至る

影響範囲

現時点で不明。調査続行中。

推奨・改善案

- 感染した端末をネットワークから切断
- C2通信を特定
- DNSシンクホールの設定
- 外部ファイアウォールにおけるIPアドレスの遮断設定
- 端末の修復
- トリアージを行うため、マルウェア解析の実施

実行中のアクション

- 感染拡大活動・C2通信について脅威ハンティングを実施
- 実行中の防御策について、ベンダーと相談
- 関連する端末へパッチを適用

参考情報

- Cisco社ブログ
  https://blogs.cisco.com/security/talos/threat-spotlight-group-72

A.1.3　標的パッケージ：GLASS WIZARD

この報告は、GLASS WIZARDに関する標的パッケージです（詳しくは9章を参照してください）。

サマリー

GLASS WIZARDは、中国の戦略的目的と合致した組織を狙う攻撃グループとして知られています。GLASS WIZARDは、Poison IvyやPlugXのような汎用的な攻撃ツールから、WINNTIやHydraqなどのユニークかつ攻撃グループ特有のマルウェアまで、様々なツールを使いこなすことで知られていま

す。攻撃グループは、高いレベルでの順応性と大規模な攻撃グループであることを示すTTPsを持っています。

別名	情報源
AXIOM	Novetta

TTPs

- 汎用的な攻撃ツールから利用し始め、難しい標的のために独自攻撃ツールを温存しておくなど、マルウェアに対する段階的なアプローチを採用している。
- 一般的なネットワーク管理ツールを活用して、システム間における横断的侵害を試みる。
- 将来の攻撃を可能にするために（証明書を盗み取るなど）戦略的侵入を行う。

表A-2. ツール

ツール名	概要	特記事項
Poison Ivy	RAT（Remote-access Trojan）	汎用的な攻撃ツール
PlugX	RAT（Remote-access Trojan）	汎用的な攻撃ツール
Gh0st	RAT（Remote-access Trojan）	
WINNTI	RAT（Remote-access Trojan）	限定的に共有
Derusbi	不明	
Hydraq	不明	
Hikit	サーバサイドRAT	Axiomグループの独自攻撃ツール
Zox	RAT（Remote-access Trojan）	マルウェア・ファミリー（Axiomグループの独自攻撃ツール）

被害組織のプロファイル

サードパーティの報告によれば、以下の特徴が確認されています。

- HUMINTの情報源
- テクノロジー業界の企業
- NGO
- 有益なリソースを盗み出すための戦略的侵入 (e.g. Bit9のコードサイニング証明書)

表A-3. 関係する攻撃グループ

名前	タイプ	特記事項
WINNTI	攻撃グループ	多くの観点で重複が確認され、かなり近い関係性である可能性あり
Elderwood	攻撃グループ	Symantec社のレポートより

参考情報

- Novetta社によるエグゼクティブサマリー
  http://bit.ly/2u9wjkJ

A.2　ロング形式の成果物：Hikitマルウェア

より詳細な複数ページのレポートは、ロング形式の成果物に分類されます。一般的には、アナリストチームによって作成された報告書であり、特に幅広く、深い内容をカバーしています。

これは、GLASS WIZARDの最も悪名高いマルウェアの1つであるHikit.1に関する（非常に基本的な）マルウェアレポートです。※1

基本情報	値
リバースエンジニア	Novetta社マルウェア解析チーム（http://bit.ly/2weOoBp）
日付	2014/11/01?
依頼者	インテリジェンスチーム
関連する侵入事例	GLASS WIZARD

A.2.1　サマリー

Hikitは、GLASS WIZARDが使用するマルウェアで、高い価値を持つと判断された侵入先に対し、侵入の後半段階で利用するRAT（リモートアクセス型トロイの木馬）です。Hikitのユニークな特徴は、被害組織のエンドポイント（従業員の端末）で使用される（Poison Ivyなどの）初期侵入用インプラントとは異なり、インターネットに面したサービスに配備される点です。Poison Ivyで使用されているようなコールバックビーコンを使用する代わりに、攻撃者はサーバとしてHikitへアクセスし、被害者ネットワークへ侵入するプロキシとして利用するなど、様々な用途で活用します。

A.2.2　簡易静的解析

- ファイル名：oci.dll
- ファイルタイプ：portable executable-Win32 Dynamic-Link Library
- ファイルサイズ：262,656バイト

※1　原注：このマルウェアレポートは、Novetta社（http://www.novetta.com/wp-content/uploads/2014/11/HiKit.pdf）、Contagio（http://bit.ly/2uQvG2q）、Hybrid Analysis（http://bit.ly/2vSGIB4）、VirusTotal（http://bit.ly/2tv2p9o）のリソースを使って作成されました。

表A-4. ハッシュ値

ハッシュアルゴリズム	値
MD5	d3fb2b78fd7815878a70eac35f2945df
SHA1	8d6292bd0abaaf3cf8c162d8c6bf7ec16a5ffba7
SHA256	aa4b2b448a5e246888304be51ef9a65a11a53bab7899bc1b56e4fc20e1b1fd9f
SHA512	
Ssdeep	6144:xH8/y2gN1qJ2uvknuXsK+yW14LSb5kFiE:6/y9N1ruvkiEyW14LSb5kB

表A-5. ウイルス対策ソフトによる検知状況

ベンダー	サンプル
Avast	Win32:Hikit-B [Rtk]
ClamAV	Win.Trojan.HiKit-16
CrowdStrike	–
ESET-NOD32	Win32/Hikit.A
F-Secure	Gen:Variant.Graftor.40878
Kaspersky	Trojan.Win32.Hiki.a
Malwarebytes	–
McAfee	GenericR-DFC!D3FB2B78FD78
Microsoft	Backdoor:Win32/Hikiti.M!dha
Qihoo-360	Trojan.Generic
Sophos	Troj/PWS-BZI
Symantec	Backdoor.Hikit
TrendMicro	BKDR_HIKIT.A

特徴的な文字列

- `Nihonbashi Kodenmachou10-61`
- `7fw.ndi`
- `W7fwMP`
- `CatalogFile= w7fw.cat`
- `ClassGUID = {4D36E974-E325-11CE-BFC1-08002BE10318}`
- `ClassGUID = {4d36e972-e325-11ce-bfc1-08002be10318}`
- `CopyFiles = W7fw.Files.Sys`
- `DelFiles = W7fw.Files.Sys`
- `DiskDescription = "Microsoft W7fw Driver Disk"`
- `W7fwmp`
- `W7fw_HELP`
- `Norwegian-Nynorsk`

- `W7fw.Files.Sys = 12`
- `W7fw.sys`
- `W7fwMP_Desc = "W7fw Miniport"`
- `W7fwService_Desc = "W7fw Service"`
- `W7fw_Desc = "W7fw Driver"`
- `h:\JmVodServer\hikit\bin32\RServer.pdb`
- `h:\JmVodServer\hikit\bin32\w7fw.pdb`
- `h:\JmVodServer\hikit\bin32\w7fw_2k.pdb`
- `h:\JmVodServer\hikit\bin64\w7fw_x64.pdb`

その他関連性があるファイル・データ

- RServer.pdb
- w7fw.pdb
- w7fw_2k.pdb
- w7fw_x64.pdb
- W7fw.sys
- ドライバファイル（現時点で情報なし）

A.2.3 簡易動的解析

N/A。サードパーティのレポート情報を利用した。

特徴的な振る舞い

- RAT（リモートアクセス型トロイの木馬）として振る舞い、以下のコマンドを持つ。
  - `shell`：被害端末上のリモートシェルへアクセス
  - `file`：ファイルシステムへアクセス
  - `connect`：ポートフォワード型の接続を確立する
  - `socks5`：プロキシ通信をフォワードする
  - `exit`：チャネルを終了する
- ネットワークトラフィックを傍受することで、（マルウェアがサービスのように振る舞い）外部のホストからHTTPリクエストを受信する。

配送メカニズム

- 侵入後に利用するツール。攻撃グループにより対象ホストにアップロードされる。

持続性メカニズム

- 侵害ホスト上でサービスとして稼働する。

拡大メカニズム

- 手動。攻撃者は、感染したホストを経由して感染拡大を行っている可能性がある。

持ち出しメカニズム

- (Hikitマルウェアの) `file`コマンド経由で、ファイルの持ち出しが行われる。

C2メカニズム

- 攻撃者は、被害ホストに対して直接ネットワーク通信する(被害ホストは、インターネットに面している必要あり)。
- 攻撃者は、/passwordというパスを利用する。

依存関係

Hikitを実行するための環境とファイルが必要です。

サポートするOS

- Microsoft社のWindows OS (バージョンについては不明)
- 以下のシステムファイルをインポートする。
  - ADVAPI32.dll
  - KERNEL32.dll
  - ole32.dll
  - SETUPAPI.dll
  - SHLWAPI.dll
  - USER32.dll
  - WS2_32.dll

必要なファイル

- ネットワークアクセスを許可するドライバファイル:%TEMP%\w7fw.sys

侵入後におけるダウンロードファイル

- N/A (当該マルウェアが侵入後に利用されるマルウェアのため)

レジストリキー

- 不明

A.2.4　検知

Hikitを検知するための情報。

ネットワークIOC

- N/A（現時点で該当IOCなし。当該マルウェアがサーバコンポーネントであるため）

ファイルシステムIOC

- 「YNK Japan Inc.」コードサイニング証明書。
- 244ページにある「特徴的な文字列」と表A-4も参照のこと。

A.2.5　推奨対応策

Hikitマルウェア感染に対する緩和・修復に対する推奨アクションは以下の通りです。

緩和ステップ

- 感染したシステムに対して、インターネットへのアクセスを一時中断すること。
- 補完的対策：攻撃者が内部プロキシを利用できないように、内部ネットワークのアクセスを遮断すること。

根絶ステップ

- 攻撃グループによりマニュアルでインストールされたため、感染端末を完全に再構築することを強く推奨する。

A.2.6　関連するファイル

- %TEMP%\w7fw.sys
- %TEMP%\w7fw.cat
- %TEMP%\w7fw.inf
- %TEMP%\w7fw_m.inf
- %TEMP%{08acad5e-59a5-7b8c-1031-3262f4253768}\SETEA6F.tmp
- %TEMP%{08acad5e-59a5-7b8c-1031-3262f4253768}\SETEDAF.tmp

A.3　GLASS WIZARDに関するRFIリクエスト

RFI（インテリジェンス要求）は、ステークホルダーがインテリジェンスチームに対して、特定の情報を要求するためのメタ成果物です。GLASS WIZARD調査時に発生したRFIリクエストの例を次に示します。

- From：フォレンジックチーム
- To：インテリジェンスチーム
- 対応期限：ASAP（緊急）

SOCチームの依頼に基づいて、GLASS WIZARDの攻撃活動に関連する複数のハードドライブを調査中です。WINNTIマルウェアのファイルシステムインジケータを希望します。私たちは、システムのトリアージのためにこれらのインジケータを使用する予定です。

参考情報：

- N/A

A.4　GLASS WIZARDに関するRFIレスポンス

- From：インテリジェンスチーム
- To：フォレンジックチーム
- TLP：AMBER
- 回答日：2016-11-13

GLASS WIZARDは、Hydraq、Poison Ivy、Derusbi、Fexelなど、攻撃対象に合わせて様々なマルウェアを利用します。そのため、提供したWINNTIインジケータは、100%包括的ではない可能性があります。

添付ファイルとして2つのインジケータ（gw_winnti_hashes.txtとgw_winnti_yara.txt）を送ります。

- Hashes
  http://www.novetta.com/wp-content/uploads/2014/11/Hashes.txt
- YARA
  http://www.novetta.com/wp-content/uploads/2015/04/nov_winnti_yara.txt

訳者あとがき

多くの企業や組織が日々発生する攻撃を予防し、検知し、対応しようと様々な努力を重ねています。しかし、全ての脅威を排除できる「銀の弾丸」のようなセキュリティ製品は存在せず、人材や予算などのリソースが潤沢にある企業・組織もほとんどないのが実情です。

攻撃側は、新しいTTPsを利用し、常に防御側を出し抜こうとしており、人間の心理をうまく悪用するソーシャルエンジニアリング、防御が手薄なグループ企業・取引先を狙うサプライチェーン攻撃、ゼロデイ攻撃の悪用など様々な攻撃手段を組み合わせてきます。

一方防御側は、かなりカスタマイズされた攻撃テクニックも多いため、特定の製品・ベンダーに頼ればよいという時代ではなく、常に予防を怠らず、侵入やセキュリティインシデントを前提に、攻撃者に対抗していかなければなりません。ケビン・ミトニック氏の著書に、「セキュリティシステムは常勝を義務付けられ、攻撃者は一度勝つだけでよい、という格言は的を射ている」という記述がありますが、まさにこれは私たちの心情を言い当てたものでしょう。攻撃者は新しい攻撃テクニックで一度攻撃に成功すればよい一方、私たちは24時間365日、いかなるときも攻撃者の目標を阻止すべくプレッシャーに悩み続けています。

セキュリティリソースは限られているが、あらゆるテクニックを駆使する攻撃者の侵入を阻止・最小化すべきという、相反する状況に置かれたセキュリティチームにとって、脅威インテリジェンスは大きな力を与えてくれるコンセプトです。脅威インテリジェンスを活用することで、具体的な脅威に対応し、他組織の事例や情報連携などを通じ、同じ課題を持つ組織全体で攻撃者に対抗していく考え方は、セキュリティ防御の幅を広げてくれる概念だと考えています。孫子の有名な格言に「敵を知り、己を知れば百戦殆うからず」という言葉がありますが、脅威インテリジェンスを活用することで、攻撃グループ（敵）を研究してインテリジェンスを作成し、その情報をもとにインシデント対応を行い、自組織（己）をより深く理解することができます。こうしたPDCAを回しながら、攻撃者に出し抜かれないセキュリティ組織が構築できると考えています。

現在、脅威インテリジェンスは、高いセキュリティを求められる金融業界を中心に広く注目されています。例えば、金融庁の監督指針では「他社における不正・不詳事件も参考に、情報セキュリティ管理態勢のPDCAサイクルによる継続的改善を図ること」と述べており、脅威インテリジェンスに基づいて実践的な侵入テストを行う手法としてTLPT（Threat Lead Penetration Test）という概念を提唱しています。一方民間企業間でも、金融ISACなどの情報共有組織が立ち上がり、コレクティブインテリジェンスやリソースシェアリングといった、業界内での情報交換・リソース共有を進めており、脅威インテリジェンスの活用はますます促進される一方です。

残念ながら、日本には脅威インテリジェンスについて体系的に書かれている書籍はなく、まだ脅威インテリジェンスの利点をうまく活用できていない企業も多いと感じています。米国滞在時に出会った本書は、脅威インテリジェンスについて最も体系的かつ網羅的に学ぶことができた書籍でした。豊富な経験を持ち、SANS Instituteでインストラクターを務める専門家2人が執筆し、具体的な考察が少なかった運用インテリジェンス、戦略的インテリジェンスについてここまで具体的に書かれた書籍は本書だけでしょう。今回はご縁があって翻訳する機会をいただきました。また、翻訳にあたっては専門用語の英単語をなるべくそのまま残し、今後英語文献を参照する場合の参考となるように配慮しています。

本書は、脅威インテリジェンスの活用を検討しているセキュリティ担当者、組織のセキュリティをもう一段階高いレベルに引き上げたいと考える担当者にお勧めの1冊だと確信しています。本書が皆様のセキュリティ業務に役立つことがあれば幸いです。

最後になりましたが、翻訳内容のレビューをしていただいた小林克巳様、出版にあたって様々なアドバイスをいただいた株式会社オライリー・ジャパンの関口伸子様には大変お世話になりました。この場を借りてお礼申し上げます。

2018年11月
石川 朝久

索 引

数字・記号

A・B

C

D・E・F

T

V・W・Y

あ

い

う・え

か

き

く・け・こ

さ

し

す・せ・そ

た〜と

な～の

は～ほ

ま～め

ら～ろ

●著者紹介

Scott J. Roberts（スコット・J・ロバート）
コンピュータネットワークに対するサイバーエスピオナージ（スパイ活動）や、攻撃から企業を守るインシデントハンドラー、インテリジェンスアナリスト、作家、開発者。Scottは、高度なコンピュータネットワーク攻撃者を特定、追跡、対応するために、技術やツールを共有すべきと考えており、インシデント対応、侵入検知、サイバー脅威情報ツールなど、複数のオープンソースツールをリリースし、情報セキュリティコミュニティへ貢献してきた。また、ScottはSANS Forensics 578：Cyber Threat Intelligenceコースのインストラクターを務めている。彼は現在、GitHub Security OperationsチームにてSIRTマネージャーを務めている。Scottは、ペンシルベニア州立大学で情報科学・情報技術を学び、情報セキュリティの研究に従事した経験もある。

Rebekah Brown（レベッカ・ブラウン）
インテリジェンス・コミュニティで10年以上働いた経験を持っている。NSAのネットワーク戦のアナリスト（NSA Network Warfare Analyst）、米海兵隊サイバー部隊にてサイバーオペレーションの責任者（US Marine Corp Cyber Unit Operation Chief）、米国サイバー軍にて訓練・演習リーダー（US Cyber Command Training and Exercise Lead）などを歴任してきた。彼女はフォーチュン500に入る大企業だけでなく、連邦政府、州、地方レベルにおける行政機関に対しても脅威インテリジェンスとセキュリティ教育プログラムの開発を支援してきた。現在、彼女はRapid7において脅威インテリジェンスプログラムを指揮しており、プログラム構成、管理、分析、および運用などの責任者を務めている。自身の故郷であるオレゴン州ポートランドで、3人の子供と一緒に暮らしており、休みの日にはハイキングやハッキング、ハリー・ポッターの読書などを楽しんでいる。

●訳者紹介

石川 朝久（いしかわ ともひさ）
2009年、国際基督教大学卒業。2017年、九州大学大学院社会人博士課程修了。博士（工学）。
2009年よりセキュリティコンサルタントとして、侵入テスト、セキュリティ監査、インシデント対応、技術コンサルテーション、研修講師などに従事。1年間、米国金融機関にて最先端のセキュリティ管理やCISOの意思決定プロセスなどを学んだ経験を持つ。現在は、グローバル金融機関のセキュリティ戦略、インシデント対応、各種セキュリティ技術支援などを担当。
対外活動として、ASEAN諸国政府官僚向けセキュリティ管理研修、SANSFIRE 2011、SANSFIRE 2012、DEF CON 24 SE Village、LASCON 2016、Besides Philly 2016、Internet Week 2018など各種カンファレンスでの講演経験があり、GIAC Advisory Board Member、情報処理技術者試験委員・情報処理安全確保支援士試験委員なども務めている。
保有資格として、CISSP、CSSLP、CISA、CISM、PMP、情報処理安全確保支援士、公認不正検査士、GIACs（GSEC、GPEN、GWAPT、GXPN、GWEB、GSNA、GCIH、GREM、GCFA）などが挙げられる。

●カバーの説明

表紙の動物は、チビオガラス（学名：Corvus rhipidurus）です。カラス科の鳥であり、カラスの中で最も小さい種類です。これらの鳥類は、アラビア半島とアフリカ東北部に挟まれた湾（紅海）周辺に生息しています。最近では、サハラ、ケニア、ニジェールの南西部でも発見され、岩棚、絶壁、樹木に巣があることが確認されています。

チビオガラスは、黒い羽に覆われ、くちばしや足も黒いですが、一定の光を当てると全体的な色合いが紫色、灰色、または茶色に見えます。雄と雌の平均的大きさは約18インチ（約45センチ）、翼幅は40～47インチ（約100～120センチ）です。丸い尾、幅広の翼、長い羽を持つこの鳥は、飛行中にはハゲタカに似ているといわれます。

チビオガラスは雑食性で、昆虫やその他の無脊椎動物、ベリーなどの果実、穀物、生活圏近くでゴミ箱の食物を食べたりします。彼らはまた、他の動物の糞から穀物を取り出したり、寄生虫を食べるためにヤギやラクダに乗ったり、小さな鳥の巣から巣や卵を食べたりします。

オウムなどしゃべる鳥のように、チビオガラスは人の声を模倣することができますが、捕まったときにのみそうした行動をとるようです。

オライリー本のカバーを飾る動物の多くは絶滅の危機に瀕しています。それらの全てが世界にとって重要です。どんな支援ができるか知りたい場合は、animals.oreilly.comをご覧ください。
表紙のイメージはRiverside Natural Historyから提供されたものです。

インテリジェンス駆動型インシデントレスポンス

― 攻撃者を出し抜くサイバー脅威インテリジェンスの実践的活用法

2018年12月25日　初版第1刷発行

著　　者　Scott J. Roberts（スコット・J・ロバート）、Rebekah Brown（レベッカ・ブラウン）
訳　　者　石川 朝久（いしかわ ともひさ）
発 行 人　ティム・オライリー
D　T　P　手塚 英紀（Tezuka Design Office）
印刷・製本　株式会社平河工業社
発 行 所　株式会社オライリー・ジャパン
〒160-0002　東京都新宿区四谷坂町12番22号
TEL（03）3356-5227
FAX（03）3356-5263
電子メール　japan@oreilly.co.jp
発 売 元　株式会社オーム社
〒101-8460　東京都千代田区神田錦町3-1
TEL（03）3233-0641（代表）
FAX（03）3233-3440

Printed in Japan（ISBN 978-4-87311-866-6）
乱丁、落丁の際はお取り替えいたします。